高等学校计算机基础教育教材精选

Web技术应用基础

(第3版)

樊月华 刘雪涛 主编
王艳娥 刘洪发 编著

清华大学出版社
北京

内容简介

Web技术从本质上讲是各种技术的集成与综合应用。全书共3篇11章，介绍了Web技术三个层面的应用。第1篇“Web技术基础”分为3章，主要内容是Web技术概述、搭建Web开发与运行环境(JSP)和网上书店的系统设计。第2篇“Web程序设计基础”分为3章，分别介绍HTML、CSS和JavaScript技术。第3篇“JSP与数据库应用开发”分为5章，分别介绍JSP运行机制与基本语法、JSP内置对象、基于JSP的数据库应用开发、Servlet基础和网上书店的实现。

本书注重技术应用，共有98个案例以及一个与公司合作开发的案例——网上书店。网上书店案例的应用贯穿本书，其源代码可在清华大学出版社网站下载。

本书适合作为高等院校信息技术教材，也可以作为Web应用开发人员的培训教材和入门参考书。

图书在版编目(CIP)数据

Web技术应用基础/樊月华，刘雪涛主编. —3版. —北京：清华大学出版社，2014(2022.8重印)

高等学校计算机基础教育教材精选

ISBN 978-7-302-34474-2

Ⅰ.①W… Ⅱ.①樊… ②刘… Ⅲ.①网页制作工具－高等学校－教材 Ⅳ.①TP393.092

中国版本图书馆CIP数据核字(2013)第270012号

责任编辑：焦　虹
封面设计：傅瑞学
责任校对：李建庄
责任印制：宋　林

出版发行：清华大学出版社
网　　址：http://www.tup.com.cn，http://www.wqbook.com
地　　址：北京清华大学学研大厦A座　**邮　　编**：100084
社 总 机：010-83470000　**邮　　购**：010-62786544
投稿与读者服务：010-62776969，c-service@tup.tsinghua.edu.cn
质 量 反 馈：010-62772015，zhiliang@tup.tsinghua.edu.cn
课 件 下 载：http://www.tup.com.cn，010-83470236
印 装 者：三河市君旺印务有限公司
经　　销：全国新华书店
开　　本：185mm×260mm　**印　　张**：21.75　**字　　数**：538千字
版　　次：2006年1月第1版　2014年1月第3版　**印　　次**：2022年8月第10次印刷
定　　价：54.50元

产品编号：055996-04

出版说明

在教育部关于高等学校计算机基础教育三层次方案的指导下，我国高等学校的计算机基础教育事业蓬勃发展。经过多年的教学改革与实践，全国很多学校在计算机基础教育这一领域中积累了大量宝贵的经验，取得了许多可喜的成果。

随着科教兴国战略的实施以及社会信息化进程的加快，目前我国的高等教育事业正面临着新的发展机遇，但同时也必须面对新的挑战。这些都对高等学校的计算机基础教育提出了更高的要求。为了适应教学改革的需要，进一步推动我国高等学校计算机基础教育事业的发展，我们在全国各高等学校精心挖掘和遴选了一批经过教学实践检验的优秀的教学成果，编辑出版了这套教材。教材的选题范围涵盖了计算机基础教育的三个层次，包括面向各高校开设的计算机必修课、选修课，以及与各类专业相结合的计算机课程。

为了保证出版质量，同时更好地适应教学需求，本套教材将采取开放的体系和滚动出版的方式（即成熟一本、出版一本，并保持不断更新），坚持宁缺毋滥的原则，力求反映我国高等学校计算机基础教育的最新成果，使本套丛书无论在技术质量上还是文字质量上均成为真正的"精选"。

清华大学出版社一直致力于计算机教育用书的出版工作，在计算机基础教育领域出版了许多优秀的教材。本套教材的出版将进一步丰富和扩大我社在这一领域的选题范围、层次和深度，以适应高校计算机基础教育课程层次化、多样化的趋势，从而更好地满足各学校由于条件、师资和生源水平、专业领域等的差异而产生的不同需求。我们热切期望全国广大教师能够积极参与到本套丛书的编写工作中来，把自己的教学成果与全国的同行们分享；同时也欢迎广大读者对本套教材提出宝贵意见，以便我们改进工作，为读者提供更好的服务。

我们的电子邮件地址是：jiaoh@tup.tsinghua.edu.cn。联系人：焦虹。

清华大学出版社

第3版前言

人类已进入信息时代,信息技术(IT)的应用渗透到了各个领域,基于 Web 的应用系统正在成为信息系统的主流。Web 技术是 IT 领域的一项关键技术。随着网上应用系统、企事业信息管理、电子商务和电子政务等需求的增加,使用 Web 方式进行信息处理和应用系统开发已经成为主流发展趋势。Web 技术是网上信息应用的基础,是信息管理、计算机等专业,甚至是 IT 类专业的一项主要技术基础。它也是从事信息事业的技术人员和管理者需要掌握的重要技能。

基于 Web 技术的应用开发需要三个层面的技术。本书根据这三个层面设计了三个台阶,读者每完成一部分内容的学习,即可进行 Web 应用开发某一方面的工作。这三个台阶是:

(1) Web 开发与运行环境构建技术。

能力要求:掌握搭建 Web 应用软、硬件平台的基本技能。

(2) Web 程序设计基础。

能力要求:具有基本的 Web 编程能力。

(3) JSP 与数据库应用开发技术。

能力要求:熟练掌握应用 JSP 技术完成数据库信息存储、管理与发布技术。

在 Web 开发与运行环境构建部分,重点介绍 JSP 运行环境的搭建。Web 程序设计基础是 Web 应用开发的基础。本书对这部分内容介绍以必需、够用为度,重点介绍 HTML、CSS 和 JavaScript 技术的应用。如果读者具有某种程序设计语言的基础,这部分内容可以通过本书案例自学。基于 Web 技术的应用开发的核心技术是应用逻辑处理技术和数据库信息发布技术,这是本书讲解的重点。

本书是在作者完成多轮教学与多个科研项目的基础上写成的。书中全面介绍了 Web 技术应用的基本概念与理论,详细讲解了市场主流成熟技术的应用。本书具有以下三个特点:

(1) 以应用导向。本书以应用为导向,以 Web 应用开发过程为基础,较为全面地介绍了市场主流和成熟技术的应用。

(2) 将实际项目引入教学。本书的案例"网上书店"是一个实际项目,是作者与企业共同开发的,为便于教学,对部分内容进行了适当简化。本书介绍了"网上书店"从设计到实现的全过程,读者按照系统使用说明,可将系统恢复,用以教学或参照开发新的应用。

(3) 以案例带动教学。本书强调在做中学,将实践与学习理论知识相结合。本书提供了 90 多个案例，所有案例均在 Windows 7＋Tomcat＋SQL Server 2005 企业版和 Windows XP＋Tomcat＋SQL Server 个人版环境下调试通过。

书中每章后面都有大量的习题、上机练习和实训课题，其目的是使学生掌握核心知识、概念和技术。在实训中还提供了一些综合应用的课题。

本书由樊月华和刘雪涛共同策划，第 7～11 章由刘雪涛编写，第 2、4、6 章由王艳娥编写，第 3 章由刘洪发编写，第 1、5 章由樊月华编写。在网上书店项目设计与开发过程中，得到了多特教育责任有限公司的鼎力协助，在此表示感谢。

本书第 3 版更新了软件版本，增加了 Servlet 内容，对部分内容和例题进行了更新，保证了教材的先进性。

感谢读者选择使用本书，欢迎对本书结构、内容提出批评和修改建议。本书不当之处敬请指正，我们将不胜感激。

作　者

目录

第1篇 Web技术基础

第 1 篇
Web 技术基础

第 1 篇主要介绍与 Web 技术相关的基础知识、原理和 Web 运行环境(JSP)的搭建技术。通过第 1 篇的学习,读者将了解 Web 应用的基本知识与原理,通过一个实际案例(网上书店,此案例将贯穿于全书)知道基于 Web 方式的应用系统开发的全过程,并掌握 Web 运行环境(JSP) 的搭建技术。第 1 篇主要内容包括:

第 1 章　Web 技术概述。

第 2 章　搭建 Web 开发与运行环境(JSP)。

第 3 章　基于 Web 方式的信息系统开发案例——网上书店。

第 1 章 Web 技术概述

本章主要介绍 Web 技术的基础知识和基本原理，包括计算机网络基础知识、Internet、IP 地址、域名和统一资源定位符 URL，Web 的基本概念、工作原理和 Web 站点的体系结构，Web 开发技术和 Web 方式访问数据库技术等，为 Web 应用开发做好准备。

学习要点：

(1) 掌握 Web 开发的基本知识、主要技术和工作原理。

(2) 理解 Web 开发常用构架、浏览器/服务器/数据库服务器三层结构工作模式。

(3) 熟练使用 IP 地址、域名和 URL 在网上查找资源。

(4) 理解基于 JSP 技术的数据库访问机制。

1.1 Web 简介

1.1.1 什么是 Web

Web 全称为 World Wide Web，简称 WWW，中文译名为万维网，万维网是一个大规模、联机式的信息储藏场所，有时也称全球信息网。Web 是因特网提供的一项最重要的服务，其主要功能是信息发布和信息检索，是一个分布式超媒体(hypermedia)系统。Web 使用超链接(hyperlink)技术连接分布信息，使用超文本传输协议 HTTP(Hypertext Transfer Protocol)传输超文本数据，应用超文本标记语言 HTML(Hypertext Markup Language)作为基本发布语言。

超文本可视为超链接和文本的结合，是指在文本中包含指向其他文档的链接文本。超媒体是超链接与多媒体的结合，文档包含图形、图像、声音和影视等。超媒体系统是超文本(hypertext)系统的扩充。简单地说：超媒体＝超链接＋多媒体。超媒体在本质上和超文本是一样的，只不过超文本技术在诞生的初期管理的对象是纯文本，所以叫做超文本。随着多媒体技术的兴起和发展，超文本技术的管理对象从纯文本扩展到多媒体。为强调管理对象的变化，就产生了超媒体这个词。超媒体和超文本应用见图 1-1。

Web 站点是信息的储存与发布地。网上众多站点的信息形成海量信息，这些信息可以分布在物理位置不同的站点。客户使用统一的浏览器，就可以轻松地在网上浏览各种

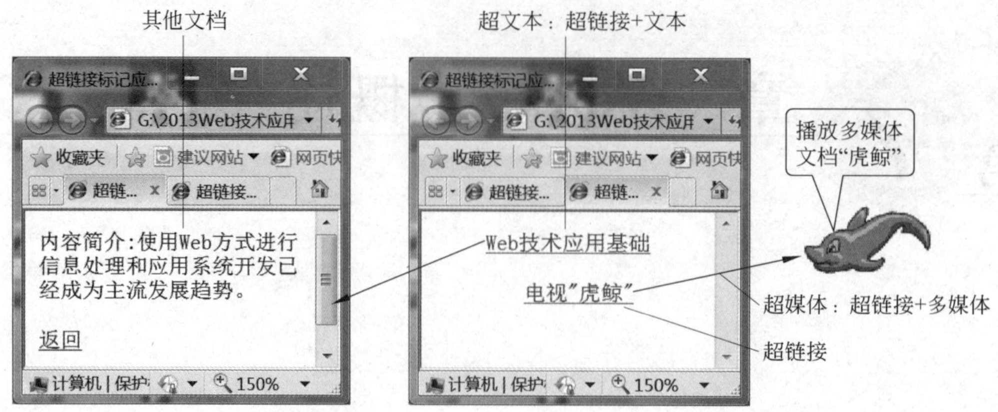

图 1-1　超媒体和超文本

信息。信息的类型有文本、图形、图像、声音和影视等。Web 信息检索过程见图 1-2。客户在站点 1，浏览网页，单击页面热点，可链接到站点 2 的网页，在站点 2 又可链接到站点 3，如此继续链接。

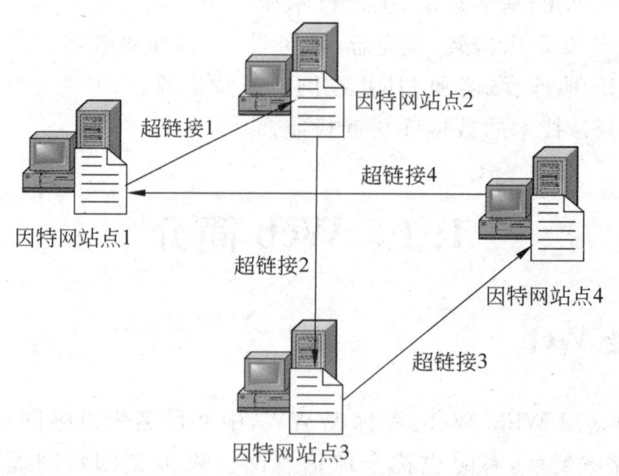

图 1-2　Web 信息检索过程

Web 技术几乎涉及所有信息领域，如新闻、广告、信息服务、电子商务、电子政务和企事业管理信息系统等。

1.1.2　Web 要素

Web 以客户/服务器方式工作，客户要在网上查询信息，需先在客户端提出请求，然后由信息所在站点服务器向客户返回响应信息。为完成这一功能，Web 必须要解决以下问题。

(1) 如何标识网上信息资源，以解决客户在何处查找所需资源的问题。

Web 采用统一资源定位符 URL(Uniform Resource Locator)标识网上各种文档。万维网上的每一个文档都具有 URL 标识，客户在浏览器的地址栏目输入该文档的 URL，即可浏览该文档信息。

(2) 以什么方式相互沟通，以解决客户与服务器之间交互的问题。

Web 使用 HTTP 协议访问网上资源，HTTP 是计算机之间传输数据的协议，相当于计算机之间的沟通语言。HTTP 规定了浏览器如何向服务器请求网络资源，服务器如何向客户返回响应资源。HTTP 请求和响应过程见图 1-3。客户向 Web 服务器发出浏览网页请求(HTTP 请求)，服务器响应请求，把找到的网页发送给客户，客户和服务器之间通过 HTTP 协议传输信息。

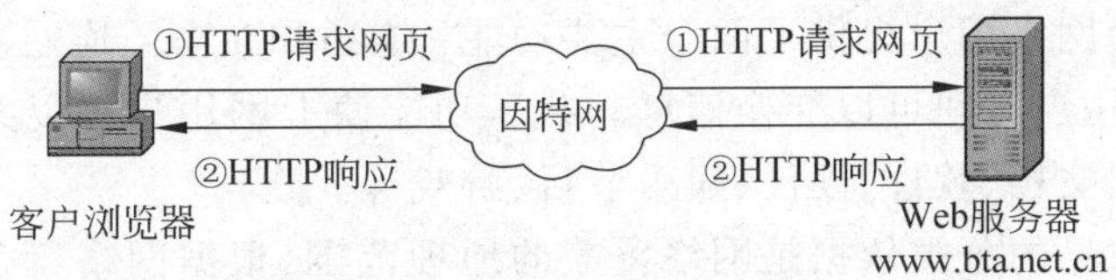

图 1-3　HTTP 请求与响应

(3) 如何便捷地找到所需信息，以解决客户快速浏览的问题。

Web 应用超链接，提供信息资源之间自由访问的手段，也可以借助搜索工具或搜索引擎查找。

(4) 如何显示不同风格的信息内容，以解决不同计算机之间信息交流的障碍。

Web 使用标准的超文本标记语言 HTML 显示信息内容，可以使 Web 上任何一台计算机显示任何一个网站的页面，消除了不同计算机之间信息交流的障碍。HTML 语言简单，易掌握，是 Web 的重要基础。

图 1-4 显示了某网站的首页，基本上说明了 Web 是如何查询信息的。

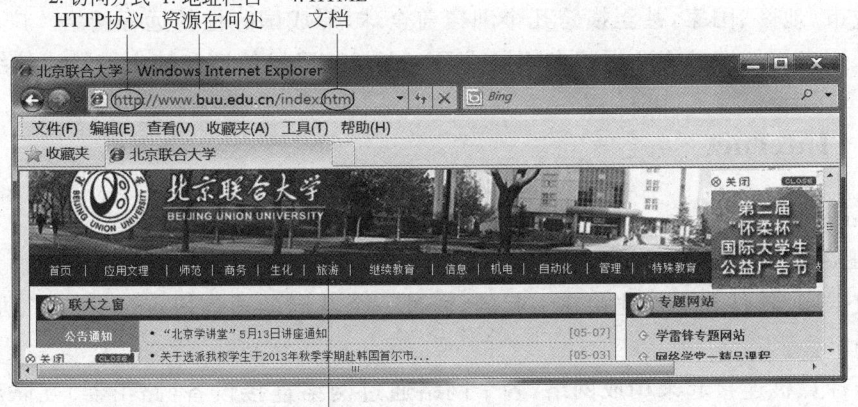

图 1-4　Web 工作要素

1.2　计算机网络基础

计算机网络是计算机技术和通信技术相结合的产物，基于 Web 的信息系统是运行在计算机网络之上的；而 Internet 是全球最大的、开放的、由众多网络互联而形成的计算机网络。

1.2.1 计算机网络的定义

计算机网络是通过通信线路和通信设备，将分布在不同地理位置、具有独立功能的计算机系统连接起来，在网络协议和网络管理软件的支持下，实现彼此之间数据通信和资源共享的系统。可以说计算机网络是一些互相连接的，自治的计算机的集合。

计算机网络为网络用户提供了两个主要功能：连通和共享。连通功能把网上计算机连接起来，使上网用户之间可以交换信息。共享功能使上网用户可以共享网上的所有公共资源，例如信息、文档、软件、硬件、娱乐节目、游戏等。

计算机网络常见的分类依据是网络覆盖的地理范围，根据网络覆盖范围的大小将网络分为个人区域网、局域网、广域网和城域网。

个人区域网(Personal Area Network，PAN)：在个人工作范围内把个人使用的电子设备用无线技术连接起来的网络，也称无线个人区域网(Wireless Pan，WPAN)，一般范围在10～100m左右。

局域网(Local Area Network，LAN)：它是连接近距离的网络，覆盖范围从几米到数千米，如办公室或实验室的网，同一建筑物内的网，校园内、某单位园区内或某居民区内的网。局域网是城域网和广域网的基础。

城域网(Metropolitan Area Network，MAN)：它是介于局域网和广域网之间的一种高速网络，覆盖范围为几十千米，其规模限于一个城市的范围。

广域网(Wide Area Network，WAN)：其覆盖范围从几十千米到几千千米，可以连接若干个城市、地区、国家，甚至横跨几个洲覆盖全球，形成国际性的远程网络。广域网的连接一般采用专用线路、VPN虚拟专用网、DDN、X.25、卫星信道和帧中继等通信线路。

1.2.2 Internet

1. Internet定义

Internet译为“因特网”，也称国际互联网。Internet是一个把世界范围内的众多计算机、人、数据库、软件和文件连接在一起的，通过一个共同的通信协议(TCP/IP协议)相互会话的网络。

多个计算机连接起来构成网络，各个网络通过网络连接设备(路由器)互联起来构成互联网，互联网是网络的网络(network of networks)。世界上最大、开放的、覆盖全球的互联网，即因特网。路由器是Internet实现互联的“标准件”，它能够将使用不同技术的两个网络互联起来。它的主要作用是：将网络互联并且执行路由选择。可以说Internet是一个由路由器连接起来的网连网。

计算机网络、互联网和因特网的结构见图1-5。图1-5(a)示意了一个计算机网络，图1-5(b)显示了一个简单的互联网，图1-5(c)为因特网示意图。

因特网集合了全球大量的信息资源，是信息时代人们交流信息不可缺少的手段和途径。与Internet相连的任何一台计算机，都被称为主机。Internet技术主要有以下特点：

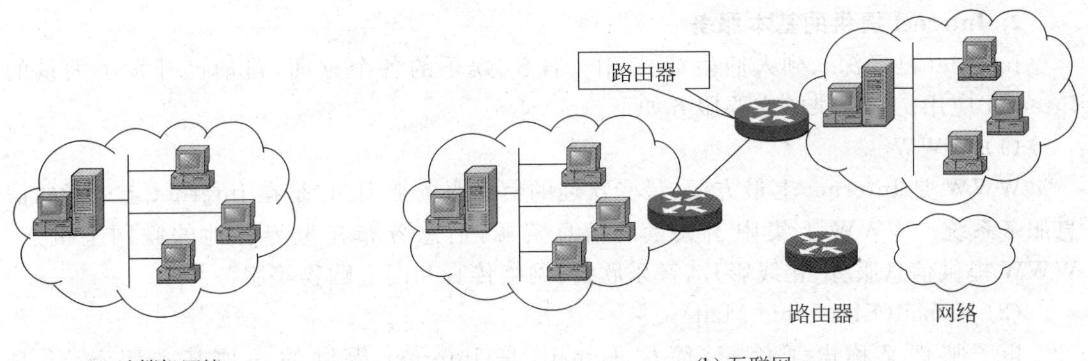

(a) 计算机网络　　(b) 互联网

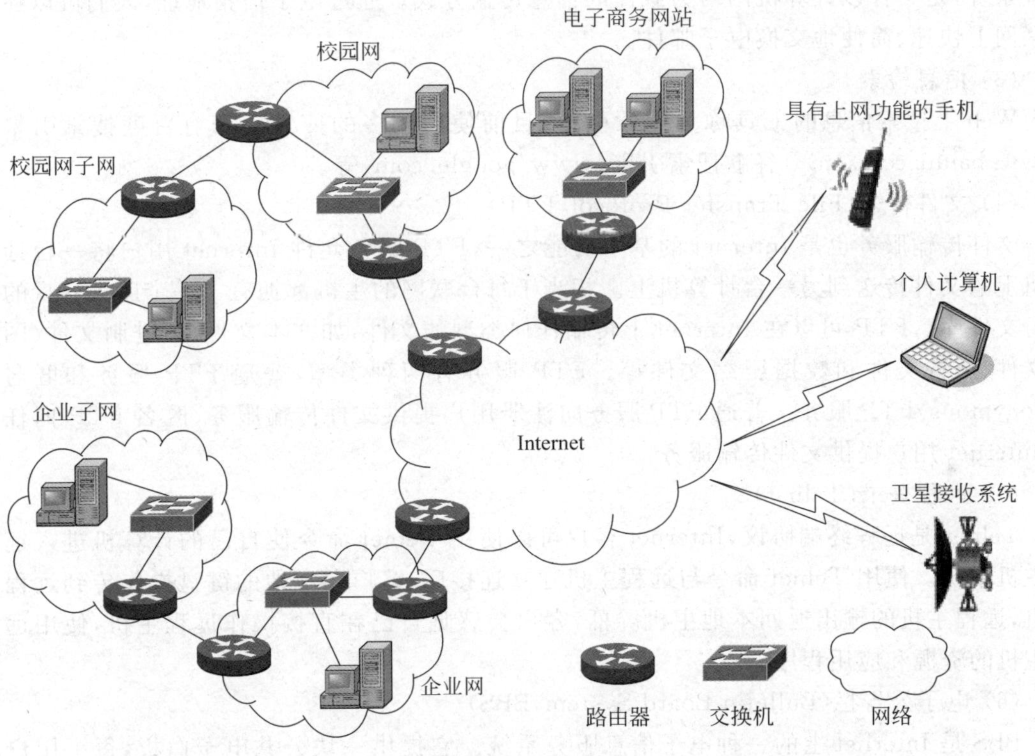

(c) 因特网示意图

图 1-5　网络结构

- 采用标准协议——TCP/IP 协议，可使网上各种不同的计算机进行通信。
- 通过路由器实现不同网络互联。
- 提供了建立在 TCP/IP 协议基础之上的 WWW 浏览服务。
- 应用 DNS 域名解析系统完成网络计算机之间的地址解析(地址查找)工作。

Internet 也可以定义为使用 TCP/IP 协议由路由器连接起来的覆盖全球的网络系统。

注意：Internet 是用 TCP/IP 协议联系起来的全球互联网，而 Web(万维网)是建立在 Internet 之上的一种重要应用，两者在概念上是有区别的。

2. Internet 提供的基本服务

Internet 已经深入到人们生活、工作、学习、娱乐的各个方面，目前已开发了大量的 Internet 应用。它提供的主要服务如下。

(1) WWW

WWW 是 Internet 上最方便、最受欢迎的信息服务类型，它是在 Internet 上运行的信息服务系统。WWW 上集中了大量的信息资源，信息分布在世界各地的联网主机上。WWW 提供信息服务、在线影片、音乐欣赏，网络传真和网上购物等服务。

(2) E-mail(Electronic Mail)

电子邮件又称电子信箱，简称 E-mail，是 Internet 提供的一项基本服务，也是 Internet 上使用最广泛的一种服务。它可以发送文本文件、图片和程序等。它是网上的邮政系统，是一种以计算机网络为载体的信息传输方式。通过电子信箱地址，人们可以在互联网上快速、简便地交换电子邮件。

(3) 信息检索

Web 上搜索信息的工具称为搜索引擎，目前使用较多的搜索引擎有百度搜索引擎(www. baidu. com. cn)、谷歌搜索引擎(www. google. com)等。

(4) 文件传输(File Transfer Protocol，FTP)

文件传输服务也是 Internet 的基本功能之一，FTP 服务允许 Internet 用户将一台计算机上的文件传送到另一台计算机上。相当于每台联网的主机都拥有了一个巨大容量的备份文件库。FTP 可以在 Internet 上传输任何类型的文件，如文本文件、二进制文件、图像文件、声音文件和数据压缩文件等。FTP 服务有两种类型，普通 FTP 服务和匿名(anonymous)FTP 服务。普通 FTP 服务向注册用户提供文件传输服务，匿名 FTP 向任何 Internet 用户提供文件传输服务。

(5) 远程登录(Telnet)

Telnet 是远程终端协议，Internet 客户可以使用 Telnet 命令使自己的计算机进入远程主机系统。使用 Telnet 命令与远程主机建立连接后，客户在本地的键盘操作传到远程主机，远程主机的输出返回本地主机屏幕，客户会感觉自己在直接操作远程主机，使用远程主机的资源和应用程序。

(6) 电子公告栏(Bulletin Board System，BBS)

BBS 是 Internet 上的一种电子信息服务系统。它提供一块公共电子白板，每个用户都可以在上面发布信息并提出自己的观点。电子公告栏可以按不同的主题、分主题形成多个布告栏。BBS 允许用户上传和下载文件，讨论和发布通告等，是网民们交流信息，讨论问题的理想场所。

(7) 网络新闻(Usenet)

Usenet 是针对某个主题的网上新闻组。新闻组可以使趣味相同的人们通过电子邮件和电子公告栏讨论共同关心的问题。加入某个新闻组后，可以浏览新闻组中的文章，回复他人的文章，也可以发布自己的文章。

(8) 网上电话与网上视频

在 Internet 上打电话，费用比一般的电话要少得多。网上电话可使用普通电话机、专用的 IP 电话机，也可以使用多媒体电脑代替电话机。如果使用多媒体电脑来打电话，在使用前，需要正确安装声卡、音箱、麦克风并运行相应软件(例如 IP Phone)。

利用 Internet，还可以收发传真，在高速宽带的网络环境下收看广播视频节目，举行远程视频会议，进行远程诊断等。

(9) 电子商务(E-Commerce)

在 Internet 上可以实施基于 Web 的商务活动，任何通过 Internet 进行的产品或服务的销售行为，都属于电子商务范畴，这些商务活动可以有 B2B(商家对商家)、B2C(商家对客户)、B2G(商家对政府)等多种形式。网上在线交易方便、价格低廉，是 Internet 上增长很快的领域。

(10) 电子政务(E-Government)

电子政务是一个广义的词汇，主要用于网上办公、网上审批、信息发布和应急指挥等。电子政务的核心价值在于：改进办事方式，提高工作效率和推动职能转变等。

随着 Internet 的发展，它提供的服务还在不断增长，应用领域也在不断扩大。

(11) 博客(Web Log)和微博(MocrobLog)

用户可以直接进入一些门户网站的博客页面，注册为博客。在博客中可发布信息，供访问者浏览；访问人也可以发表自己的观点，进行交流。博客有些类似于个人网站，但是个人网站需要租用空间和域名，需要简单的开发，需要一定的经济成本和技术基础。博客利用了门户网站的资源，只要具有基本的上网操作技能即可。

微博是微型博客，微博主要针对某个主题，发布现场感受，片言碎语即可，自由、简单、随意，很受网民喜爱，使用者众多。

(12) QQ

QQ 是一种即时通信(Instant Massager，IM)服务。即时通信是因特网中广泛使用的一种服务，上网用户通过即时通信可以实现实时交谈、互传信息、数据交换、语音聊天、网络会议、电子邮件、视频电话等。

参与即时通信系统的客户首先需要在即时通信服务器(IM 服务器)中注册，成为即时通信系统的一员。当用户 A 上网时，即时通信客户端软件将与 IM 服务器联系，报告自己处于"在线"状态、使用的 IP 地址以及将来准备用于 P2P 即时通信所用来侦听的 TCP/UDP 端口号。IM 服务器检查用户 A 的好友表，并将用户 A 好友的状态信息反馈给客户 A，同时将客户 A 的在线状态通知客户 A 的好友。如果客户 C 是客户 A 的好友并且在线，客户 A 就可以与客户 C 进行即时通信了。由于两个客户端之间是通过对方的 IP 地址和端口建立起 P2P 连接，连接后二者之间的通信就不需要通过服务器了。

自 1996 年第一个即时通信软件 ICQ 诞生起，各式各样的 IM 如雨后春笋一样诞生了，如腾讯 QQ、微软 MS、网易 POP、ICQ、雅虎通等。

(13) 移动网络

移动网络将移动通信和互联网结合为一体，移动通信设备相当于微型终端设备，最常用的是手机，手机功能日趋强大，就是一部掌上电脑。由于移动网络的用户数量十分庞大(截至 2012 年 9 月底，全球移动网络用户已达 15 亿)，移动通信和互联网已成为当今世界发展最快、市场潜力最大、前景最诱人的两大业务。

无线应用协议(Wireless Application Protocol,WAP)是一种使移动用户使用无线设备(例如移动电话)随时使用互联网的信息和服务的开放的规范。WAP 使微型无线终端设备获得了类似浏览器的功能。

移动网络的主要业务有移动社交、移动广告、手机游戏、手机电视、移动电子阅读、移动定位服务、手机搜索、移动支付、移动电子商务等。

1.2.3 TCP/IP 协议

为共享计算机网络的资源,在网上交换信息,计算机之间的数据通信必须遵守某种事先约定好的规则。这些规则约定了交换数据的格式、控制信息的结构与格式和响应种类,这些规则就是网络协议(Network Protocol),简称协议。

TCP/IP 是英文 Transportation Control Protocol/Internet Protocol 的缩写,意思是传输控制协议/网际协议。TCP/IP 协议是实现国际互联网的连接性和互操作性的关键协议,是 Internet 上所有计算机进行信息交互和传输所采用的协议,也是 Web 服务器与其他网络计算机互连的基本通信协议。

TCP/IP 协议拥有一套完整而系统的协议标准,它实际上由一组协议构成,称为 TCP/IP 协议族,其中最主要的两个协议是 TCP 协议和 IP 协议。TCP/IP 协议一般分为 4 层,其功能见表 1-1。

表 1-1 TCP/IP 各层的主要功能

层 的 名 称	功 能 简 述
应用层	向用户提供一组常用的应用程序,如文件传输,电子邮件等。
运输层(TCP)	提供端到端的数据传输服务。
网际层(IP)	定义数据报,处理路由。
网络接口层	接收网际层数据报,通过网络发送;从网络上接收数据送交网际层。

TCP/IP 协议的主要功能如下。

1. 应用层

应用层是 TCP/IP 协议的最高层,它提供常用的应用程序,主要协议如下。

Telnet:虚拟终端协议,提供远程登录功能。

FTP:文件传输协议,控制两台主机之间文件的交换。

SMTP:简单电子邮件传输协议,实现互联网中电子邮件的收发功能。

DNS:域名服务协议,实现网络设备域名到 IP 地址的转换功能。

HTTP:超文本传输协议,在客户机浏览器和服务器之间传输 Web 文档。

2. 运输层

运输层也称 TCP 层,主要负责应用进程之间端到端的通信,主要协议如下。

TCP:传输控制协议,提供面向连接的可靠的数据传输服务。

UDP:用户数据报协议,它是一个面向无连接的协议。UDP 协议不采用复杂的数据可靠性保护机制,不支持数据丢失和数据报重传处理。需要可靠数据传输时,不能使用

UDP 协议,而应使用 TCP 协议。

3. 网际层

网际层也称 IP 层,负责互联网中计算机之间的通信,主要协议如下。

IP:网际协议,IP 协议为每个数据包写上发送主机和接收主机地址,负责在网络上传输由 TCP 或 UDP 装配的数据包。它的主要功能是:管理 Internet 中的地址;路由选择,在源方和目的方之间选择一条最佳路径;数据报的分片与重组。

ICMP:控制报文协议,用于报告差错和传输控制信息。

ARP:地址转换协议,负责将 IP 地址转换为计算机物理地址。

RARP:反向地址转换协议,将计算机的物理地址转换为 IP 地址。

4. 网络接口层

网络接口层的主要功能是:接收网际层的 IP 数据报,通过网络向外发送;接受处理从网络上传来的物理帧,抽出 IP 数据包,向网际层发送。它是主机与网络的实际连接层。

1.3 IP 地址、域名和 URL

Internet 对网络资源的定位是由一长串数字(IP 地址)来实现的。由于 IP 地址不易记忆,人们使用域名解析系统,为每台主机指定易于记忆的名字(主机名/域名)与 IP 地址对应。也就是说,网上的主机既可以使用 IP 地址定位,也可以使用主机名/域名定位。

1.3.1 IP 地址

1. IP 地址的作用

Internet 是网络的网络,连接了海量主机(或设备)。为了识别网上主机或设备,人们为每台主机(或设备),分配了一个在 Internet 唯一的 32 位二进制数(IPv4)或 128 位二进制数(IPv6),即主机的 IP 地址。所以 Internet 上每台主机或设备都有一个 IP 地址,根据 IP 地址,可以找到相应的主机或设备。

注意:当一台服务器提供多个服务时,为使用方便,可以为每个服务指定一个 IP 地址。一台主机对应多个 IP 地址,这些 IP 地址在 Internet 上也必须是唯一的。

2. IP 地址表示法

IPv4 地址采用"点分十进制"表示法。它由一个 4 个字节 32 位的二进制数组成,为阅读方便转换成 4 组十进制数。例如:

二进制表示	11001010		01100000		00111101		10101000
4 组十进制数 IP 地址	202	.	96	.	61	.	168

IP 地址由网络地址和主机地址两部分组成。网络地址标识该主机所在的网络,主机地址标识该主机在该网络中的位置。

网络地址(netid)	主机地址(hostid)

IP 地址的层次结构具有两个重要特性：

- 为每台主机分配一个唯一的地址。
- 网络号必须全球统一分配，主机号由本地分配，不需要全球统一分配。

为解决 IPv4 的 32 位地址不够使用和分配不均问题，人们又开发了 IPv6。IPv6 地址是 128 位二进制数字，采用冒号分割的十六进制数表示。例如，68E6：8C64：FFFF：FFFF：0：1180：960A：FFFF。IPv6 有巨大的地址空间，目前已在逐渐推广使用。

3. 5 类 IP 地址

网络的 IP 地址有 5 类：A,B,C,D,E，其中 A、B、C 类是常用网络地址。A 类地址用于大型规模网络，B 类地址用于中型规模网络，C 类地址用于较小规模的网络，D 类和 E 类地址是一些特殊类型的 IP 地址。IP 地址格式见表 1-2。

表 1-2　IP 地址格式

	字节 1								字节 2	字节 3	字节 4
	0	1	2	3	4	5	6	7	8　15	16　23	24　31
A 类	0	网络号(8 位)							主机号(24 位)		
B 类	1	0	网络号(16 位)							主机号(16 位)	
C 类	1	1	0	网络号(24 位)							主机号(8 位)
D 类	1	1	1	0	多播地址(32 位)						
E 类	1	1	1	1	保留地址(供实验和将来使用)						

IP 地址范围见表 1-3。

表 1-3　IP 地址范围

类　别	最多网络数	网络号范围	最多主机数目
A	126(2^7-2)	1～126	16 777 214($2^{24}-2$)
B	16 383($2^{14}-1$)	128.1～191.255	65 534($2^{16}-2$)
C	2 097 151($2^{21}-1$)	192.0.1～223.255.255	254(2^8-2)

4. 几个特殊意义的 IP 地址

以下几个有特殊意义的 IP 地址不能用于网络的主机地址。

(1) 广播地址

主机地址位全是 1，表示网上所有的主机，可以向网上所有的主机发送信息。例如，148.08.255.255 表示向 148.08 网上的所有主机发信息。

(2) 本地网络地址

IP 地址中主机地址位都是 0，表示本地网络地址。例如 148.08.0.0 表示一个 B 类网地址 148.08。

(3) 回放地址

127.0.0.1 称为本机回放地址，用于网络软件测试及本地机进程间通信的地址。应用程序发往该地址的信息被交回给本机的应用程序，不进行任何网络传送。

5. 子网掩码

把 A、B 或 C 类网进行子网划分，可以充分利用 IP 地址资源，为更多的主机分配 IP 地址。子网划分把网络的两级结构转换成三级结构，把主机地址的部分位拿出来，作为子网地址，如图 1-6 所示。

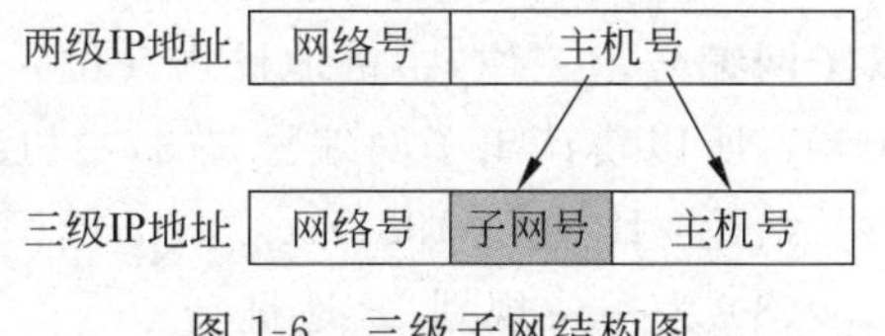

图 1-6　三级子网结构图

子网掩码可以把一个 IP 地址分解为对应的网络地址、子网地址及主机地址。子网掩码是一个 4 字节二进制数，网络号和子网号部分全为 1，主机号部分全是 0，经过与 IP 地址进行“与”运算后得出网络号、子网号和主机号。例如，已知网络的 IP 地址 202.204.224.198，子网掩码 255.255.255.224，求其网络号、子网号和主机号，运算结果的网络号是 202.204.224，子网号为 6，主机号也是 6，见图 1-7。

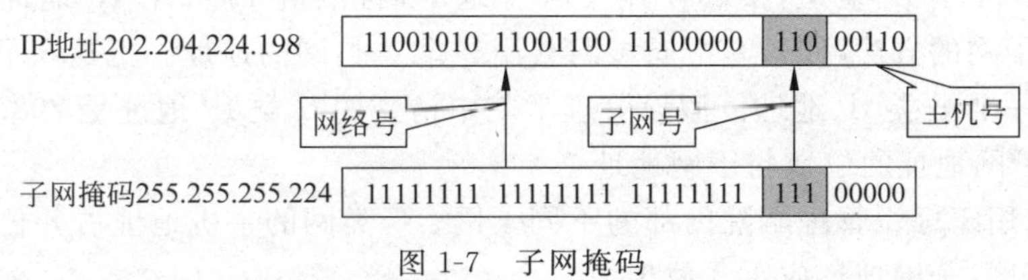

图 1-7　子网掩码

6. IP 地址的使用与企业网 IP 地址规划

(1) 根据 IP 地址判断其网络类别、网络地址和主机地址

已知主机的 IP 地址为 206.196.0.133，子网掩码是 255.255.255.0，请确定该主机所在网络的类别、网络号及它的主机号。判断步骤如下。

① 把 4 组十进制数转变为 4 字节 32 位的二进制数。

4 组十进制数：	206 .	196 .	0 .	133
32 位二进制数：	11001110	11000100	00000000	10000101

② 确定网络类别。

对照表 1-2，第 1 字节是 11001110，它的第 0、1、2 位是 110，所以该主机所在网络的类别是 C 类。

③ 确定网络号。

C 类网的前 3 个字节是它的网络号：206.196.0。

④ 确定主机号。

C 类网的主机地址是第 4 字节，所以它的主机号是 10000101，转化为十进制数为 133。

结论：该主机是 C 类网 206.196.0 中的 133 号主机。

(2) 根据 IP 地址和子网掩码判断其网络类别、网络号、子网号和主机号

假设已知网络 IP 地址和子网掩码如下。

IP 地址　　11000000.01001111.00101110.01100001　198.79.46.97

子网掩码　11111111.11111111.11111111.11100000　255.255.255.224

试确定该主机所在网络的类别、网络号、子网号及它的主机号。判断步骤如下：

① IP 地址的前三位是 110，说明该地址是一个 C 类地址。

② 前三个字节标识网络地址，网络号是 198.79.46。

③ 后一个字节标识主机，对照子网掩码的最后一个字节，前三位是 1 后五位是 0，所以子网编号占三位，主机地址占 5 位。根据 IP 地址最后一字节的前 3 位是 011，后 5 位是 00001，所以辨认出子网编号是 3，主机编号是 1。

结论：IP 地址 198.79.46.97 标识的是 C 类网络 198.79.46 的 3 号子网的 1 号主机。

(3) 为单位规划 IP 地址

请为管理学院规划 IP 地址，该学院有 6 个局域网，每个局域网最多有 26 台主机(或网络设备)。规划过程如下：

① 申请 IP 地址。

管理学院最多有 6 个局域网、156 台主机，若为 6 个局域网申请 6 个 C 类 IP 地址，共有 6×254＝1524 个 IP 地址，实际使用 156 个地址，将浪费 1368 个 IP 地址。实际应用中，可以使用子网的方法，使这 6 个局域网共用一个 C 类网的地址。把这 6 个子网当作一个整体，申请一个 C 类 IP 地址。假设管理学院申请到的 C 类 IP 地址是 202.224.46。

② 确定子网地址的位数与子网地址。

子网地址用于标识管理学院内部的不同子网。C 类网的主机地址占 8 位。由于该学院有 6 个局域网，子网地址应占 3 位形成 8 个网段(000-111)，其余 5 位是子网中的主机地址。每个子网可以有 30 个主机地址，对于该学院也够用了。图 1-8 说明了管理学院子网位数与主机地址位数的分配。

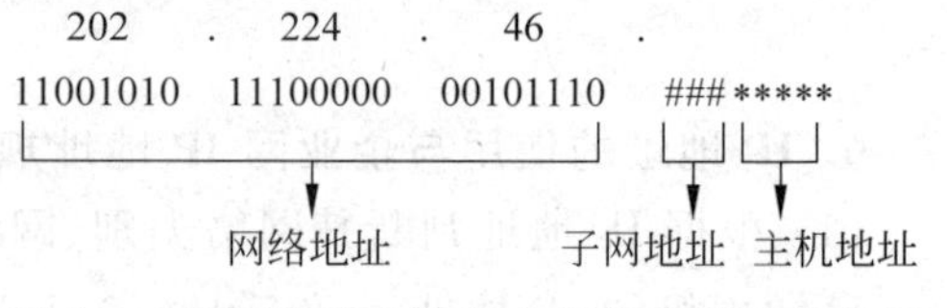

图 1-8　子网地址位数与主机地址位数的分配

以下列出各子网地址：

1 号子网地址　11001010 11100000 00101110 00000000　202.224.46.0

2 号子网地址　11001010 11100000 00101110 00100000　202.224.46.32

3 号子网地址　11001010 11100000 00101110 01000000　202.224.46.64

4 号子网地址　11001010 11100000 00101110 01100000　202.224.46.96

5 号子网地址　11001010 11100000 00101110 10000000　202.224.46.128

6 号子网地址　11001010 11100000 00101110 10100000　202.224.46.160

③ 主机地址分配方案。

以 1 号子网为例，说明主机地址的分配。

1 号主机地址　11001010 11100000 00101110 00000001　202.224.46.1

2 号主机地址　11001010 11100000 00101110 00000010　202.224.46.2

3 号主机地址　11001010 11100000 00101110 00000011　202.224.46.3

⋮　　⋮　　⋮　　⋮　　⋮

26 号主机地址　11001010 11100000 00101110 00011110　202.224.46.26

④ 子网掩码的确定

管理学院的子网掩码是：

11111111.11111111.11111111.11100000　255.255.255.224。

1.3.2 域名

网上主机的 IP 地址是 32 位的二进制数，即使转换为 4 组十进制数，也还是不便记忆。为方便起见，人们为网上的主机起了易于记忆的名字，称为域名，并开发了一个域名解析系统(Domain Name System，DNS)，使主机的域名与它的 IP 地址相对应。当客户与 Internet 上某台主机交换信息时，只需要使用域名，DNS 会自动把它转换成 IP 地址，找到这台主机。

Internet 上主机地址的命名方法与邮政系统类似，采用层次树状结构方法。寄信时，人们要在信封上写上收信人地址，国家、省(市)、区、街道、门牌号。用英文书写信封时，地址要先小后大，以门牌号、街道、区、市、国家为序。网上地址，即域名，按先小后大方式排序，即最后是国家，顶级域名。域(domain)是名字空间中一个可以被管理的区域，域可以划分为子域，子域还可以继续划分，构成顶级域、二级域、三级域等。

域名的结构：主机名.三级域名.二级域名.顶级域名

域名分为 4 个区域，从左到右表示的区域范围越来越大。一级域名又称顶级域名，代表国家和组织。如我国的顶级域名是 cn。cn 下的二级域名分为类别域名和行政区域名两类。类别域名有 6 个，它们是 ac(科研机构)、com(商业组织)、edu(教育机构)、gov(政府部门)、net(互联网络、接入网络的信息中心和运行中心)、org(各种非盈利性组织)。类别域名还在增加，如新增加的 TV 域名等。行政区域名有 34 个，也就是我国的 34 个省市。三级域名通常是组织机构名，一般以各单位或机构名字的英文简写命名。CERNET 网络中心负责二级域名 edu 下三级域名的注册申请，中国互联网信息中心(CNNIC) 负责其余 39 个二级域名下的三级域名申请。“主机名”是第四级域名，用有意义的英文名称代表网络上的主机，主机较多的单位第四级域名可能会进一步细分，可分成五级或六级。

例如域名 www.people.com.cn，其中，cn 为顶级域名，表示中国；com 是二级域名，表示商业组织；people 是三级域名，组织结构名，表示人民网；www 是主机名，表示人民网的 www 主机。又如域名 www.e－gov.org.cn 表示中国电子政务网。

地址解析从下至上逐级进行。当某一连网单位内的主机访问互联网上的资源时，先由本单位的 DNS 解析其地址；如果该地址在本地 DNS 中找不到，则将此地址交给上级的 DNS；逐级上推，直到互联网的根 DNS；如果还不能找到，则说明所要求的是一个不存在的地址。

1.3.3 统一资源定位符 URL

统一资源定位符(Uniform Resource Locator，URL)用来指明网络资源在 Internet 上的位置和访问方法，它的功能相当于通信地址。URL 能以唯一且一致的方式定义每个资源在 Internet 上的位置。

1. URL 格式

由于访问不同资源要使用不同的协议，所以 URL 要给出访问资源的协议。URL 由五部分组成：“协议”，“：//”，“主机名”，“端口号”和“路径”。

URL 的格式为：

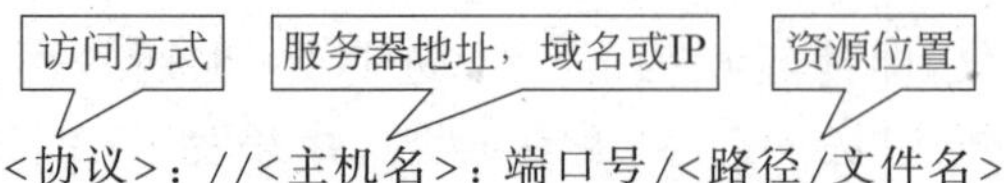

例如：http://www.bta.net.cn:80/software/home.html。

1）协议

协议表示取得资源的方法或通信协议的种类。访问 Web 站点使用 HTTP 协议，其他常见的有 news、file、telnet、FTP、Gopher 等。

2）://

://是 URL 规范要求的标记。

3）主机名

主机名是要访问的服务器的全名（服务器全名包括域名和主机名），也可以是服务器的 IP 地址，表明服务器在网络中的位置。例如：www.bta.net.cn，202.106.196.56 等。

4）端口号

对某些资源访问，需要给出相应服务器提供的端口号，以使操作系统用来辨别特定信息服务的软件端口。例如：HTTP 的标准端口号是 80。一般情况下服务器程序采用标准的保留端口号，所以可以省略端口号。

5）文件路径

文件路径是服务器上保存目标文件的目录，它指定浏览器访问的最终目标。例如：文件路径 software、文件名 home.html。

2. URL 的使用

例如，Internet 上某一资源的 URL 是 http://www.bta.net.cn/software/home.html，该 URL 告诉浏览器要访问的文件类型是 HTML 文件，使用 HTTP 协议，在名为 www.bta.net.cn 服务器上，访问/software/目录下名为 home.html 的文件。如下是某些 URL 的例子：

```
telnet://odysseu.bbb.com:70
http://www.buu.com.cn:8080
ftp://ftp.w3.org/pub/www/doc
```

3. 文件定位的几种方式

文件定位可以有 3 种方式：域名方式、IP 地址方式和文件目录方式。可以在浏览器的地址栏目里使用这 3 种方式查询信息。例如某服务器的域名是 www.bta.net.cn，IP 地址是：202.106.196.56。在地址栏目输入 www.bta.net.cn 和 202.106.196.56 都可以看到该服务器的默认主页。如果用浏览器查看本机的文件，在地址中输入文件名全名，如：c:/webshare/wwwroot/homepage.html，就可以看到 homepage 页面。

1.4　Web 基础知识

1.4.1　Web 工作机制

Web 是通过 HTTP 协议传输信息的。在一次通信过程中，客户在浏览器端发出请求，服务器端响应请求，大致可分 9 个步骤。过程示意见图 1-9，步骤如下。

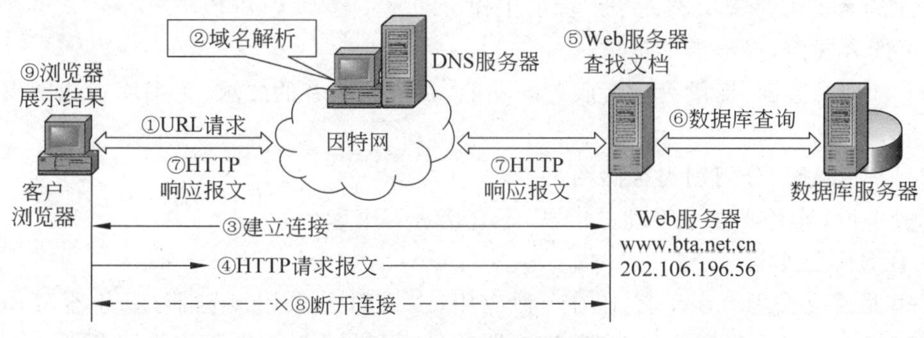

图 1-9　Web 的工作过程

(1) 客户发起请求，在浏览器地址栏目输入请求页面 URL，例如：http://www.bta.net.cn/software/index.html。

(2) 浏览器向 DNS 域名系统请求，把域名 www.bta.net.cn 解析为 IP 地址。域名系统解析出的 IP 地址为 202.106.196.56。

(3) 根据解析出的 IP 地址，浏览器与服务器建立连接。

(4) 浏览器发出 HTTP 请求报文。

(5) Web 服务器响应请求，找到 software 目录下的 index.html 文件。

(6) 如果 HTML 页面中嵌入了 JSP、ASP、ASP.NET 或 PHP 程序，则由 Web 服务器运行这些程序，把结果嵌入页面。如果应用程序包含对数据库的操作，则应用程序服务器把查询指令发送给数据库驱动程序，由数据库驱动程序对数据库执行查询操作。查询结果返回给数据库驱动程序，并由驱动程序返回给 Web 服务器，Web 服务器将结果数据嵌入页面。

(7) Web 服务器把结果页面发送给浏览器。

(8) 浏览器与服务器断开连接。

(9) 浏览器解释 HTML 文档，在客户端屏幕上展示结果。

注意：一旦服务器响应了客户请求，并把结果发送给客户，服务器和客户之间的连接就被断开，服务器上不存储连接信息，故 HTTP 也称为无状态协议。

1.4.2 Web站点体系结构

1. 浏览器/服务器/数据库服务器三层结构

Web在逻辑上采用浏览器/服务器(Browser/Server,B/S)结构,常用浏览器/服务器/数据库服务器(Browser/Server/Database Server)三层结构工作模式,三层结构的业务逻辑与日常生活中的图书馆运行方式非常类似,都具有三个层面的工作。

1) 图书馆结构

Web应用程序的工作过程,与读者在图书馆里的借书过程相似。读者到图书馆去借书,向图书管理员提出借书要求,管理员根据读者要求,提供服务,去书库查找图书,借给读者。在读者借书过程中有三个层面的工作。

(1) 读者层面,提出借书请求。

(2) 管理员层面,提供为读者服务的功能,并根据读者的要求,去书库查找图书,借给读者。

(3) 书库层面,分门别类存储图书。

一般来说,读者要通过管理员借书,不直接进入书库。

2) B/S三层结构

Web是建立在Internet之上的一种应用,在逻辑上采用浏览器/服务器工作模式。一般客户的计算机称为客户机,安装浏览器软件;提供服务的机器称为服务器。客户、服务器概念可以是硬件,也可以是软件,通常是软、硬件相结合的环境。Web以B/S方式工作,在客户主机上安装浏览器,应用程序在服务器上运行。浏览器具有统一、图形化的界面,使用简单,易于链接,深受广大客户欢迎。由于所有客户机的客户程序是统一的浏览器,所以基本上不需要维护工作,为系统的维护更新省去了大量开销。

浏览器/服务器的体系结构可划分为二层结构和三层结构,基于Web的数据库应用系统,采用三层结构,也称浏览器/服务器/数据库服务器结构。浏览器是输入数据和显示结果的交互界面。在浏览器表单中填入数据,单击提交按钮,表单中的数据被发送到Web服务器。Web服务器端应用程序接受并处理客户数据,并从数据库中查询客户数据或把客户数据写入数据库。最后,Web服务器把返回结果插入HTML页面,传送到客户端,在浏览器中向客户展示。

Web应用程序三个层面的工作如下。

(1) 应用层:包含客户端的客户界面和界面代码。客户端相当于读者。

(2) 中间层:应用程序服务器端功能和程序代码。Web服务器相当于图书管理员。

(3) 数据层:数据库中的数据。数据库相当书库,是存储信息的重地。

图1-10(a)示意图书馆的借书过程,图1-10(b)说明Web应用程序的三层结构。

3) B/S三层结构的优点

(1) 三个层面的模块相互独立、扩展方便,使系统可扩展性较好。例如,数据库内容更新不影响应用处理逻辑,表示层的扩展也比较方便。

(2) 专门的应用服务器处理客户请求,并与数据库通信,提高了数据库的访问效率。

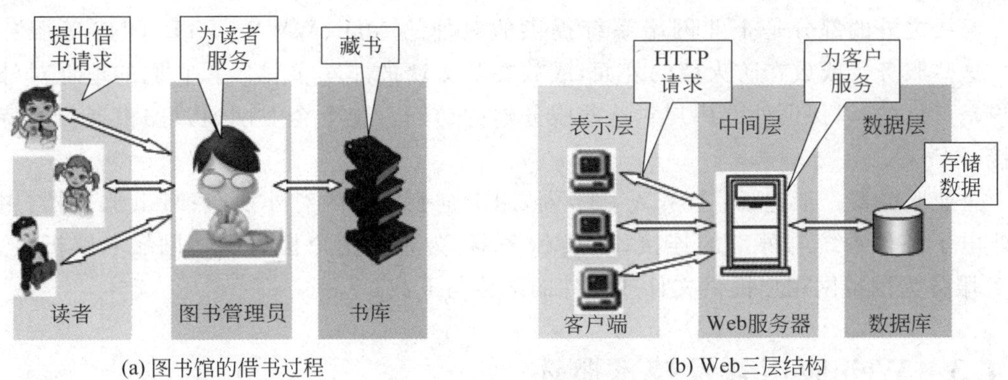

(a) 图书馆的借书过程　　(b) Web三层结构

图 1-10　Web 三层结构

（3）系统维护升级简单。客户机上只需要安装运行浏览器，基本没有维护工作。软件的业务逻辑全在服务器上进行。如果软件需要升级，只要更新服务器上的软件即可。

2. Web 站点的集成

Web 站点的集成示意图见图 1-11。虚线之内代表一个企业或 ISP 的内部网络。一般来说企业网有自己的服务系统，它的企业信息管理系统、企业办公系统、数据库等服务是为企业内部服务的。防火墙将内部网与因特网隔离，以保证内部网络系统的安全性。

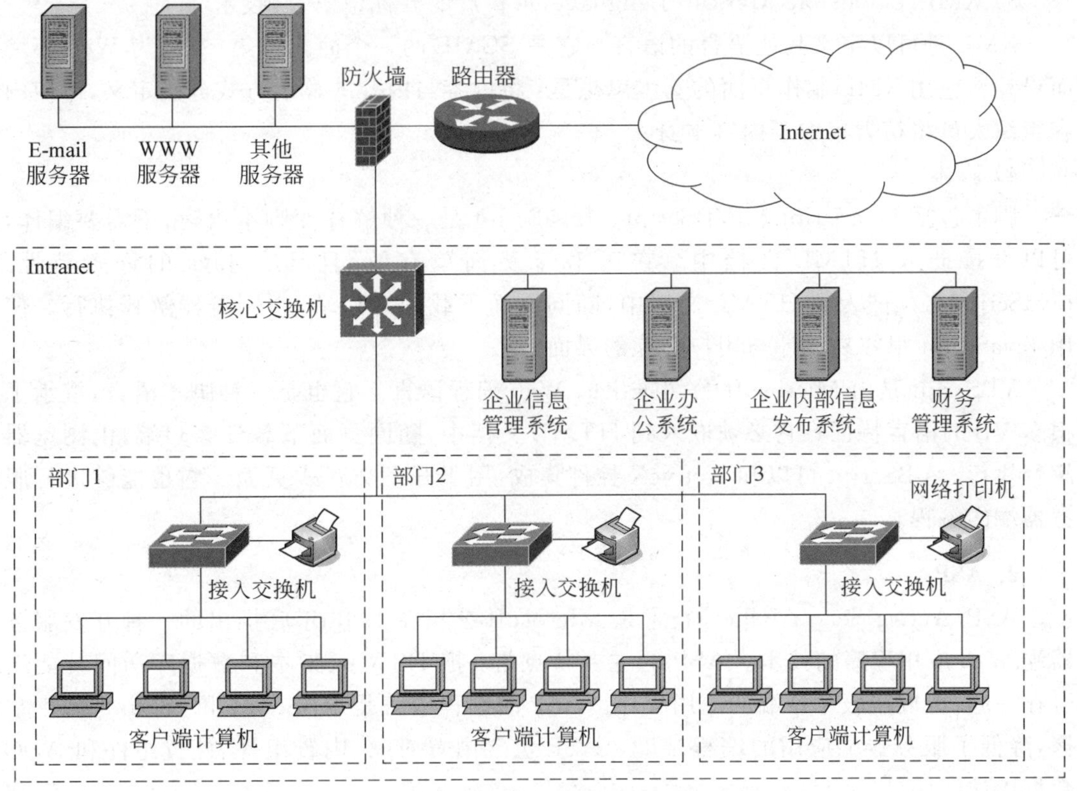

图 1-11　Web 站点集成示意图

虚线之外的部分是企业网络系统提供的对外的 Mail、WWW、FTP、DNS 等服务功能。这些服务器或放在防火墙的外面，或放在防火墙的非军事化区。它们的地址对外部用户是可见的，以保证外部用户对这些服务器的访问。整个企业网通过路由器与因特网连接。

企业服务器一般包括：WWW 服务器，用于企业信息的对外发布；Mail 服务器，用于企业电子邮件系统与外部的连接；DNS 服务器，为企业用户提供因特网域名解析服务；FTP 服务为因特网用户提供文件或软件的上传与下载。

1.4.3 Web 应用开发技术概述

1. HTML、CSS、XML 和脚本

1）超文本标记语言 HTML

HTML 是 Web 技术的基础。它是一种文本形式的标记符号语言，可以使用任何文字处理软件编辑处理。现已有多种工具可以完成可视化的编程任务，例如，Dreamweaver 等。

2）CSS(Cascading Style Sheet，层叠样式表)

CSS 控制整个页面的结构和风格。在 HTML 基础上，使用 CSS 不但能够统一、高效地组织页面上的元素，还可以使页面具有多样的外观。

3）XML(extensible Markup Language，可扩展的源标记语言)技术

XML 是可以定义其他语言的语言。它是 SGML 的一个简化子集，专门为 Web 环境而设计。应用 XML 制作页面的基本思想是：将内容与内容的显示方式分别定义，以使内容组织人员将精力集中于内容本身。

4）脚本

脚本包括 JavaScript 和 VBScript。JavaScript 是一种解释性脚本语言，不需要编译，可以直接插入 HTML 文档中。它比 Java 更简单有效，且具有 Java 的许多特性。JavaScript 必须嵌入到 HTML 文档中，随同页面下载到客户端，由浏览器解释执行。使用 JavaScript 很容易设计与用户交互的界面。

VBScript 是由 Microsoft 公司推出的 Web 编程语言。它也是一种脚本语言，继承了很多 VB 的语言特征。它必须嵌入到 HTML 文档中，随同页面下载到客户端，由浏览器解释执行。VBScript 可以和 ActiveX 控件集成，用于开发交互式页面。它也能够进行服务器端的编程。

2. ASP

ASP(Active Server Pages)技术是 Microsoft 公司在 1996 年底推出的一种开发服务器端 Web 应用程序的技术。ASP 的主要特点是：把 HTML、脚本和数据库访问功能结合在一起，组成在服务器端的应用程序。ASP 的编程语言是 VBScript 和 JScript，易于掌握，降低了服务器端应用的编程难度。ASP 包含内置对象、内置组件、外置组件和 ADO 数据库访问接口。

当客户端浏览器访问 ASP 页面时，服务器把 ASP 页面解释生成标准的 HTML 代码

发送到客户端浏览器。

ASP容易学习，使用方便，但是有些网络操作系统不支持ASP，所以它一般常与Windows系列的操作系统配套使用。在客户端访问ASP时，每次都要解释一遍，所以其运行速度稍慢。

3. ASP.NET

ASP.NET建立在.NET Framework类的基础之上，提供了由控件和基础部分组成的“Web程序模板”，大大简化了Web程序和XML Web服务的开发。程序员直接面对一组ASP.NET控件，控件由文本框、下拉菜单等通用构件封装而成。控件运行于Web服务器上，以HTML的形式发送到浏览器。ASP.NET使用的语言是C#、VB.NET和JScript.NET。C#是微软公司为.NET开发的编程语言。ASP.NET功能强大，开发简单，但是对运行环境的要求较高。

4. PHP

PHP(Personal Home Page)由创始人Rasmus Lerdorf在1994年提出，1995年发布第一个公开版本。PHP是自由软件，运行成本低。与ASP技术类似，PHP是服务器端的Web应用程序开发技术。它具有多平台特性，能够无缝运行在Unix、Linux和Windows平台上。它支持多种通用Web服务器(如IIS，Apache等)，在变换平台时，不需要改变PHP代码。PHP对数据库的操作具有很强的兼容性，几乎支持所有的主流和非主流数据库，如Oracle、Sybase、MySQL、mSQL、PostgreSQL、informix、Solid、Access和dBase等。

PHP运行环境的建立比较复杂，技术支持不够充分，使得其流行速度在放缓。

5. JSP(Java Server Pages)技术

JSP是Sun Microsystem公司(Sun公司已被Oracle收购)在1999年6月推出的一种动态网页技术。在HTML页面中加入Java程序段和JSP标记就构成了JSP网页。JSP是基于Java的，用于网上应用开发。JSP的结构与ASP相似，但JSP开发的Web应用具有跨平台的特性，可以在大多数Web服务器上运行。JSP将用户界面与底层的应用分开，使开发人员可以在不改变应用的情况下改变页面布局。由于JSP对于建立商业级的应用具有独到的优势，所以应用日趋广泛。

6. Servlet

Servlet是运行在服务器端的Java程序，本质上是一个特定的Java类，符合Java的技术标准，具有Java的特点，例如跨平台、安全等。Servlet的关键要点是可以响应客户HTTP请求，处理客户端应用程序的请求，增强了服务器的功能。Servlet调用Java Servlet API提供的方法编写Servlet程序，编译后把Servlet程序生成的字节码文件存放到服务器的相应目录中，就可以响应客户请求了。

在实际应用中常采用JSP＋Servlet或JSP＋Servlet＋JavaBean工作模式，JSP和Servlet各有侧重。JSP的重点在于页面表现，Servlet的重点是业务逻辑处理。

1.5 数据库访问技术

数据库技术是信息系统的核心技术和基础技术，也是 Web 技术的一个重要组成。数据库是存放数据的仓库。数据库管理系统是一个系统软件，它的主要作用是科学地组织和存储信息，高效地获取和维护信息。数据库系统是指在计算机系统中引入数据库后的系统，一般由数据库、数据库管理系统、应用系统、数据库管理员和用户组成。

1.5.1 Web 方式访问数据库

为科学高效地组织与管理信息，Web 站点中的资源大多存储在 Web 站点的数据库中。数据库技术适用于大量数据的存储与管理，Web 具有友好的用户图形界面及简便的信息发布途径，所以 Web 技术与数据库技术相结合，以 Web 方式访问数据库，将使它们的优势共同提升，既可以充分利用大量已有的数据库信息资源，又可以使用浏览器方便地应用数据库的资源。

与传统的数据库访问技术相比，Web 数据库访问技术的特点如下：

(1) 客户端统一的界面。在客户端使用浏览器，使用者只需要掌握浏览器界面的应用技术即可，大大降低了用户的使用难度。

(2) 统一的开发标准。HTML 是 Web 信息的组织方式，是一种国际标准，Web 服务器与浏览器都遵循该标准。基于数据库的应用都可以通过浏览器来实现，通过 Web 来访问数据库。开发者需要掌握的主要技术标准是 HTML，这在很大程度上降低了开发难度，同时也减少了开发成本。

(3) 跨平台运行。由于采用了统一的标准，使用 HTML 标准开发的数据库应用，可以跨平台运行，减少了开发的工作量。

1.5.2 Web 数据库访问的工作机制

通常 Web 数据库技术应用三层或多层的体系结构，前端采用瘦客户机技术，通过 Web 服务器和中间件访问数据库。它的体系结构见图 1-12。

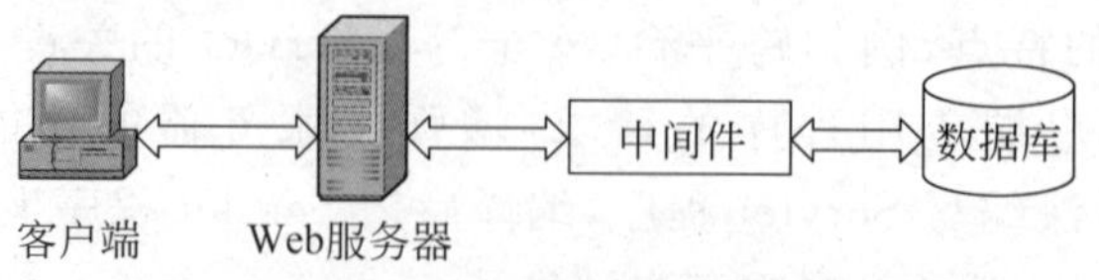

图 1-12 Web 数据库的体系结构

中间件是 Web 服务器与数据库服务器之间的桥梁，负责它们之间的通信并提供应用程序服务。中间件可以直接调用脚本或外部程序来访问数据库，并将访问结果转换成

HTML 格式，通过 Web 服务器返回给客户端浏览器。

在数据库访问应用中，一般使用 SQL（Structured Query Language，结构化查询语言）实现对数据库的操作。

常见的数据库开发技术有 CGI 技术、服务器 API 技术、ASP/ASP. NET 技术、PHP 技术和 JSP 技术等，ASP/ASP. NET、PHP 和 JSP 也称为服务器端脚本编程技术，具有运行速度快、数据库操作功能强的特点。

1.5.3 常用 Web 数据库访问技术

1. JSP 技术

JSP 是根植于 Java 的一种动态网页制作和 Web 数据库信息发布技术。通过在 HTML 页面中嵌入 Java 程序段和 JSP 标记，实现在网页中发布数据库信息。

JSP 技术具有很好的跨平台特性，一次编写，各处运行，依赖于可重用、跨平台的组件（JavaBeans 或 Enterprise JavaBeansTM 组件）执行应用程序的复杂处理，数据库操作功能强大，具有 Java 的优势。

JSP 访问数据库的机制见图 1-13。

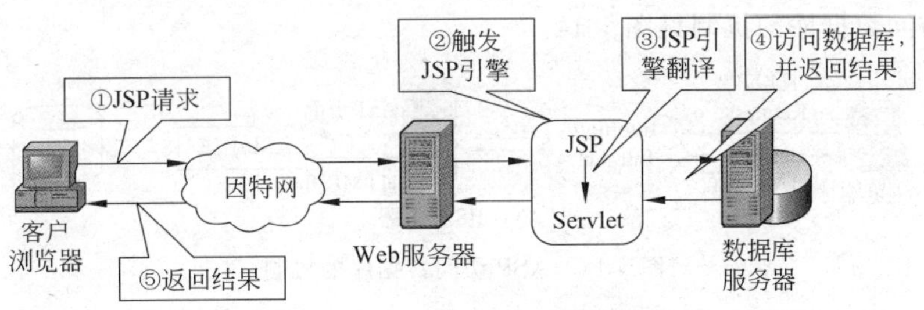

图 1-13　JSP 访问数据库的机制

JSP 的工作过程如下：

(1) 在客户浏览器地址栏目输入要请求 *.jsp 页面的 URL，发出一个 JSP 请求。

(2) Web 服务器接受扩展名为“.jsp”的请求，触发 JSP 引擎。

(3) JSP 引擎检查 JSP 文件是新的还是修改过的，针对不同情况对文件进行翻译和编译，把 JSP 标签、Java 代码 HTML 内容都转换为 Servlet 代码，扩展名为“.java”文件。

(4) 将产生的 Servlet 代码编译执行，访问数据库，并获得访问结果。

(5) 将结果返回客户浏览器，由浏览器解释执行，展示结果。

因为 servlet 是编译过的，所以网页中的 JSP 代码不需要在每次请求该页时被解释一遍。JSP 引擎只需在 servlet 代码最后被修改后编译一次，然后这个编译过的 servlet 就可以被执行了。由于 JSP 引擎能自动生成并编译 servlet，无须程序员动手编译代码，所以 JSP 具有高效性和快速开发所需的灵活性。

2. ASP 技术

ASP 是开放式 Web 服务器应用程序开发技术，它是一种技术框架，是一种服务器端的脚本运行环境。

ASP 的主要功能是：生成动态、交互式的 Web 服务器应用程序。它能够把脚本、HTML、组件和 Web 数据库访问功能结合在一起，形成一个在服务器端运行的应用程序，并把结果转换成标准的 HTML 页面返回客户端。ASP 通过 ADO(ActiveX Data Object)访问数据库。ASP 使用脚本语言进行 ASP 程序的开发，例如 VBScript 和 JavaScript 等。在微软的 ASP 部件中，内置了 VBScript 和 JavaScript 的解释引擎。

ADO 是微软开发的一套属于应用程序级的通用访问数据库编程接口。它提供一组优化的访问数据库专用对象集，是面向对象的数据库连接新技术，也为 ASP 提供了完整的站点数据库访问解决方案。ADO 可连接多种数据库管理系统，如 SQL Server、Oracle、Informix 等。ASP 与 ADO 结合，在服务器端脚本中，提供对数据库的操作，形成含有数据库信息的主页。通过嵌入 SQL 语句，使用户可以在浏览器端使用和管理数据库，通过浏览器页面输入、更新和删除服务器端的数据库的内容。

在 ASP 中内置了数据库访问组件 ADODB，它是属于数据库应用的 COM 构件，可以在多种环境下应用，ADO 通过它来访问各种类型的数据库。各种脚本和语言可以调用 ADO 组件访问数据库，并利用相应的数据接口显示查询结果。ADO 使用内置的 RecordSets 对象作为数据的主要接口，返回对数据库的查询结果。ADO 也可使用 VBScript、JavaScript 语言来控制对数据库的访问并显示查询的结果。

ASP 访问数据库的机制见图 1-14。

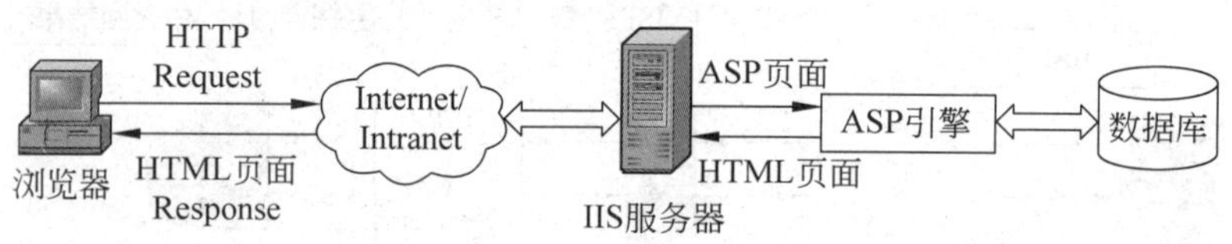

图 1-14 ASP 访问数据库的机制

ASP 的工作过程如下。

(1) 在浏览器地址栏输入要请求 *.asp 页面的 URL，发出一个 ASP 请求(Request)。

(2) IIS 服务器接受请求，根据扩展名.asp 识别出 ASP 文件，并找出相应的 ASP 文件。

(3) IIS 服务器把 ASP 文件发送到 ASP 引擎(asp.dll 动态连接库)。

(4) ASP 引擎将 ASP 文件从头至尾解释处理，调用相应的脚本引擎。若脚本指令调用了 ADO 组件，则由 ADO 调用 ODBC，通过 ODBC 与后台数据库相连。

(5) 数据库管理系统对数据库进行操作，并将请求数据通过数据库管理系统传到 ASP 引擎。

(6) ASP 引擎将执行结果动态生成一个 HTML 页面返回给 IIS 服务器。

(7) IIS 服务器将 HTML 页面(Response)返回给浏览器。

(8) 浏览器解释执行 HTML 页面，并展示结果。

3. PHP 技术

PHP 与 ASP 类似，也是一种服务器端的脚本运行环境，可以说它是 UNIX 系统上的 ASP。它与 ASP 的不同点在于：PHP 可以跨多个平台，在改变平台时，不需要修改 PHP 代码；PHP 支持数种 Web 服务器，如 IIS，Apache 等。它对数据库的操作功能十分强大，优良的兼容性使 PHP 可以操作当前几乎所有的数据库，如 SQL Server、MySQL、Oracle、Solid 等。

PHP 能够把浏览器、OS 平台、Web 服务器和 Web 数据库技术融合在一起，形成一个理想的整体解决方案。PHP 混合了 C、Java、Perl 以及 PHP 式的新语法，在保证最大可操作性的前提下，提供了比一般 CGI 更快的速度。

PHP 的主要技术特点如下：

- 具有良好的跨平台特性，支持数种主流 Web 服务器。
- 属于开放资源软件，可以在 http://www.php.net 站点免费下载。
- 简单易学。它也属于脚本语言，语法相当简单，不需要很强的语言基础。
- 数据库操作功能强大。它通过多种函数支持数种主流和非主流数据库，支持 ODBC 访问数据库技术。
- 支持面向对象的概念，与 C++ 和 Java 类似。
- 使用 PHP 技术的最佳组合是：Linux、Apache 和 MySQL。

PHP 访问数据库的机制见图 1-15。

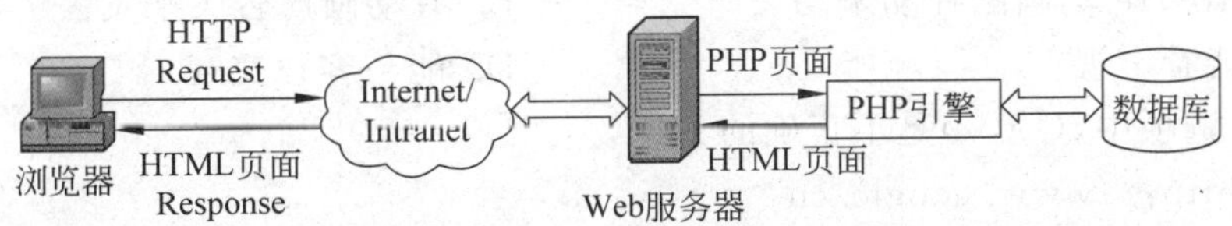

图 1-15　PHP 访问数据库的机制

PHP 的工作过程如下。

(1) 在浏览器地址栏输入要访问的 PHP 页面的 URL，发出一个 PHP 请求。

(2) Web 服务器接受该请求，根据扩展名.php 识别出 PHP 文件，并找出相应的 PHP 文件。

(3) Web 服务器把 PHP 文件发送到 PHP 引擎。

(4) PHP 引擎将 PHP 文件从头至尾进行扫描，根据命令连接后台数据库。

(5) 数据库管理系统对数据库进行操作，并将请求数据通过数据库管理系统上传到 PHP 引擎。

(6) PHP 引擎将执行结果动态生成一个 HTML 页面返回给 Web 服务器。

(7) Web 服务器将 HTML 页面返回给浏览器。

(8) 浏览器解释执行 HTML 页面，并展示结果。

小　结

Internet 是一个把世界范围内的众多计算机、人、数据库、软件和文件连接在一起的，通过一个共同的通信协议（TCP/IP 协议）相互会话的网络。Internet 上每台主机或设备都分配有 IP 地址，IP 地址与域名相对应。网络资源使用统一资源定位器 URL 定位。

Web 是建立在 Internet 之上的重要应用，它具有四个要素：分布式、超媒体信息系统、超文本传输协议 HTTP、超文本标记语言 HTML。常用的 Web 数据库访问技术有 JSP、ASP/ASP.NET、和 PHP 等，它们各有特点。

习题与实训 1

一、选择题

1. 以下几个 IP 地址中，(　　)是合法的 IP 地址。

   A. 256.154.21.106　　B. 175.146.87.8

   C. 127.0.0.1　　D. 202.96.0.255

2. HTTP 的默认端号是(　　)。

   A. 80　　B. 8080　　C. 70　　D. 21

3. 如果网页(　　)，则该网页是动态的。

   A. 有 GIF 动画图片动来动去　　B. 有动画广告飞来飞去

   C. 能看影视　　D. 能与客户交互

4. 以下选项中，(　　)是不正确的 URL。

   A. http://www.google.cn

   B. www.google.cn

   C. http://localhost:8080/bookshop/index.jsp

   D. ftp://ftp.link/down/search.jsp

5. 客户发出请求、服务器端响应请求的过程中，说法(　　)是正确的。

   A. 在客户发起请求时，DNS 域名解析地址前，浏览器与服务器建立连接

   B. 客户在浏览器上看到结果后，释放浏览器与服务器的连接

   C. 客户端直接调用数据库数据

   D. Web 服务器把结果页面发送给浏览器后，浏览器与服务器断开连接

6. 以下说法(　　)是正确的。

   A. 因特网和万维网是一回事

   B. 万维网是网络的网络

   C. 万维网是一个运行在 Internet 上的全球性、分布式的信息发布系统

   D. 万维网是覆盖全球的网络

二、简答题

1. 简述名词：万维网、超文本、超媒体、HTTP、HTML 和 URL。

2. 简述名词：计算机网络、个人区域网、局域网、广域网、城域网、互联网和因特网。个人区域网、局域网、广域网和城域网的英文名称和缩写是什么？

3. Internet 提供哪些主要服务？

4. 简述电子邮件的收发过程。

5. Internet 上的主机指什么？

6. 简述 Web 和 Internet 的区别与联系。

7. 简述 IP 地址表示方式。

8. ASP 与 ASP.NET 技术有什么特点?

9. 静态网页和动态网页的区别是什么?

10. 可以为 Internet 上两台主机分配同一个 IP 地址吗?可以为同一个网络的两台主机分配同一个 IP 地址吗?可以为两个不同网络的两台主机分配相同的主机地址吗?

11. IP 地址分为哪几类?它们各自适用于什么情况?

12. 为什么要使用子网掩码?子网掩码的作用是什么?

13. 已知主机的 IP 地址和它的子网掩码,试确定该主机所在网络的类型、网络号、子网号和主机编号。

(1) 主机 IP 地址:200.196.0.134,子网掩码:255.255.255.192。

(2) 主机 IP 地址:160.200.21.87,子网掩码:255.255.248.0。

14. 域名解析系统的作用是什么?

15. URL 的组成是什么?写出其标准的结构形式,并简述各部分的功能。

16. 请解释 http://www.buu.edu.cn/wwwroot/default.html 的含义。

17. Web 应用程序的三个层面各司何职?该工作模式有哪些优点?画出三层结构图。

18. 以 Web 方式访问数据库的特点是什么?

三、实训课题

1. 请根据读者所在单位的实际情况,规划出所用主机的域名。

2. 已知某学院的计算机布局如图 1-16 所示,请为该学院设计网络系统并规划网络 IP 地址。

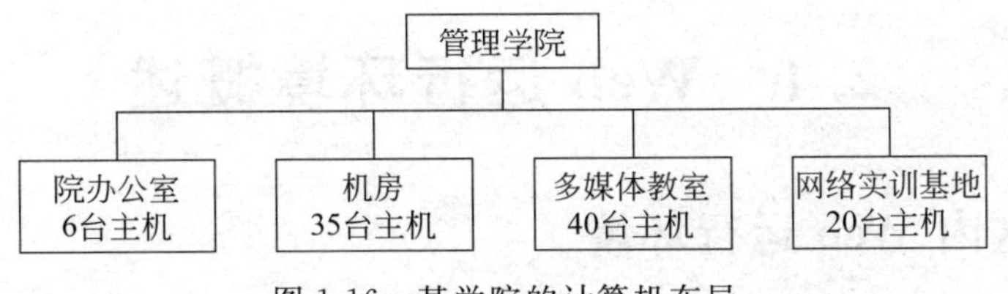

图 1-16 某学院的计算机布局

第2章 搭建 Web 开发与运行环境(JSP)

Web 应用环境是 Web 应用开发的软硬件平台,搭建好平台,方可在平台之上开发各种 Web 应用及运行开发完成的应用系统。常用的开发环境有 JSP、ASP/ASP. NET 和 PHP 环境。本章主要介绍 JSP 环境的搭建,需要的主要软件有浏览器(IE)、Web 服务器(Tomcat)、JDK 开发工具包和数据库,还可以根据需要安装 JSP 开发工具 Eclipse。

学习要点:

(1) 了解 JSP 开发与运行环境和所需要的软件及软件的配置。

(2) 熟练安装配置 JDK,并通过测试。

(3) 熟练安装 Tomcat,并测试安装是否正确。

(4) 会安装、配置与使用 SQL 2005 数据库系统。

(5) 掌握虚拟目录设置方法。

(6) 能够编写、运行一个简单 JSP 页面,测试 JSP 运行环境搭建是否正确。

(7) 自学安装配置 Eclipse。

2.1 Web 运行环境概述

2.1.1 园区内 Web 运行环境

在园区内建设一个 Web 应用环境,同时它也是一个小企业网络环境,读者可以在该环境完成 Web 站点的安装、配置、测试与应用开发工作。图 2-1 是一个小企业 Web 应用的运行环境。该环境具有一定的代表性,花费不多且易于实现。如果需要可以设置几个相同的组,供实验使用。

图 2-1 示意了几个通过园区网接入 Internet 的子网。子网由一台网络服务器主机和若干台客户机组成。在服务器上安装一些基本的网络服务器软件,用以提供必要的网络服务,并实现对子网的管理。客户机上可以安装不同的操作系统,供开发使用。不同的子网可以安装不同的操作系统和基于该操作系统的服务器软件。读者可以在这样一个环境中进行 Web 的各种集成开发工作,也可以正式对外发布信息。

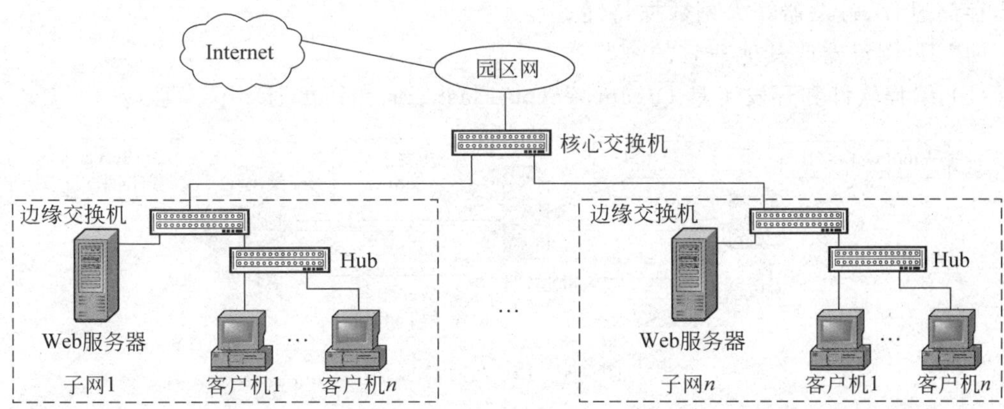

图 2-1 园区内的 Web 运行环境

2.1.2 模拟 Web 运行环境

图 2-2 是一个简单的模拟 Web 运行环境，用两台 PC 联网，一台作为 Web 服务器，一台作为客户机，进行实验开发工作。

2.1.3 虚拟 Web 运行环境

即使只有一台计算机，也可以虚拟一个 Web 运行环境，客户端和服务器均在一台计算机上，完成大多数 Web 的应用开发与测试工作，如图 2-3 所示。

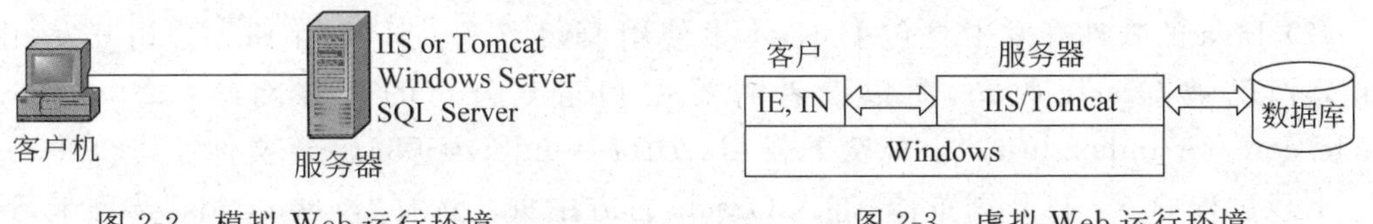

图 2-2 模拟 Web 运行环境　　图 2-3 虚拟 Web 运行环境

2.1.4 JSP 开发与运行环境的结构

本书搭建的 JSP 开发环境见图 2-4，客户端和服务器端操作系统使用 Windows 7。其他软件如下：

(1) JDK(Java Development Kid)　Java 软件开发工具包。JDK 包含运行 Java 程序所必需的 Java 运行时环境 JRE(Java Runtime Enviroment)和开发过程中常使用的库文件。

(2) Web 服务器 Tomcat。Tomcat 是一个小型的、支持 JSP 和 Servlet 技术的 Web 服务器，目前较为流行。

(3) 数据库 SQL Server 2005。它是微软公司在 Windows 系列平台上开发的、功能完备的数据库管理系统，包括支持开发的引擎、标准 SQL 语句、扩展特性等功能，同时也具有存储过程、触发器等大型数据特性。

(4) IE浏览器或其他兼容的浏览器。

(5) 编程软件和开发工具Dreamweaver、Flash、FrontPage、Eclipse等。

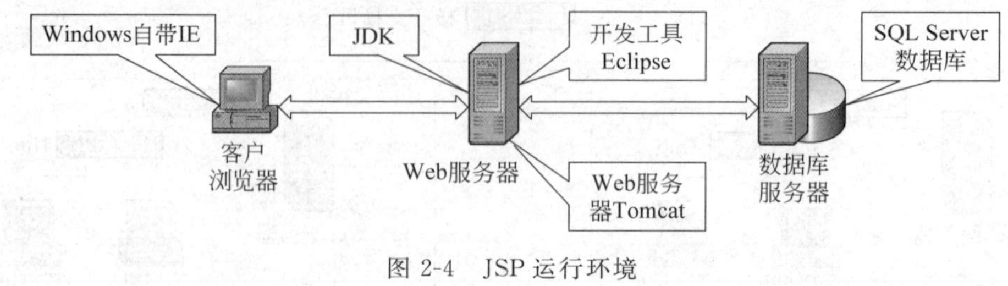

图2-4 JSP运行环境

2.2 JSP开发与运行环境的搭建

JSP运行环境可以有多种选择。本书选用常用、易安装的运行环境，即Windows 7操作系统之上的JDK、Tomcat和SQL Server 2005。

2.2.1 JSP安装准备工作

安装JSP开发和运行环境，需要准备以下软件。

(1) 操作系统。客户端：Windows 7，自带浏览器IE。服务器端：Windows 7。开发环境的操作系统尽量与发布环境的一致，可以减少出错几率。

(2) Java的软件开发工具包JDK，本书使用jdk1.7.0。JDK由Sun公司开发，由于Sun公司已被Oracle收购，所以读者需要在Oracle公司的官方网站(http://www.oracle.com/cn/index.html)上免费下载jdk-7u17-windows-i586.exe文件。

下载过程如下：打开浏览器，进入Oracle官方主页。选择"Downloads"选项卡，选择"Java for Developers"。单击JDK下方的"Download"按钮，即可下载。

(3) 支持JSP(Servlet)的Web服务器。目前存在有多种JSP Web服务器软件，比较有名的有Apache的Tomcat、Caucho.com的resin、Allaire的Jrun、New Atlanta的ServletExec、和IBM的WebSphere等。本书选用Tomcat，读者可以从http://tomcat.apache.org站点下载，文件名为apache-tomcat-7.0.39.exe。

(4) 数据库管理系统SQL Server 2005。

2.2.2 安装配置JDK

JDK是通用的Java环境，可以在绝大多数计算机环境中运行，没有特殊的软硬件环境要求。安装前应退出所有正在运行的程序，然后执行安装程序。

1. 安装 JDK

(1) 直接双击 jdk-7u17-windows-i586.exe 文件,系统自动进入安装进程。

(2) 出现"自定义安装"对话框。如果需要更改安装路径,可单击"更改"按钮,改变安装路径。本书将 JDK 安装到 D 盘,采用的路径为 D:\Java\jdk1.7.0_17\,见图 2-5,单击"下一步"按钮。

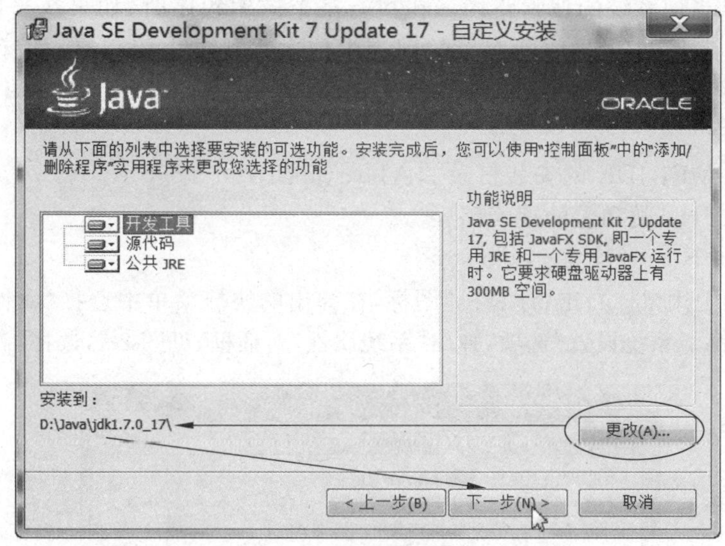

图 2-5 "自定义安装"对话框

(3) 出现图 2-6 所示的"Java 安装-目标文件夹"对话框,可在其中更改安装路径。本书改变路径为 D:\Java\jre7,单击"下一步"按钮。

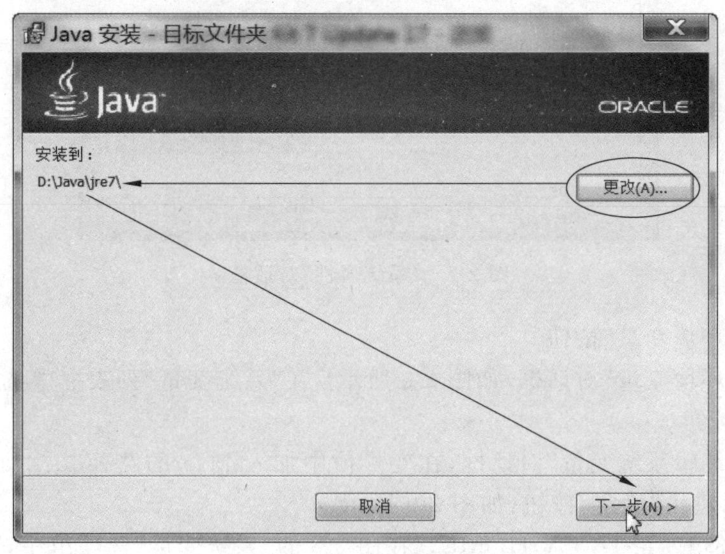

图 2-6 更改安装路径

(4) 出现“Java SE Development kit7 Update17－完成”对话框,单击“关闭”按钮,完成安装。

2. 配置系统环境变量

JDK 安装完成后应配置系统的环境变量 Path、JAVA_HOME 和 CLASSPATH。它们的主要作用如下。

Path：提供当前系统的搜索路径。在执行某个应用程序时,如果在当前路径下找不到该程序,系统就会在 Path 环境变量的列表中依次查找该应用程序。编译 java 程序需要执行 javac 命令,所以必须把 javac 命令所在目录 D:\Java\jdk1.7.0_17\bin 添加到 Path 环境变量中。

JAVA_HOME：JDK 的安装目录 D:\Java\jdk1.7.0_17。

CLASSPATH：类和包的搜索路径。

配置过程如下：

(1) 在桌面上用鼠标右击“计算机”图标,在弹出的快捷菜单中选择“属性”。在“属性”窗口左侧选择“高级系统设置”选项,弹出“系统属性”对话框,见图 2-7,选择“高级”选项卡。

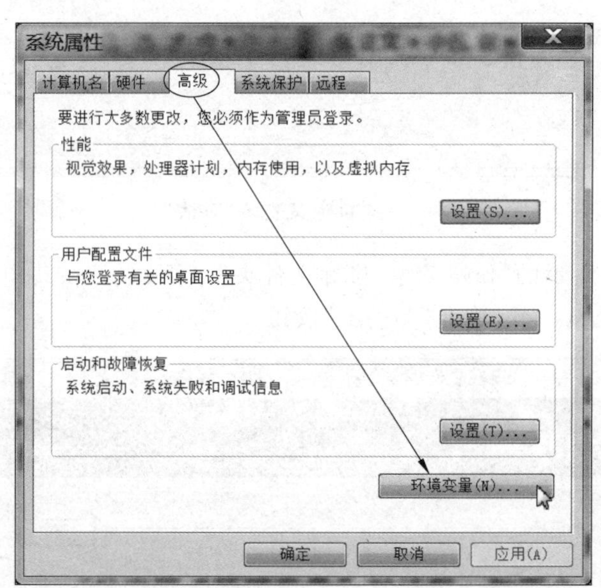

图 2-7 “系统属性”对话框

(2) 单击“环境变量”按钮。

(3) 出现“环境变量”对话框,如图 2-8 所示。在“系统变量”列表框中选择 Path 参数,并单击“编辑”按钮。

(4) 出现“编辑系统变量”对话框,在变量值中加入 Java 的路径“d:\Java\jdk1.7.0_17\bin;”,然后单击“确定”按钮,如图 2-9 所示。

(5) 新建环境变量 JAVA_HOME。在图 2-8 的“系统变量”选项组中,单击“新建”按钮,出现“新建系统变量”对话框,用类似方法设置环境变量 JAVA_HOME。环境变量 JAVA_HOME 的变量值是“D:\Java\jdk1.7.0_17”。

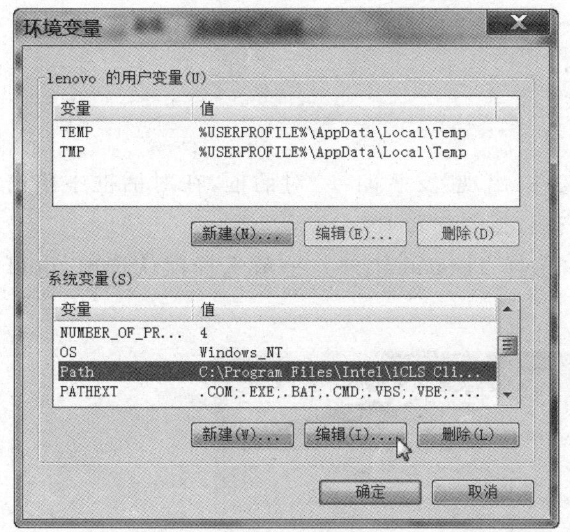

图 2-8 选择路径参数

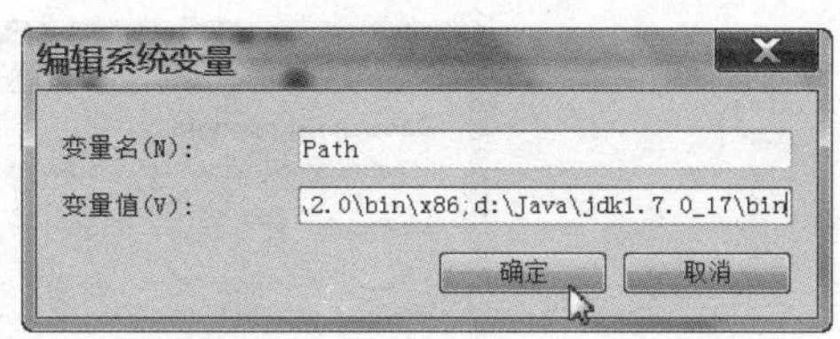

图 2-9 加入 Java 路径

（6）编辑环境变量 CLASSPATH 的值为：

```
.;%JAVA_HOME%\lib\dt.jar;
%JAVA_HOME%\lib\tools.jar;
%JAVA_HOME%\jre\lib\rt.jar;
D:\Tomcat 7.0\lib\servlet-api.jar;
```

配置完成后，要重新启动计算机，环境变量才能生效。

3. 测试安装结果

JDK 安装配置完成后，需要测试安装是否正确。在 MS DOS 命令提示符下执行 javac，如果出现如图 2-10 所示的 java 命令使用帮助信息，则说明安装配置正确。

图 2-10 测试安装

2.2.3 安装服务器软件 Tomcat

1. Tomcat 安装

(1) 运行 apache-tomcat-7.0.39.exe 文件,出现"安装向导"对话框,在对话框中单击 Next 按钮。出现协议窗口,单击 I Agree 按钮,接受协议。

(2) 进入 Choose Components 对话框,选择 Tomcat 组件。一般选择默认选项,也可以多选,如图 2-11 所示,单击 Next 按钮。

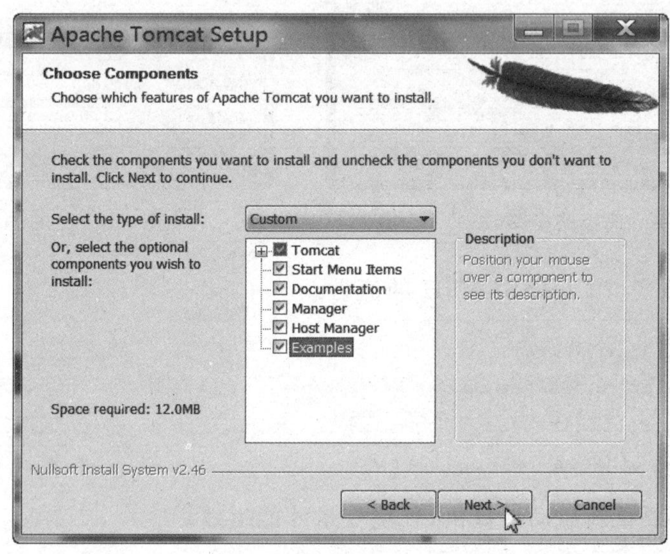

图 2-11 选择 Tomcat 组件

(3) 弹出 Configuration 基本配置对话框,如图 2-12 所示。Tomcat 默认 HTTP 的连

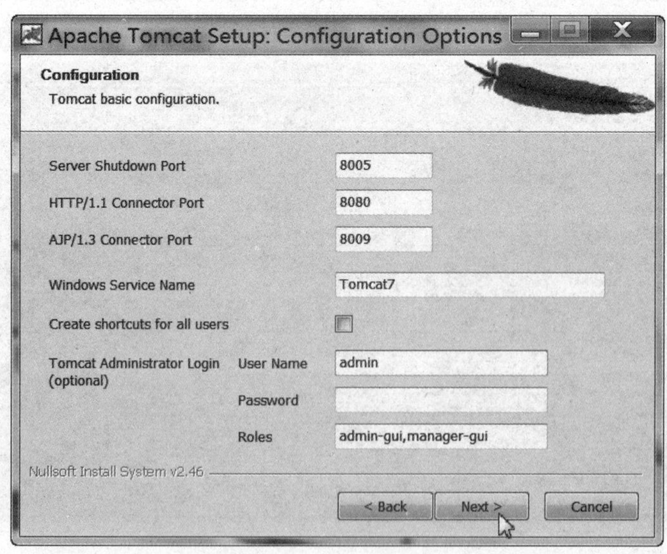

图 2-12 设置端口号和管理员信息配置

接端口号为 8080，取默认值，用户名为 admin，口令为空（也可以设密码便于管理）。单击“Next”按钮。

(4) 出现 Java Virtual Machine 对话框，选择 Java 虚拟机路径，如图 2-13 所示。单击浏览按钮，找到 JDK 安装路径“D:\Java\jdk1.7.0_17\”，单击“Next”按钮，系统将自动进行安装。

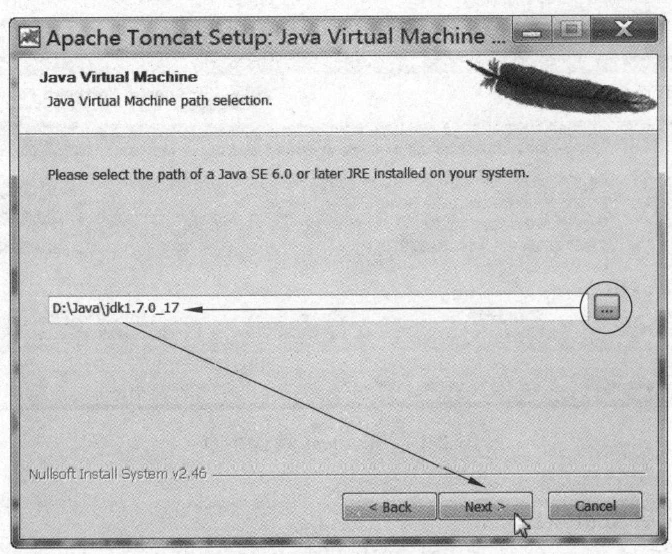

图 2-13 Java 虚拟机目录

(5) 出现 Choose Install Location 对话框，选择安装目录，见图 2-14，本书选择 D:\Tomcat 7.0。单击 Install 按钮，安装完成后，单击 Finish 按钮，完成安装。

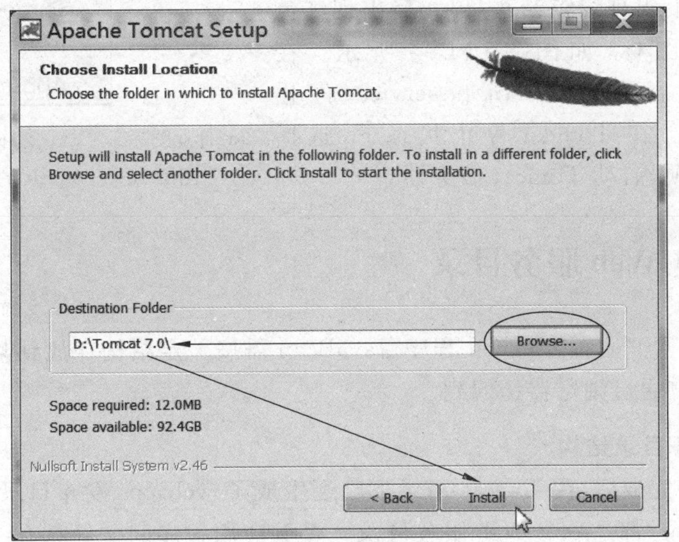

图 2-14 选择安装目录

2. 测试 Tomcat

安装完成后,在浏览器地址栏输入 http://localhost:8080 或 http://127.0.0.1:8080,可以看到 Tomcat 的默认主页,如图 2-15 所示,表示安装成功。

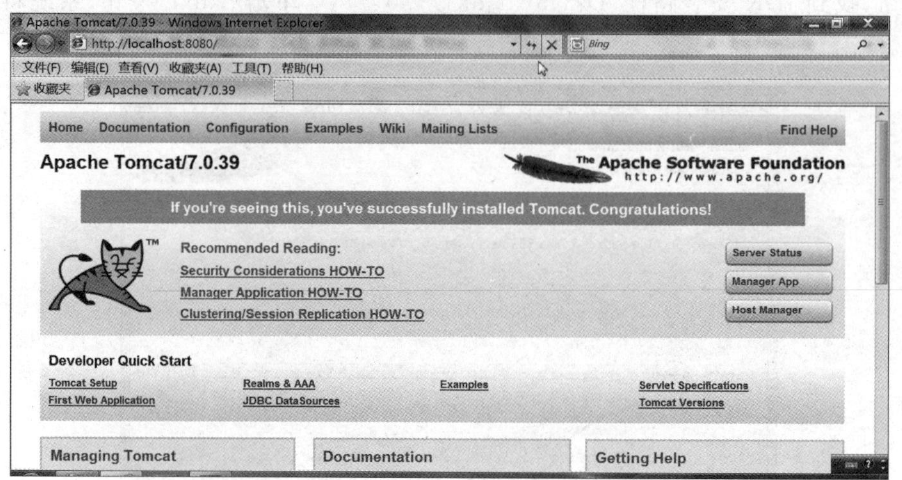

图 2-15 Tomcat 默认主页

3. Tomcat 的启动和停止

安装完成或系统重新启动后,屏幕的右下角任务栏上出现 Tomcat 作业图标,见图 2-16(a)。如果没有该图标,则通过"开始→所有程序"→Apache Tomcat7.0→Monitor Tomcat",使 Tomcat 作业图标出现。Tomcat 启动后,作业图标上出现绿色箭头,停止后出现红色方块。右击该图标,如图 2-16(b)所示。在 Tomcat 启动状态下,选择 Stop service,停止 Tomcat 服务器。在 Tomcat 停止状态下,选择 Start service 选项,启动 Tomcat 服务器。

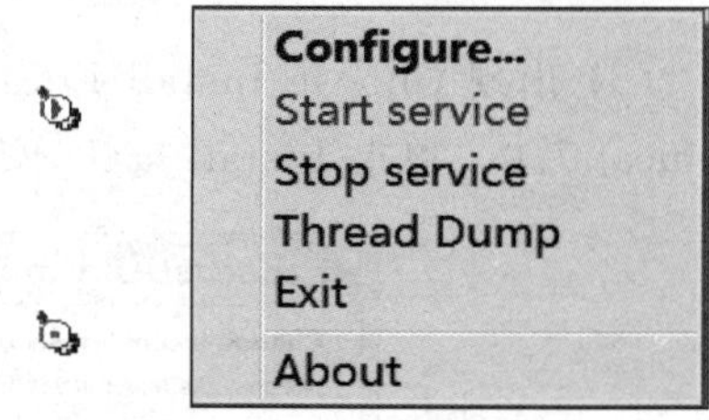

(a) 作业图标　　(b) 菜单

图 2-16 Tomcat 的启动与停止

2.2.4 创建 Web 服务目录

开发完成的 JSP 页面、Servlet 程序、JavaBean 需按一定结构存放到某个 Web 服务目录中,才可使客户通过浏览器访问到。

1. Web 服务目录结构

Tomcat 安装完成后,在 Tomcat 目录下已经生成了 webapps 发布目录。在 webapps 下的任何一个子目录,都是一个 Web 服务目录。Web 应用程序的文件具有一定的组织结构,J2EE 定义的 Web 程序结构如图 2-17(a)所示。本书将为每章例题创建一个 Web 服务目录。例如,第 2 章的 Web 服务目录是 Tomcat 7.0\webapps\ex_02,其结构如图 2-17(b)所示。

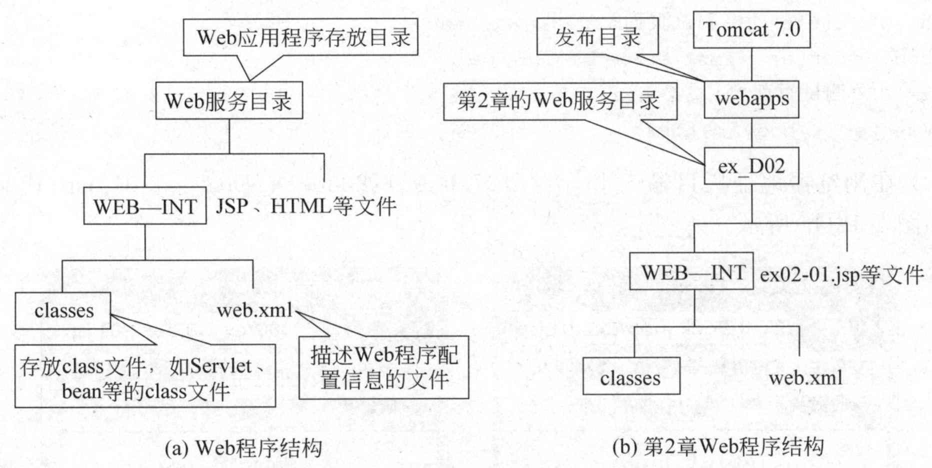

(a) Web程序结构　　(b) 第2章Web程序结构

图 2-17　Web 服务目录结构

2. 创建虚拟目录

为使用方便，可创建虚拟发布目录，把实际 Web 服务目录隐藏起来。对于 Tomcat 服务器所在的计算机，除主发布目录外的其他目录设为 Web 服务目录。虚拟目录在物理上可以不被包含在主目录中，但是，在逻辑上就像在主目录中一样。例如，把“e:\ex_D02”的 Web 服务目录，设为名为 BookShop 的发布目录，使用户可以用“BookShop”别名访问“e:\ ex_D02”下的 JSP 文件，如“ex2-01. jsp”文件。创建方法为，在 Tomcat 的 conf 目录中，找到 server. xml 文件，在文件最后中找到</HOST>标记，在</HOST>前添加以下语句：

```
<Context path="/BookShop" docBase=" e:/ex_D02" debug="0" reloadble="true"/>
```

上述语句的语法现象如下所示。

(1) path 值：虚拟目录的别名，在浏览器地址栏目中输入的路径。

(2) docBase 值：应用程序的实际路径，即在硬盘上的存放位置，即绝对路径。

注意：xml 文件区分大小写，<Context>标记中的大小写不可以写错。

设置完成后，保存文件，重新启动 Tomcat，虚拟路径会起作用。该语句将 e 盘上的“e:\ex_D02”目录设为虚拟发布路径，它的别名为“BookShop”。在浏览器的地址栏目输入 http://127.0.0.1:8080/BookShop/ex2-01.jsp，显示如图 2-18(a)所示。

2.2.5　第一个 JSP 应用

(1) 在记事本中输入以下代码，并存放在 Tomcat 的 webapps\ex_D02 目录下，文件名为：

```
ex2-01.jsp。
<%@page contentType="text/html; charset=GB2312"%>
<html>
```

```
<head><title>JSP测试页面</title></head>
<body><center><font size=5 color=red>
<%="JSP测试页面"%></font>
</center></body></html>
```

(2) 在浏览器地址栏目输入 http://127.0.0.1:8080/ex_D02/ex2-01.jsp，代码运行结果如图 2-18(b)所示。

(a) 虚拟路径发布

(b) 服务目录下发布

图 2-18　JSP 测试结果

2.3　SQL Server 2005 数据库的安装

安装前关闭所有和 SQL Server 相关的服务，包括所有使用 ODBC 的服务，如 Microsoft Internet Information 服务(IIS)等。

(1) 单击 SQL Server 2005 安装盘中的 setup.exe 文件，弹出“最终用户许可协议”对话框，如图 2-19 所示。选择“我接受许可条款和条件”，单击“下一步”按钮。

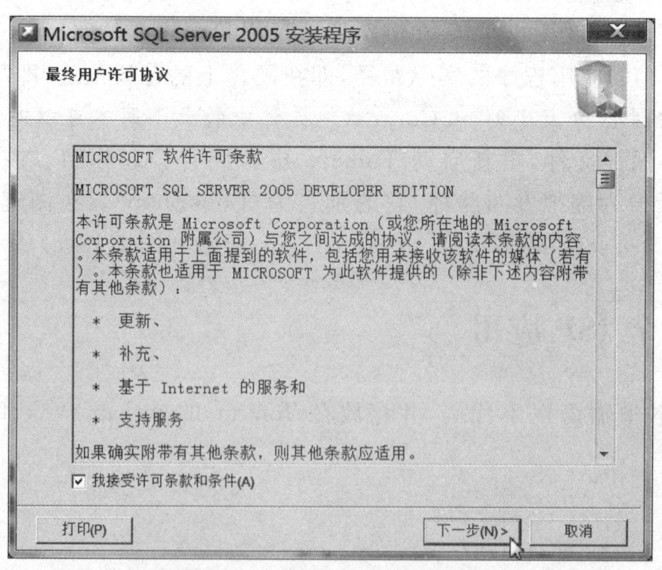

图 2-19　“最终用户许可协议”对话框

(2) 出现“安装必备组件”对话框，如图 2-20 所示，单击“安装”按钮。安装完成后单击“下一步”按钮。

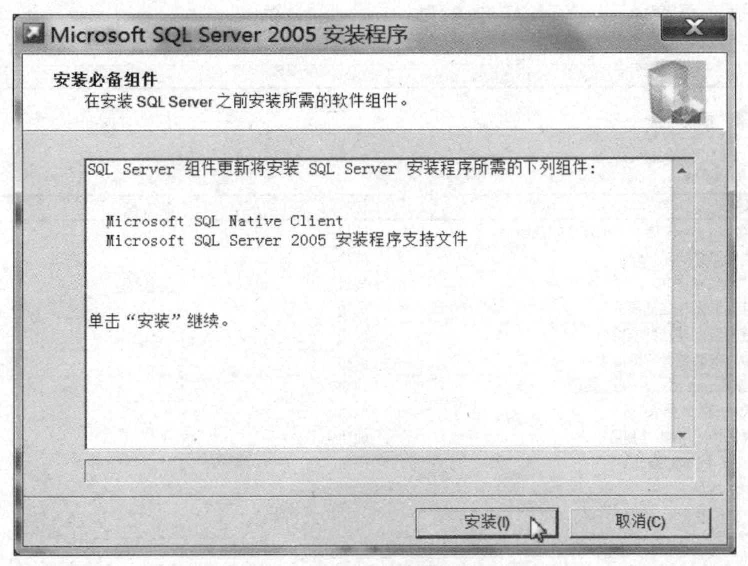

图 2-20 “安装必备组件”对话框

(3) 出现“欢迎使用 Microsoft SQL Server 安装向导”对话框，如图 2-21 所示，单击“下一步”按钮。

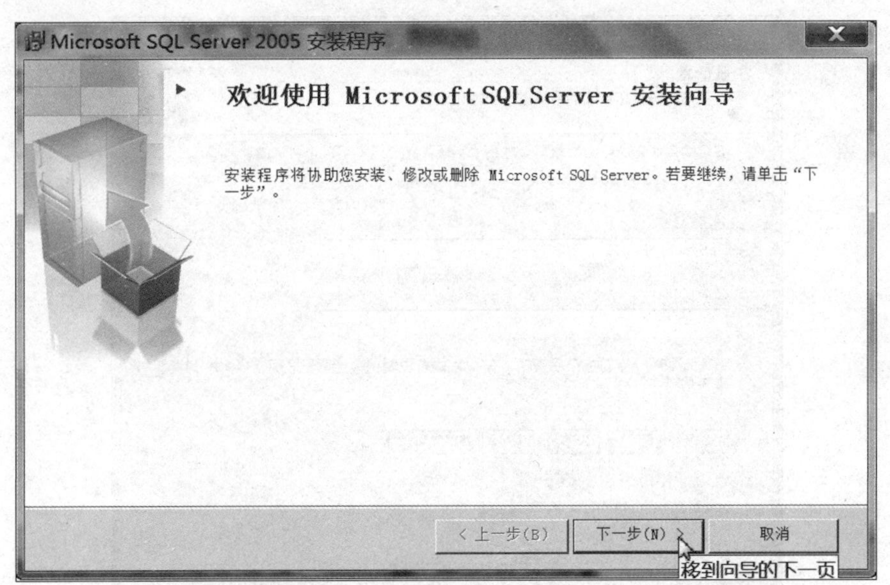

图 2-21 “欢迎使用 Microsoft SQL Server 安装向导”对话框

(4) 出现“系统配置检查”对话框，如图 2-22 所示。单击“下一步”按钮，检查系统配置。

(5) 通过检查后，出现“注册信息”对话框，如图 2-23 所示。注册信息，单击“下一步”按钮。

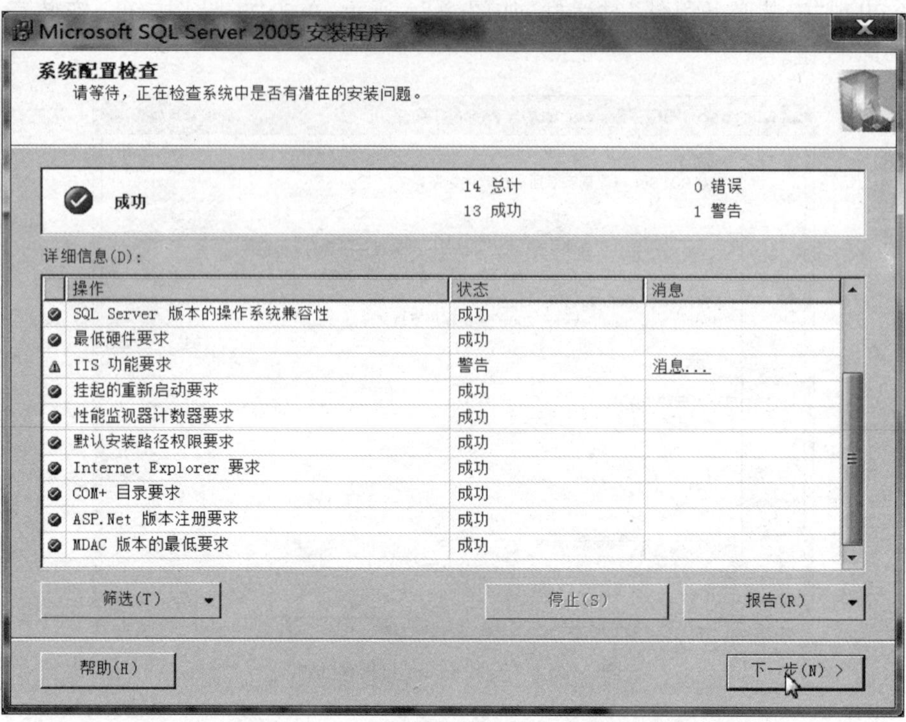

图 2-22 “系统配置检查”对话框

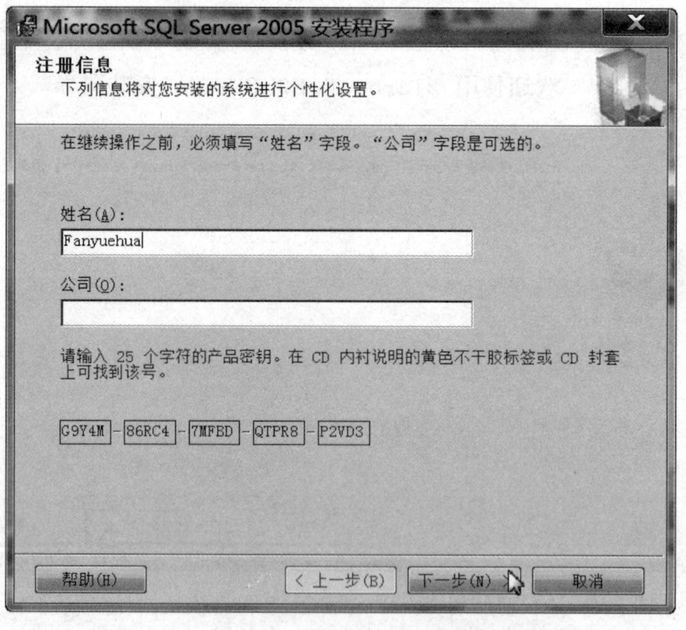

图 2-23 “注册信息”对话框

(6) 出现“要安装的组件”对话框,如图 2-24 所示。选择组件,单击“下一步”按钮。

图 2-24 “要安装的组件”对话框

(7) 出现“实例名”对话框,如图 2-25 所示。选择实例名,单击“下一步”按钮。

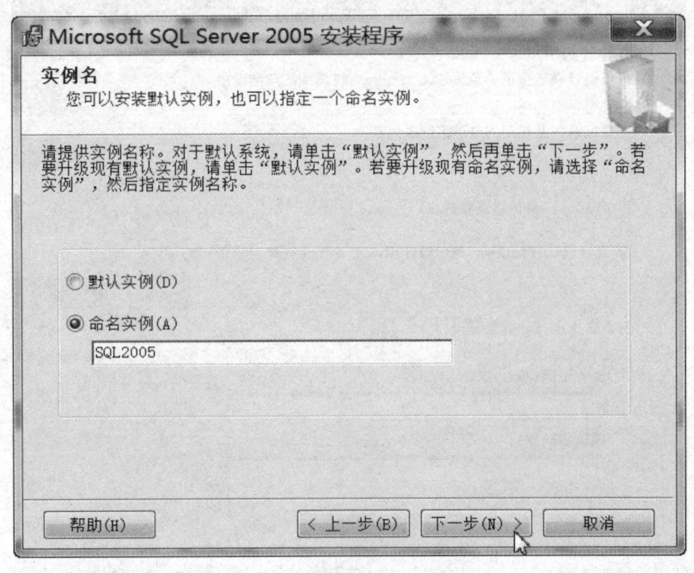

图 2-25 “实例名”对话框

(8) 出现“服务账户”对话框,如图 2-26 所示。选择“使用内置系统账户”,单击“下一步”按钮。

(9) 出现“身份验证模式”对话框,如图 2-27 所示。选择“混合模式”,如果输入了密码,请牢记密码,单击“下一步”按钮。

图 2-26 “服务账户”对话框

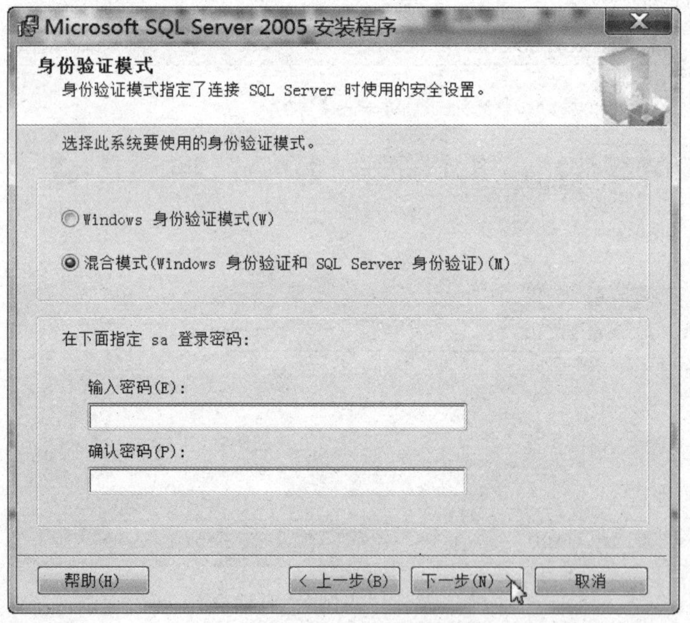

图 2-27 “身份验证模式”对话框

(10) 出现“排序规则设置”对话框,如图 2-28 所示。选择 默认值,单击“下一步”按钮。

(11) 出现“准备安装”对话框,如图 2-29 所示。单击“安装”按钮,开始安装。

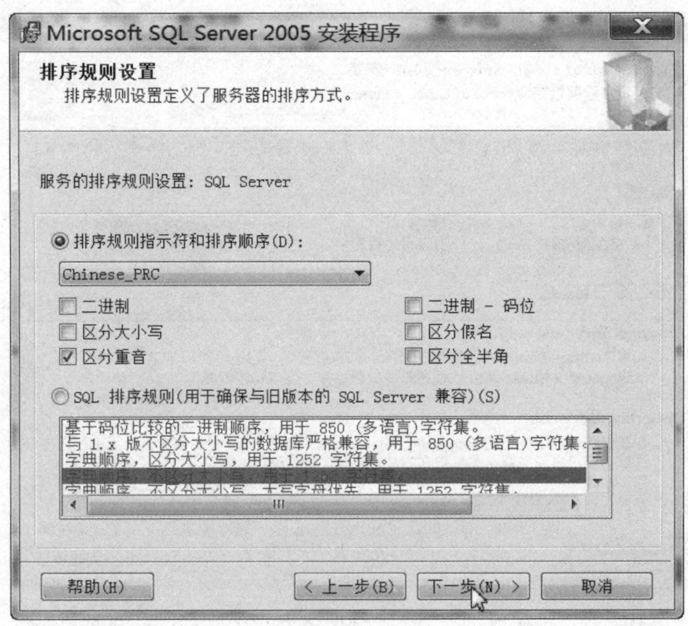

图 2-28 “排序规则设置”对话框

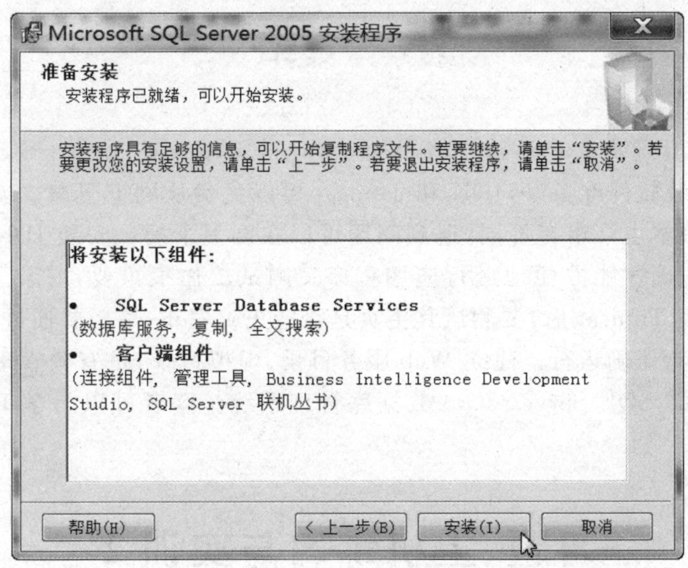

图 2-29 “准备安装”对话框

(12) 安装完成后出现“完成 Microsoft SQL Server 2005 安装”对话框，如图 2-30 所示。单击“完成”按钮，结束安装。

安装完成后，在桌面上选择“开始”→“所有程序”→Microsoft SQL Server 2005→SQL Server Management Studio，打开 SQL Server 2005 界面。

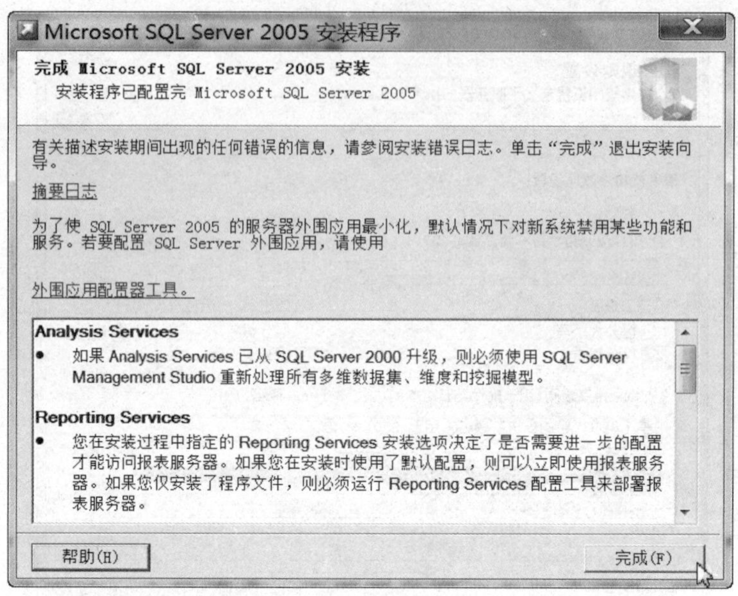

图 2-30 “完成 Microsoft SQL Server 2005 安装”对话框

小 结

本章主要学习安装 JSP 运行环境 Windows 7＋JDK＋Tomcat＋SQL Server 2005。安装前需要把安装软件准备好，JDK 和 Tomcat 可以免费从网上下载。安装过程可能会有麻烦，不同的版本也许略有不同，遇到问题可以在网上求援。安装 JDK 需要正确配置环境变量，配置正确才能方便地运行应用程序。测试工作很重要，安装 JDK 后，要测试 Java 的运行；安装 Tomcat 后，要测试其主页是否能正确发布；最后要通过一个 JSP 页面，测试 JSP 环境是否正确运行。建立 Web 服务目录、虚拟目录，是有效管理 JSP 页面的良好习惯。最后安装 SQL Server 2005 数据库管理系统。读者可以自学下载、安装、配置 Eclipse。

习题、上机练习与实训 2

一、选择题

1. Tomcat 安装目录为：“d:\Tomcat 7.0”，使用默认端口号。启动 Tomcat 后，为显示默认主页，在浏览器地址栏目中输入(　　)。

A. http://localhost:80

B. http://127.0.0.1:80

C. http://127.0.0.1:8080

D. d:\Tomcat7.0\index.jsp

2. 设置虚拟发布目录，要修改位于(　　)。

A. Tomcat 的 bin 目录中的 tomcat5.exe 文件

B. Tomcat 的 conf 目录中的 web.xml 文件

C. Tomcat 的 webapps\ROOT 目录中的 index.jsp 文件

D. Tomcat 的 conf 目录中的 server.xml 文件

二、简答题

1. 安装 JSP 运行环境需要准备哪些软件？
2. JDK 软件的作用是什么？
3. JDK 安装完成后为什么要配置系统的环境变量？如何配置？
4. 如何得知 JDK 安装正确？
5. Tomcat 服务器软件的默认发布目录是什么？
6. Web 应用程序是否可以存放在 Tomcat 的默认发布目录外？
7. 设置虚拟发布目录，要修改位于何处的哪个文件？

三、上机练习

安装并配置 Windows 7 操作系统下的 JSP 运行环境：

(1) 安装 JDK，配置系统的环境变量，测试 JDK 安装是否成功。

(2) 安装并配置 Tomcat，安装完成后发布 Tomcat 的默认主页，完成 Tomcat 的启动和停止操作。

(3) 创建一个虚拟发布目录，将例题 ex2-01.jsp 存入虚拟目录发布。

(4) 安装 SQL Server 2005 数据库系统，并启动数据库。

四、实训课题

1. 为 Web 站点开发小组规划 Windows 7 下的 JSP 工作环境。该组有 10 个成员，客户端可以使用不同的操作系统。请画出该环境的示意图，标明所需的硬件、软件，并规划环境的 IP 地址。

2. 在 Windows 7 环境下完成 JDK 和 JSP Web 服务器的安装、配置与信息发布。在实训课题 1 的基础上完成以下工作：

(1) 网络的硬件连接。

(2) JDK 的安装、配置与测试。

(3) JSP Web 服务器的安装、配置与测试。

(4) 主页的发布。

(5) 安装配置 Eclipse。

第3章 基于Web方式的信息系统开发案例——网上书店

本章结合网上书店的建设,给出一个Web站点建设的主要过程,以便于读者站在全局高度了解Web技术的应用。

使用Web方式进行应用系统开发已经成为一种趋势。由于系统采用Web方式开发,当进行功能修改、功能扩充等维护性操作时,客户端无需作任何改动,从而使系统具有很高的灵活性和易用性。Web站点的开发过程应遵循信息系统的开发方法,需要经过系统分析、系统设计、数据库设计、系统详细设计及系统实现、系统维护等环节。

如果开发的Web应用系统与Internet连接,则是一个面向全球用户的系统,具有用户数量的不确定性。一般来说在用户数量的估算上应有一定的余量,这就要求站点与国际互联网有足够的通信线路带宽。在设计中还需要考虑Web站点中的基础Internet服务系统(如DNS域名解析系统、E-mail电子邮件系统、FTP文件服务系统等)的建设。

本案例以网上书店应用为基础模型,涵盖了网上书店的主要业务。为突出主要技术,对系统中的某些细节进行了删节。读者可以在本案例的基础上,开发出符合自己需求的Web站点。

"网上书店"的案例将贯穿于本书后续各章节。本章主要介绍系统设计、系统功能设计、数据库设计及部分功能的详细设计,并在介绍功能的同时介绍功能实现所使用的技术,以使读者在后续内容学习时了解所学内容在系统中的位置。

学习要点:

(1) 了解应用Web方式进行应用系统开发的全过程,以及Web站点建设所使用的主流技术。

(2) 掌握信息系统开发的主要原则。

(3) 懂得"网上书店管理信息系统"的设计与开发过程。

3.1 系统功能与系统环境

3.1.1 系统功能和使用模式

网上书店的主要业务是开展网上购书活动。系统功能由两部分组成:前台业务和后台管理。系统通过 Web 网站的形式发布图书消息;客户通过网络访问该网站,查找所需要的图书,办理购书业务。

系统采用浏览器/服务器(B/S)模式开发,如图 3-1 所示。这是一个面向互联网用户的虚拟书店,书店的全部业务都在服务器上完成。

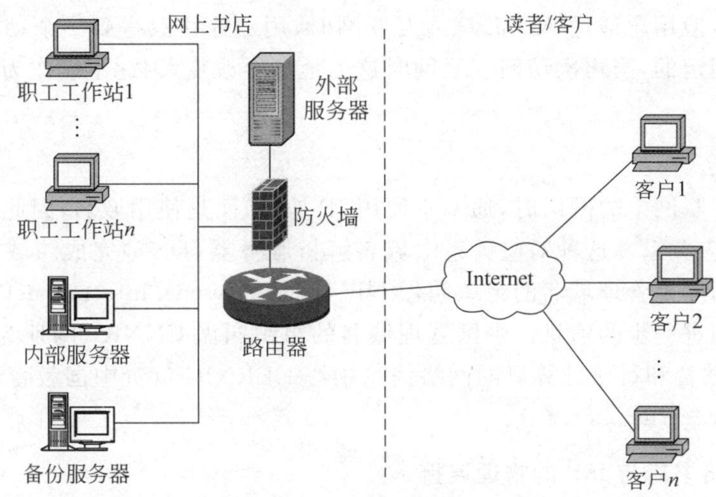

图 3-1 网上书店的 B/S 模式

网上书店的内部网络系统如图 3-1 左部所示,系统使用交换机等网络设备构成书店内部网络系统。书店内部网络系统由内部服务器和职工工作站构成,并通过网络与外部服务器连接。为了保护内部系统的安全性,使用了防火墙技术,通过防火墙构建 DMZ(demilitarized zone,非军事化区)。向外部用户提供网上书店服务的服务器放在 DMZ 中,外部用户只能访问 DMZ 中的外部服务器,不能进入书店内部系统,从而保证了书店内部系统的安全性。网上书店的网络系统通过路由器与因特网连接,读者通过因特网访问书店的外部服务器。

3.1.2 系统环境建设

要建设一个可以在互联网上运行的服务系统,必须建立相应的可以和因特网连接的网络环境,步骤如下。

1. 建设内部网络系统

对于规模不大的网络书店,网络系统也不会太复杂。使用交换机将主服务器、职工工作用的 PC 机连接起来即可工作。

2. 将网络系统与因特网互连

为了提供互联网服务,网上书店必须建立与因特网的永久连接。为此,需要寻找一个 Internet 服务供应商(ISP)。不同的 Internet 服务供应商,提供的服务和价格不尽相同。主要考虑的指标是连接速度(带宽),以使客户从互联网的任何地点都能较快地访问到它。

3. 确定 IP 地址

要在互联网上提供服务，必须使用互联网上可以访问到的网络地址。互联网上的 IP 地址是由互联网统一分配的，一般由 Internet 服务供应商提供。在网上书店中，至少有一个服务器(图 3-1 中的主服务器)使用合法的静态 IP 地址。在本案例中，动态 IP 地址是不可用的。当一般用户通过 ADSL 联入互联网时，用户往往只得到一个动态的 IP 地址。这种地址是不固定的，当再次访问互联网时这个地址会改变，因此不能作为永久服务地址使用。

4. 确定域名

客户访问互联网中的网站时，通常不使用 IP 地址，而是使用域名，因此必须建立域名和 IP 地址的对应关系。这种对应关系由域名解析服务器(DNS)完成。域名由统一的组织进行管理。国际上管理域名的组织叫做 NIC(网址为 www.internic.net)，读者可以访问这个网站得到进一步的信息。中国管理域名的组织叫做 CNNIC(网址为 www.cnnic.net.cn)。中国教育和科研计算机网网络信息中心 CERNIC 负责中国教育部门的域名注册(网址为 www.cernic.net.cn)。

5. 完成网络书店与 ISP 的物理连接

ISP 选定后，要解决与选定的 ISP 间的物理连接，即选择通信介质问题。根据需要的不同，有多种可供选择的介质。通信线路的选择应当满足通信双方的要求，因此在选择通信线路时应与 ISP 协商。常用的线路有以下几种。

(1) 光纤线路：光纤线路具有很高的带宽和线路稳定性，但架设困难。光纤线路一般可以提供高达 10000M 的线路带宽，可到电信部门租用裸光纤线路使用。现在一般较大的楼宇中都预先铺设和因特网连接的光纤线路，并提供入住厂商的因特网接入服务。

(2) DDN 线路：DDN 是 Digital Data Network(数据传输网)的英文缩写。它是利用光纤、数字微波、卫星等数字信道，以传输数据信号为主的数字通信网络，可以提供 2MHz 的全透明的数据专线，并承载语音、传真、视频等多种业务。DDN 线路实际上是专用线路，与帧中继相比，使用成本较高。

(3) 帧中继是一种快速分组交换技术。它以面向协议数据的通信规程为基础，依靠智能化的用户终端和高稳定性的传输线路，在用户和网络接口之间提供用户信息的双向透明传输，并提供对多种网络协议的支持。由于帧中继使用分组交换技术，电信信路并不是由某个用户专用，对用户而言线路成本较低。帧中继线路可提供高达 2MHz 的线路带宽。

(4) 卫星信道：卫星信道是一种高质量的数据传输信道，可以提供较宽的带宽和可靠的通信质量。卫星信道可以租用，在需要的情况下，也可以考虑租用卫星信道解决通信问题。为解决双向通信的问题，需要建设卫星接收小站(VSAT)，但初始造价较高。

(5) 无线通信：在有线线路不方便的地方可以考虑使用无线通信的手段完成线路连接。最常用的有无线网桥和无线 Modem。点对点型无线网桥可用来连接两个分别位于不同地点的网络，根据无线设备发射功率的不同，可靠的传输距离各异，一般可支持 10km 左右的距离。如果需要更远距离的传输，可以增加射频放大器，使通信距离达到数十 km。

6. 使用主机托管形式解决与 Internet 的连接问题

互联网数据中心(Internet Data Center,IDC),近几年被全球 ISP 业界认为是第二代 ISP 业务。它除了能提供 Internet 接入服务之外,还能提供电信级的网络资源以及全面的网络管理和应用服务。网上书店的网络环境也可以选择使用主机托管等方式解决。现在市场上有很多 IDC 公司在 IDC 那里托管自己的主机,解决互联网的连接问题。

3.2 系统设计

系统的开发过程应遵循软件系统的生命周期原则。系统的生命周期即系统从开始开发到系统结束使用的全过程。系统的生命周期包括系统分析、系统设计、数据库设计、系统详细设计、系统开发和代码开发、系统运行及维护等几个重要阶段。要建设一个实际使用的应用系统,首先应当进行必要的系统调查,尽量做到对现有系统具有全面的了解,找出影响系统性能的主要问题,即所谓的系统分析。在充分调查研究的基础上进行系统的设计,并充分征求系统应用人员的意见。系统的分析和设计可能需要多次反复讨论研究,力求做到符合应用系统各方面人员对系统的使用需求。系统设计应产生系统设计说明书,交应用系统的使用者确认。系统设计说明书是进行新系统建设和实施的规定性文件。经应用系统的使用者确认后,原则上不再进行修改。如有重大修改则应重新进行系统设计,少量修改可以在系统开发完成后在系统维护中进行。系统设计说明书完成后进入程序代码开发和调试阶段。开发调试完成后交最终用户验收和试运行。试运行合格后进入系统的维护阶段直至系统生存周期的结束,旧的系统被新的系统取代,上升到一个新系统的生命周期。

"网上书店管理信息系统"的设计也将遵循这些原则。由于本书的主要目的是讲解 Web 技术的应用,所以在本章给出设计结果,在以后的各章中按照本章的设计结果,以实例的形式给出部分功能的实现代码。读者既可以从实例中学习 Web 技术的应用,也可以了解该技术在整个系统开发中的地位。

3.2.1 系统设计原则

1. 实用

系统设计的重要原则是系统的实用性,系统必须符合用户的需求。应注重采用先进、成熟而实用的技术,使系统建设的投入产出比最高,产生良好的社会效益和经济效益。

2. 可靠

系统中的软硬件及信息资源应满足可靠性设计要求,保证系统长期安全地运行。

3. 先进

在实用的前提下,尽可能跟踪国内外先进的计算机软硬件技术、信息技术和网络通信技术，使系统具有较高的性能指标，在较长时间内保持技术上不落后。

4. 可扩充

系统的软硬件具有升级扩充余地，不因系统的扩充、升级或改型使原有系统失去作用。

5. 安全

系统应具有必要的安全保护和保密措施，有很强的应对计算机犯罪和防范病毒的能力。

6. 用户界面友好

贯彻面向最终用户的原则，设计并制作友好的用户界面，使用户的操作简单直观，易于学习掌握。

7. 健壮

系统具有较强的抗干扰能力和容错能力，对各类用户的误操作或异常情况应有提示或自动消除能力。

8. 适应性

系统应能适应业务需求的变化。例如可采用参数变化设计的方法，当用户需求发生少量变化时，只需要适当改变参数的值，即可满足用户需求的变化，使系统具有较好的适应性。

3.2.2 系统需求分析

"网上书店管理信息系统"是网上书店使用的管理信息系统，读者通过网络连接访问网上书店，查找读者需要的图书，找到后放入购物车并填写读者相应的信息。书店管理人员定期查看购物车的情况，按照读者的要求将读者申购的图书送达读者，完成购书活动。

随着因特网的迅速发展，网民数量急剧增长，形成了巨大的消费市场。图书作为一种特殊商品，特别适合网络销售活动，目前已具规模的如当当网、亚马逊、中国图书网等。网上书店以其营业成本低、服务时间长、方便用户等特点成为重要的图书销售渠道。作为开发实例，网络书店在电子商务中具有一定的典型意义。本书的教学将围绕网上书店的开发展开，通过该实例讲解 Web 应用系统中的各种技术问题。

该系统的使用人员主要有网络购书者和书店工作人员。

3.2.3 网络及服务器的选择

网上书店是一个网络上的虚拟书店，由内部网络和外部网络两部分组成。网上书店内部网络系统是一个局域网，由交换机等网络设备组成，可满足书店职工工作的需要。内部网络系统通过远程线路连接到互联网，保证读者对网站的访问。本店职工通过内部网络使用该系统，读者通过因特网访问本店的外部服务器(网上书店 Web 站点)。为保障系统的安全,使用防火墙隔离内部网络和外部服务,其网络连接如图 3-1 所示。

考虑到图书信息的电子化和多媒体化的趋势,网上书店内部网络带宽采用 100MHz 或 1000MHz 以太网,以保证系统的可扩充性。网上书店管理信息系统网站设置外部服务器和备份服务器,当外部服务器受到攻击出现故障时,备份服务器中的数据可以保证迅速恢复系统。服务器应采用性能价格比较高的服务器。

3.2.4 系统软件结构

网上书店管理信息系统采用先进的 Browser/Server/Database Server 模式。服务器端采用 Web 方式进行应用系统开发,客户通过浏览器访问"网上书店管理信息系统",服务器端使用应用逻辑服务和数据库服务两层,与客户端形成三级系统结构。采用这样的三层结构,具有结构清晰、便于维护、运行速度高等特点。

3.3 系统功能设计

3.3.1 "网上书店管理信息系统"的功能

"网上书店管理信息系统"的主要功能包括客户端处理和管理端处理。客户端处理提供客户进入书店后的各种服务,包括图书展示、用户身份验证、购书车三个功能模块。系统提供方便的图书查找工具,找到所需图书后,进行网上订购,将图书放入购物车,确认用户身份,直至用户决定购买(下订单)。

管理端功能可解决书店内部的处理问题,包括图书管理、读者管理、订单管理和本店职工的工作职责与权限管理等。网上书店系统功能结构如图 3-2 所示。

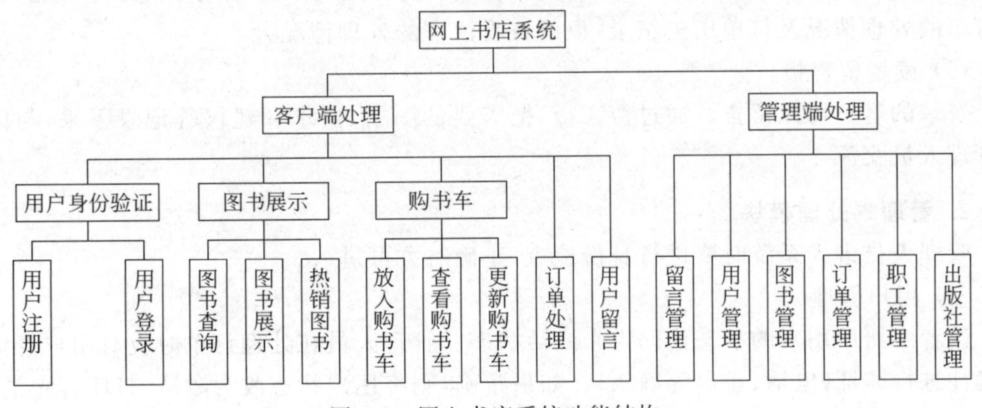

图 3-2 网上书店系统功能结构

各模块功能如下所述。

1. 客户端处理模块

(1) 图书展示功能

图书展示功能提供各种方便的浏览图书工具，包括新书展示和图书查询。

新书展示：从数据库中取出标记为新书的图书，放到页面上。

图书查询：提供方便的图书检索工具。通过输入所要查询图书的书名、作者、出版社、关键字等信息查询图书，读者还可以进行模糊查询。

(2) 购书车

购书车功能包括放入购书车、显示购书车、清空购书车等。

放入购书车：读者看到需要图书后，单击图书条目旁的购书车图标，将该书放入购书车。

显示购书车：单击购书车图标随时查看购书车中的情况。

清空购书车：查看购书车中的情况并可以请空该购书车。

继续购书：查看购书车后返回主菜单继续购书。

去收银台：选购图书后下订单。

(3) 订单处理

把图书放入购书车并决定购买时，单击订单按钮进入订单处理模块，系统只对注册了的用户提供图书订购服务。如果是合法用户，则显示订单表格，要求用户填写相应的订单信息。系统检查订单信息的完整性和正确性，如果正确，则将此订单存入数据库。

(4) 用户身份验证

用户身份验证包括用户注册和用户登录两个模块。

用户注册：如果用户尚未在系统中注册，则进入用户注册窗口，输入注册信息。要求输入用户的账号、密码及个人信息。系统将检查这些信息，不合法时要求重新输入。合法时将用户信息存入数据库。

用户登录：只有合法注册了的用户才可以订购图书。进入订单处理后，系统要求输入用户的账号和密码，进行登录并信息检查。用户登录后可以修改用户的账号和密码，查看订单的处理情况及订单历史纪录，也可查看留言的处理情况。

(5) 读者留言板

登录的客户可以留言。通过留言板，把需要的图书、要求和建议等记录下来，与图书馆管理人员交流。

2. 管理端处理模块

管理人员进入系统时要进行身份检查，正确时方可进入。

(1) 用户管理

读者注册后用户的状态代码为未激活状态。管理人员在处理订单时应对用户身份的正确性进行验证(电话、短信等确认)。如果正确，则将用户状态改为激活，打印客户清单。

(2) 职工管理

职工管理主要处理职工的账号和密码。职工可以修改自己的账号和密码。

(3) 订单管理

职工随时检查订单情况，查找未处理的订单。找到未处理的订单后，检查用户状态。

如果是激活状态，则查找图书架位，准备配送。如果用户状态未激活，则进入用户管理模块进行激活处理。图书配送后，要改变图书数量，并将订单状态改为完成。

(4) 图书管理

书店进书后，管理员将图书信息和图书所在架位的情况填入数据库中。

(5) 用户留言管理

处理用户留言信息，并将处理日期、处理人和处理意见填写到留言表中。

3.3.2 业务流程设计

网上书店管理信息系统的业务总流程如图 3-3 所示。图中包含了网上书店客户端和服务器端的业务流程关系。本书将逐步讲解这个系统的主要处理逻辑。

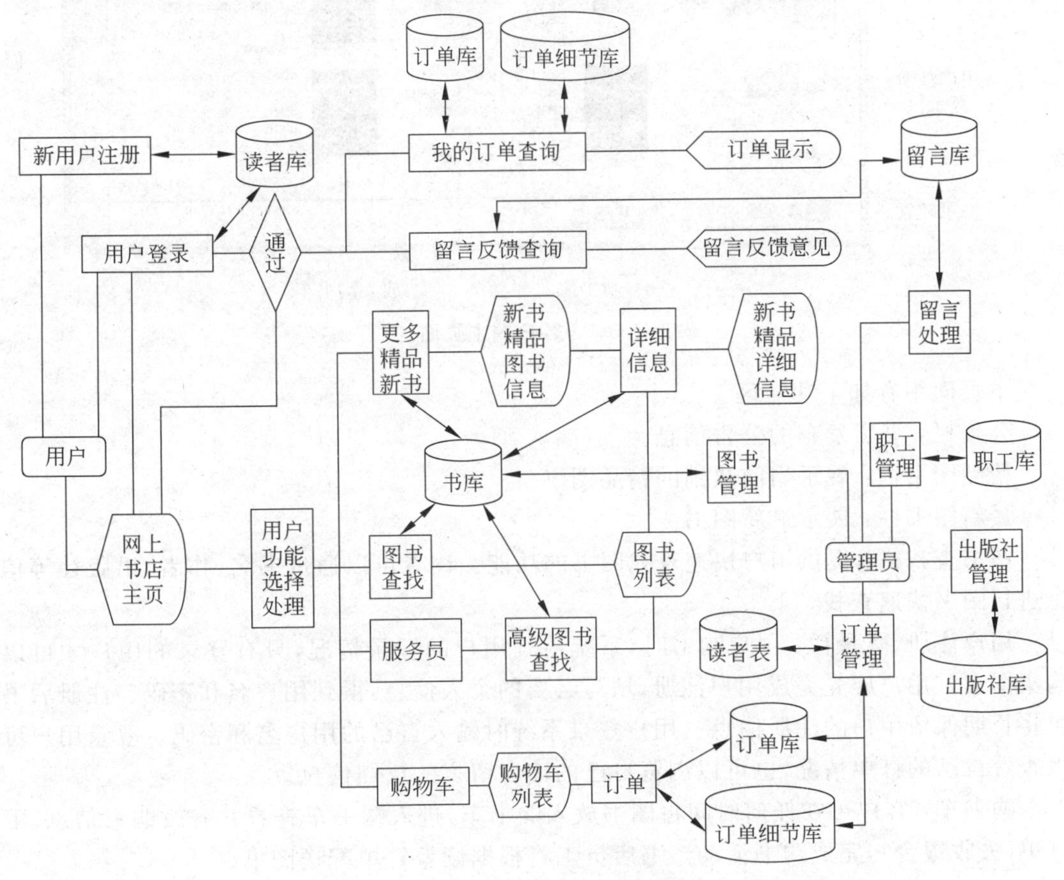

图 3-3 系统业务总流程

3.3.3 用户界面设计

用户界面是用户使用系统的主要工具，必须精心设计，使系统达到最佳的使用效果。

系统界面主要由两部分组成：客户端页面和管理端页面。

1. 客户端主页面

当用户登录网上书店时，进入系统的主页面。客户端主页面如图 3-4 所示。

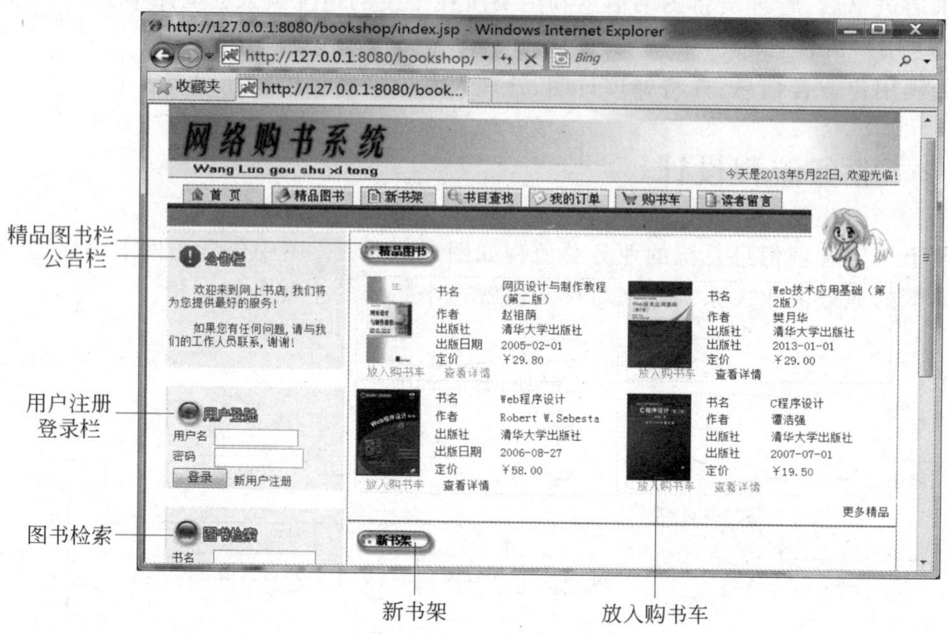

图 3-4　客户端主页面

主页面中有如下功能区。

公告栏：书店发布的公告信息。

精品图书栏：展示当前热销的精品图书。

最新图书栏：展示最新图书。

图书查找栏：提供用户快速查找图书的功能。读者可以通过书名、作者、出版社等信息进行图书快速查找。

用户注册、登录栏：用户购书时，系统检查用户的登录情况，只有登录的用户才可以购买图书。用户应先完成用户注册，填写必要的个人信息，得到用户名和密码。注册后书店将长期保留用户的注册信息。用户登录系统时输入自己的用户名和密码。登录用户可以查看自己的订单情况，也可以浏览自己的读者留言的反馈信息。

购书车：客户可在任何时间将图书放入购书车，进入购书车查看并修改购书信息，下订单(去收银台)，完成购书活动。书店员工将根据读者订单配送图书。

2. 管理端主界面

系统管理端软件由本店职工使用，完成书店的各种管理业务。为保证系统的安全，管理员进入管理系统时必须输入相应的口令。管理员登录界面如图 3-5 所示。

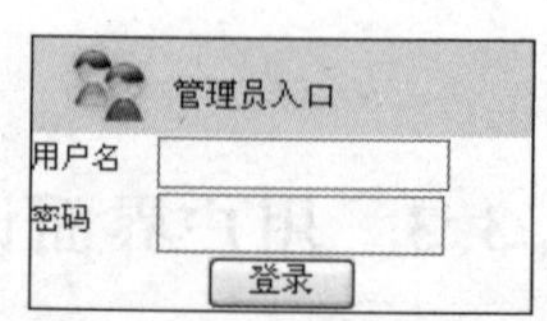

图 3-5　管理员登录界面

职工输入了正确的用户名和口令后进入管理员主界面系

统。系统管理端主界面如图 3-6 所示。

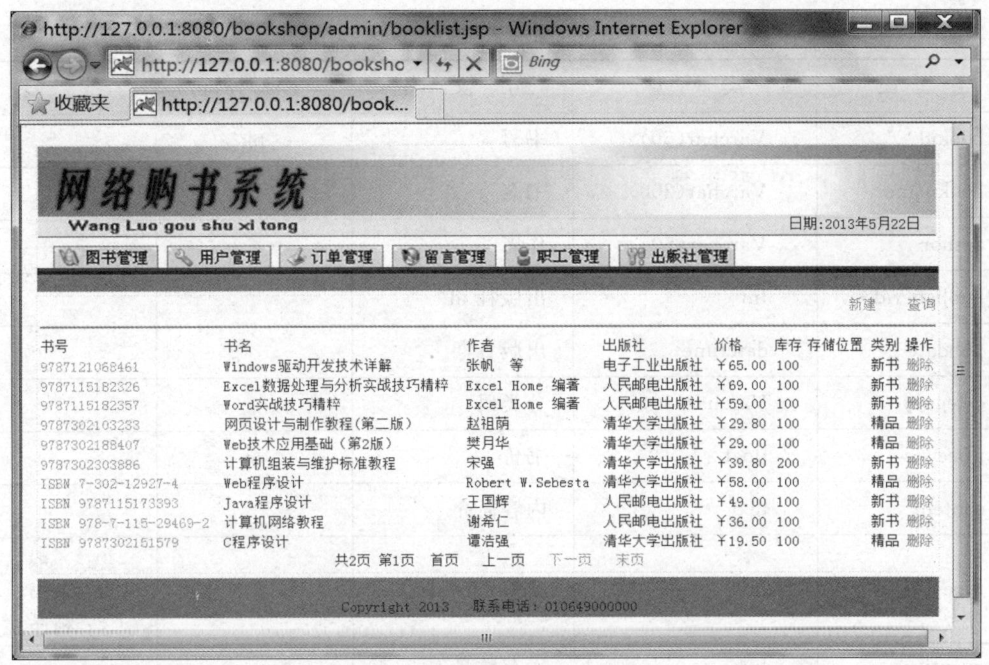

图 3-6 系统管理端主界面

3. 页面设计所使用的技术

界面的布局和页面制作：可以使用 Dreamweaver、Flash 和 FrontPage 等软件。不管使用什么软件，Web 编程的基础都是 HTML，这部分内容将在第 4 章介绍。

数据库信息发布与存储技术：用户登录时在界面提交的用户名和密码必须与数据库 userinfo 表中的信息一致，才允许用户进入系统的主界面，这需要查询数据库信息。读者在查询图书库时需要查询 book 表中的信息，找到所需图书后，系统将把该书的信息返回给读者。读者定购图书时系统将读者定购图书的信息写入 orderform 订单主表和 orderdetail 订单子表。本书将在第 7、8、9、10、11 章重点介绍应用较为广泛的 JSP 技术。

其他界面，如图书列表界面、购书车界面和客户留言等，将在后面详细介绍。

3.4 数据库设计

网上书店使用 SQL Server 2005 数据库，数据库名称是：bookshop。

数据库是应用系统的核心，应当精心设计，以保证系统的正确、可靠、高效运行。本案例的数据库共使用 7 张表。

1. 图书表(见表 3-1)

表 3-1 图书表(表名:book)

字　段	类　型	中　文　名	主键/外键	备　注
bookid	Varchar(50)	书号	pk	
bookname	Varchar(200)	书名		
author	Varchar(50)	作者		
publisherid	Int	出版社 id		
pubdate	datetime	出版日期		
category	Varchar(50)	分类码		
price	float	书价		
content	text	内容简介		
type	Int	新书、精品标志		0：一般 1：新书 2：精品
quantity	Int	库存数量		
place	Varchar(50)	图书所放的位置		
picture	Varchar(50)	图片文件名		

2. 用户表(见表 3-2)

表 3-2 用户表(表名:userinfo)

字　段	类　型	中　文　名	主键/外键	备　注
userid	Varchar(50)	用户名	pk	
username	Varchar(50)	姓名		
password	Varchar(50)	密码		
gender	Varchar(10)	性别		
address	Varchar(200)	住址		
email	Varchar(50)	E-mail		
phone	Varchar(50)	联系电话		
postcode	Varchar(50)	邮编		
state	Int	用户状态		0：未激活 1：激活 2：重要

3. 订单主表(见表 3-3)

表 3-3　订单主表(表名:orderform)

字　段	类　型	中 文 名	主键/外键	备　注
orderid	Varchar(50)	订单号	pk	
orderdate	datetime	订单日期		
userid	Varchar(50)	用户 id		
totalnum	Int	所购图书数量		
totalamount	float	总金额		
payment	Varchar(50)	付费方式		
deliver	Varchar(50)	送货方式		
receiver	Varchar(50)	收货人		
address	Varchar(200)	收货地址		
phone	Varchar(50)	联系电话		
postcode	Varchar(50)	收件人邮编		
state	Int	订单状态		0:未处理 1:发货 2:完成

4. 订单子表(见表 3-4)

表 3-4　订单子表(表名:orderdetail)

字　段	类　型	中 文 名	主键/外键	备　注
id	Int	序号	pk	自动增长
orderid	Varchar(50)	订单号		
bookid	Varchar(50)	书号		
bookname	Varchar(200)	书名		
publisher	Varchar(200)	出版社		
unitprice	float	单价		
ordernum	Int	订购数量		

5. 用户留言(见表 3-5)

表 3-5　用户留言表(表名:notes)

字　段	类　型	中 文 名	主键/外键	备　注
id	Int	序号	pk	自动增长
userid	Varchar(50)	用户 id		

续表

字　　段	类　　型	中　文　名	主键/外键	备　　注
subject	Varchar(200)	留言主题		
date1	datetime	留言日期		
context	Text	留言内容		
employeeid	Varchar(50)	处理人 id		
date2	datetime	处理日期		
advice	Text	处理建议		

6. 职工表(见表 3-6)

表 3-6　职工表(表名:employee)

字　　段	类　　型	中　文　名	主键/外键	备　　注
employeeid	Varchar(50)	职工账号	pk	
name	Varchar(50)	职工姓名		
password	Varchar(50)	密码		
gender	Varchar(10)	性别		
address	Varchar(200)	住址		
email	Varchar(50)	E-mail		
phone	Varchar(50)	联系电话		
task	Varchar(50)	工作任务		

7. 出版社表(见表 3-7)

表 3-7　出版社表(表名:publisher)

字　　段	类型	中　文　名	主键/外键	备　　注
publisherid	Int	出版社编号	pk	自动增长
name	Varchar(50)	出版社名称		
linkman	Varchar(50)	联系人		
address	Varchar(200)	出版社地址		
email	Varchar(50)	E-mail		
phone	Varchar(50)	联系电话		
website	Varchar(200)	网址		

3.5 代码设计与实现

网上书店管理信息系统应用JSP技术实现，读者在学习本书的内容时可以参考这些程序。

代码功能见表3-8和表3-9。

表3-8 客户端程序清单及功能表

功 能	程序名称	功能描述
主页	index.jsp	显示书店主页
精品图书	excellent.jsp	显示精品图书
新书架	newbook.jsp	显示新书架图书
书目查找	booksearch.jsp	书目查找
书目查找清单	booklist.jsp	书目查找清单
我的订单	myorder.jsp	订单查看
购书车	shoppingcart.jsp	显示购书车
购书车	addtocart.jsp	把书放入购书车
购书车	increaseCart.jsp	增加所购图书数量
购书车	clearcart.jsp	清空购物车
购书车	decreaseCart.jsp	减少所购图书数量
购书车	delfromcart.js	取消某书目
读者留言	leaveword.jsp	显示留言板
读者留言	leaveword2.jsp	把留言写入数据库

表3-9 管理端程序清单及功能表

图书管理	booklist.jsp	显示图书清单
图书管理	bookadd.jsp	添加图书
图书管理	bookedit.jsp	编辑图书信息
图书管理	bookdelete.jsp	删除图书
图书管理	booksearch.jsp	查找图书
用户管理	userinfolist.jsp	显示用户清单
用户管理	userinfoedit.jsp	编辑用户信息
用户管理	userinfoadd.jsp	添加用户信息
用户管理	userinfodelete.jsp	删除用户
用户管理	userinfosearch.jsp	查找用户
订单管理	orderlist.jsp	显示订单清单
订单管理	orderedit.jsp	编辑订单信息
订单管理	ordersearch.jsp	查找订单
留言管理	noteslist.jsp	显示留言清单
留言管理	notesedit.jsp	编辑留言信息
留言管理	notesdelete.jsp	删除留言

续表

留言管理	notessearch. jsp	查找留言
职工管理	employeelist. jsp	显示职工清单
职工管理	employeeadd. jsp	添加职工
职工管理	employeeedit. jsp	编辑职工信息
职工管理	employeedelete. jsp	删除职工
职工管理	employeesearch. jsp	查找职工
出版社管理	publisherlist. jsp	显示出版社清单
出版社管理	publisheradd. jsp	添加出版社
出版社管理	publisheredit. jsp	编辑出版社信息
出版社管理	publisherdelete. jsp	删除出版社
出版社管理	publishersearch. jsp	查找出版社
显示版权信息	Bottom. jsp	显示版权信息
显示出错信息	error. jsp	显示出错信息
购书车的数据结构	CartBean. java	购书车的数据结构

3.6 网上书店的安装及使用

为使读者在学习过程中易于理解，并参考使用，将系统适当剪裁并移植到微机环境中。将网上 bookshop 中的内容复制到 Tomcat 的发布目录下即可运行。

安装步骤如下。

(1) 安装 JDK。

(2) 安装 Tomcat。

(3) 安装 MS SQL Server 2005。

(4) 附加数据库 bookshop，把 bookshop 目录下的数据库文件 bookshop_Data. MDF 和 bookshop_Log. LDF 附加到数据库中。

① 在桌面上选择“开始”→“所有程序”→“Microsoft SQL Server 2005”→“SQL Server Management Studio”，打开 SQL Server 2005 界面。

② 在“对象资源管理器”窗口中，右击“数据库”，选择“附加”。

③ 弹出“附加数据库”窗口，在窗口中单击“添加”按钮，找到 bookshop_Data. MDF 文件，单击“确定”按钮。

④ 回到“附加数据库”窗口，单击“确定”按钮，完成数据库 bookshop 的附加。

⑤ 创建数据源，选择“控制面板”→“管理工具”→“数据源”建立与该数据库对应的数据源，数据源取名为 bookshoplk。注意：将 bookshop 设为默认数据库。

⑥ 将 bookshop 整个文件夹复制到 Tomcat 发布目录 webapps 下。

⑦ 以上步骤完成后，重启 Tomcat，在浏览器地址栏目中输入

```
http://localhost:8080/bookshop/index.jsp 客户端(初始账号和密码:pds/pass)
http://localhost:8080/bookshop/admin.jsp 管理端(初始账号和密码:admin/pass)
```

进入网上书店。

小　　结

本章结合“网上书店”案例介绍了基于 Web 方式的信息系统的开发过程，一个信息系统的开发需要经过系统分析、系统设计、数据库设计、系统详细设计及系统实现、系统维护等环节。

本书不要求学生学过“管理信息系统”和有关数据库的课程，对于没有学过这些课程的学生，只要能够理解开发过程，并能比照“网上书店”案例进行学习、开发即可。

习题与实训 3

一、简答题

1. 基于 Web 的应用系统开发的主要过程有哪些？
2. 系统设计的主要原则是什么？
3. 系统环境建设的主要步骤有哪些？如何选择通信线路？
4. 完成用户身份验证子系统的分析与设计。
5. 完成图书展示子系统的分析与设计。
6. 完成用户留言子系统的分析与设计。
7. 完成购书车子系统的分析与设计。
8. 完成职工管理子系统的分析与设计。

二、实训课题

完成一个网上购物（例如计算机、笔记本电脑、光盘、旅游用品等）管理信息系统的分析与设计。

第 2 篇
Web 程序设计基础

Web 技术中很重要的一个模块是 Web 编程技术。Web 程序设计与一般意义上的程序设计有所不同,专业人员与非专业人员都可以掌握。它的开发工具简单好用,语法结构简洁易掌握,不需要太多的专业知识,特别适合非专业人员使用,这也是 Web 技术易于普及并受大众欢迎的重要原因之一。本篇主要介绍 Web 程序设计基础,它也是以 Web 方式开发数据库应用的基础。通过第 2 篇的学习,读者将掌握 Web 编程基本技术,完成基本的 Web 应用开发工作。

第 2 篇主要内容包括:

第 4 章　HTML。

第 5 章　CSS。

第 6 章　JavaScript。

对于已经掌握程序设计方法的技术人员,可以快速通过第 2 篇,掌握 Web 编程的要点,进入后续内容的学习。

第4章 HTML

网页是以 HTML 格式写成的。HTML 通过标记(Tag)式指令,将影像、声音、图片和文字等连接并显示出来。HTML 是符合 SGML(Standard Generalized Markup Language,标准通用标记语言)语法的一种固定格式的超文本标记语言。当浏览 HTML 页面时,浏览器将自动解释标记的含义,并按标记指明的格式展示内容。

学习要点:

(1) 熟练使用 HTML 标记制作网页。

(2) 合理选用多媒体技术,使页面图、文、声音、色彩齐茂,具有表现力。

(3) 灵活应用超链接＜a＞标记,使浏览者尽兴冲浪。

(4) 制作表单,供客户提交信息,进行网上购物等活动。

(5) 恰当使用表格标记和窗口框架标记合理布局页面,使页面逻辑清晰。

4.1 HTML 概述

HTML 是一种控制页面内容显示的标记语言,按照 HTML 语法编写的文件称为 HTML 文件。可以使用任意的文本编辑器(如记事本、书写板等)编写 HTML 文件,以纯文本形式存储,并以 html 或 htm 为扩展名(只支持三个字母作后缀的操作系统中,扩展名是".htm")。文件编写完成后,可在浏览器中查看效果。

4.1.1 HTML 入门——一个简单 HTML 案例

例 4.1 制作具有跳转功能的简单网页。本例具有两个页面,文件名为 ex4-01.html 和 ex4-01_1.html。在浏览器的地址栏目输入文件 ex4-01.html 的 URL,浏览器将显示文件 ex4-01.html 的内容。在该页面单击超链接,页面将跳转到 ex4-01_1.html 页面,这是网页最基本的功能。请按以下步骤进行。

1. 编写 HTML 代码

使用简单的文字编辑器,如 Notepad(记事本)和 WordPad(书写板)等都可以胜任。在编辑器中输入以下两个 HTML 文件的代码。

(1) 文件名 ex4-01. html

```
<html>
<head>
    <title>简单的 html 案例 </title>
</head>
<body>
    欢迎!
    请单击<a href="ex4-01_1.html">Hello World!</a>
</body>
</html>
```

(2) 文件名 ex4-01_1. html

```
<html>
<head>
    <title>Hello World!</title>
</head>
<body>
    祝贺你,初试成功!
</body>
</html>
```

以扩展名“. html”保存文件。

2. 页面测试

在浏览器中显示页面 ex4-01. html 的运行结果,如图 4-1 所示。

在图 4-1 的页面中单击“Hello World!”,页面将转跳至代码 ex4-01_1. html 所显示的页面,如图 4-2 所示。

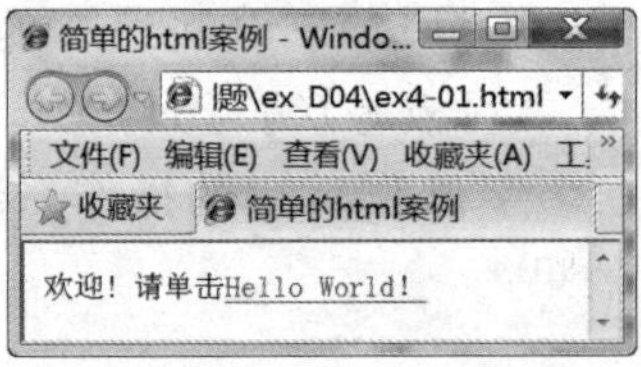

图 4-1 页面代码 ex4-01. html 在浏览器中的显示

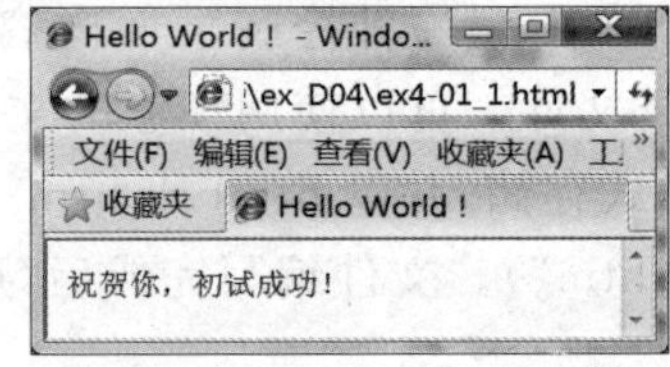

图 4-2 页面转跳到 ex4-01_1. html

3. HTML 标记功能简介

以页面代码 ex4-01. html 为例,说明 HTML 标记的简单使用。

第 1 行的<html>和最后 1 行的</html>表示 html 文档的开始和结束。

第 2 行的<head>和第 4 行的</head>指示 HTML 文档文件头的开始与结束。

第 3 行的<title>简单的 html 案例</title>,在浏览器标题栏显示标题“简单的 html 案例”标题。

第 5 行的<body>和第 8 行的</body>说明该页面的文件体的开始与结束,文件体中的内容在浏览器中显示。

第 6 行和第 7 行是 HTML 文档正文,是在浏览器中显示的内容。第 7 行中的 <a href="ex4-01_1. html">Hello World!</a>,标记<a>说明其后的文字是一个超链接。单击该文字,页面将转跳至"ex4-01_1. html"页面。

4.1.2 HTML 文件的结构

HTML 文件以始标记<html>开始,尾标记</html>结束。用标记<head></head>和<body></body>把文件分为两部分。在<head>与</head>之间的是文件头,文件头内包含关于文件的说明信息,它们不和文件一起显示。在<body>和</body>之间的是文件正文,是将要在浏览器窗口显示的内容,包括标题、段落、列表、图形和超文本链接等。HTML 文件结构如图 4-3 所示。

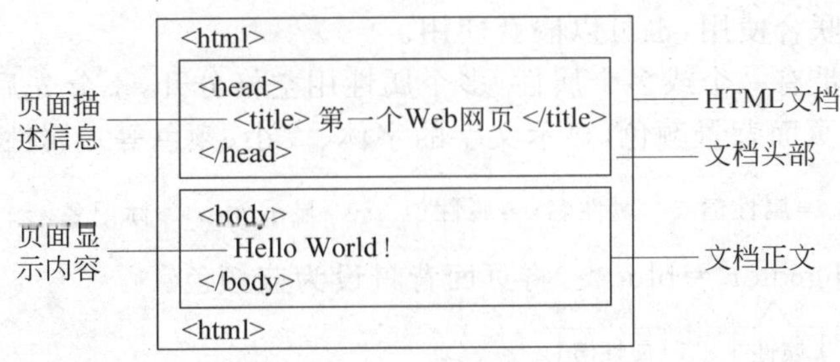

图 4-3 HTML 文件结构

4.1.3 HTML 标记基本语法现象

1. HTML 标记的作用

HTML 是 Internet 上大多数计算机能够识别的语言,是基本的发布语言。HTML 设置标记,用来标志文字、图形和图像等信息在浏览器中的显示方式。

HTML 是制作网页的基础语言。现有一些"所见即所得"的网页制作软件。例如,DreamWare、FrontPage 等,使用简单方便,广受欢迎。应用这些软件开发网页的源代码是基于 HTML 的。若开发者想要修改页面,表现个性,就必须读懂源代码即 HTML,进行修改。开发高手往往直接编写 HTML 代码,开发出的网页简洁高效。开发动态网站,常使用 JavaScript、VBScript、ASP、ASP. NET 和 JSP 等技术。这些代码段是要嵌入 HTML 代码中执行的,故 HTML 是 Web 基础语言,是学习 Web 技术的基础。

2. HTML 语法

使用 HTML 语言在网页上展示信息,必须要告诉浏览器两件事:

- 要显示什么内容——显示元素。
- 以什么方式显示——标记。

这就是 HTML 语法的两个重要组成:显示元素和标记。标记设定了内容的显示方式，显示元素是通过浏览器展示的内容。通过例 4-1，可以看到 HTML 文档标记和显示元素的构成格式。标记用英文＜＞括起来，使用格式如下：

```
<标记名>显示元素</标记名>
```

例如，例 4-1 中的语句"＜title＞ 简单的 html 案例 ＜/title＞"。标记＜title＞的标记名是"title"，通知浏览器，后面的显示元素"简单的 html 案例"将在浏览器的标题栏中显示(见图 4-1)，尾标记＜/title＞说明标题功能结束。

(1) 标记大多成对出现，由始标记＜标记名＞和尾标记＜/标记名＞组成，尾标记与始标记同名，用结束符"/"表示是尾标记。始标记通知浏览器，开始执行本标记名指定的功能，尾标记说明该功能到此结束。也有的标记没有尾标记，如换行标记＜br＞、输入标记＜input＞等。

(2) 标记与字母的大小写无关，可以大小写混用。例如，＜BODY＞、＜body＞和＜Body＞的作用是一样的。

(3) 标记可以联合使用，也可以嵌套使用。

(4) 标记可以带有一个或多个属性，多个属性用空格分开，不分先后。属性用来设置标记的参数，例如，页面背景颜色，显示文字的字体、大小、颜色等。属性使用格式如下：

```
<标记名 属性名 1=属性值 1  属性名 2=属性值 2…>显示元素</标记名>
```

例如，＜body bgcolor ＝blue＞，将页面背景设为蓝颜色。

4.1.4 HTML 页面结构标记

1. 文件标记＜html＞…＜/html＞

在 html 文档的最外层，表示 html 文件的开始与结束。

2. 文件头标记＜head＞…＜head＞

在文件头标记＜head＞与＜/head＞之间保存说明整个文件的综合信息。它包含如下标记。

(1) 文件标题标记＜title＞…＜/title＞

这是文件头中的最常用的标记，它给出文件的总标题，在浏览器标题栏中显示。标题应简明扼要，切中文件的主题，以便 Web 搜索工具索引使用。格式如下：

```
<title >标题</title>
```

(2) ＜base href＝"URL"＞基地址标记

它用来指定本网页中超链接的基准路径，又称基锚。使用该标记可以简化页面中超链接的编写，只需要写出相对基准路径的相对路径即可。

(3) ＜meta＞文档相关资料标记

＜meta＞标记有属性，属性值提供文档相关信息。例如，语句：＜meta name＝"作者" content＝"张三"＞，提供了"张三是作者"这样一条信息。

<meta>标记的字符集 charset 属性设置网页使用的字符集。在网页中，简体中文 charset=gb2312，繁体中文 charset=big5，纯英文页面 charset=iso-8859-1。

注意：如果页面中文出现乱码，一般是字符集 charset 属性设置不当。将 charset 属性设为简体中文字符集 gb2312，浏览器就能正确显示。设置方法如下：

```
<head>
<meta  http-equiv="Content-Type"  content="text/html"; charset=gb2312>
</head>
```

(4) <link>标记

指明本网页需要其他资源的情况、显示作者信息、相关检索信息等。

(5) <style>…</style> CSS 样式标记。

文件头标记应用示例如下：

```
<html>
<head>
    <title>简单的 html 案例</title>
    <base href="http://www.buu.edu.cn/">
    <meta name="author" content="july">
</head>
<body>
    欢迎！
    请单击<a href="ex4-01_1.html">Hello World!</a>
</body>
</html>
```

3. 文件主体标记<body>…</body>

<body>标记在 HTML 中标明文档的主体，是 HTML 文档的主要部分。<body>表示文档的开始，</body>表示文档的结束。<body>标记可以利用属性使页面带有背景颜色或背景图案，它的主要属性如下。

- bgcolor：设置页面背景颜色。例如，<body bgcolor = # aa88cc>，<body bgcolor =blue>将设置页面背景为蓝色。
- background：背景图案或图像文件的 URL。例如<body background ="back.gif">。
- text：设置网页文字的颜色。例如，<body text = red >。
- alink，vlink 和 link：用来控制页面超链接文字的颜色，link 属性用来设置尚未链接过的超链接文字的颜色；vlink 属性用来设置已经链接过的超链接文字的颜色；alink 属性用来设置鼠标单击超链接后超链接显示的颜色。例如，<body alink =" green" vlink="red" link="blue">，热点文字在链接前是蓝色，激活时是绿色，链接过后是红色。

颜色用 6 位十六进制的红-绿-蓝(red-green-blue，RGB)值表示，rrggbb。常用颜色及其对应的十六进制数对照见表 4-1。

表 4-1 常用颜色的十六进制数对照表

颜　色	十六进制数	颜　色	十六进制数
black(黑)	＃000000	gray(灰)	＃808080
navy(深蓝)	＃000080	silver(银灰)	＃C0C0C0
blue(蓝)	＃0000FF	red(红)	＃FF0000
teal(墨绿)	＃008080	magenta(洋红)	＃FF00FF
green(绿)	＃00FF00	yellow(黄)	＃FFFF00
cyan(青)	＃00FFFF	white(白)	＃FFFFFF

4. 注释标记

使用格式：

```
<!--注释内容-->
```

注释内容不在浏览器中显示，只供阅读理解使用。

通过本节的学习，我们掌握了 HTML 标记的功能、文档的创建、文档结构和结构标记的使用。利用这些最基本的技术，就可以开发简单的页面了。

4.2 HTML 页面修饰标记

页面修饰标记主要用于控制页面的段落，显示字符的大小、颜色、字体和属性等。

4.2.1 标题标记<hn>…</hn>

标题标记用来标示页面中的标题文字，被标示的文字将以粗体形式显示。HTML 定义了六级标题文字，n 的范围是 1～6，<h1>标记的字体最大最黑，其余的依次变小，<h6>最小。它们需要与尾标记一起使用。

语法：

```
<hn align=left|center|right>标题文字 </hn>
```

其中，align 属性用来控制标题文字的对齐方式，也就是在浏览器窗口中的位置：left 左对齐(默认对齐方式)，在窗口的左边；center 居中；right 右对齐。

注意：标题标记具有换行功能，每个标题独占一行。

4.2.2 文字样式标记<font>…</font>

文字样式标记的属性可以控制显示文字的字体、大小和颜色。

语法：

```
<font 属性=属性值>文字 </font>
```

<font>标记属性的说明见表 4-2。

表 4-2 <font>标记属性

属 性	功 能	应用举例
face	设置文字的字体。如果指定的文字在用户系统中不存在,则使用默认字体。	<font face="楷体">
size	设置字体的大小,分为 7 级,等级 7 最大,默认值是 3,也可以在默认字号的基础上进行加减运算,取得字号值。	<font size=6> size=+2,表示 3+2=5 号字, size=-2, 3-2=1 号字。
color	设置字体的颜色(属性值见表 4-1)	<font color ="red">

注意:标题标记的字号是:1 大 6 小,而字体标记<font size=字号>是:1 小 7 大。

4.2.3 特定文字样式标记

HTML 中的一些标记可以使文字以特定的样式显示,这些标记分为两类:物理类型和逻辑类型。物理类型的标记直接指定文本显示的具体样式,例如,显示为粗体、斜体或下划线等。逻辑类型的标记说明文本的用途,进而决定文本的样式,例如突出显示、按地址显示等。常用的描述文本样式的标记见表 4-3。

表 4-3 字体标记

文本样式	描述标记	类 别
粗体	<b>…</b>	物理
斜体	<i>…</i>	物理
下划线	<u>…</u>	物理
删除划线	<s>…</s>	物理
上标	[…]	物理
下标	_…	物理
大字体	<big>…</big>	物理
小字体	<small>…</small>	物理
重点突出显示(粗体)	<strong>…</strong>	逻辑
突出显示(斜体)	<em>…</em>	逻辑
电子邮件和网址(缩小+斜体字)	<address>…</address>	逻辑
按代码显示(缩小字体)	<code>…</code>	逻辑

4.2.4 特殊字符

有些符号已被 HTML 占用,具有特殊意义,例如,"<"和">"是标记名的界定符。想要在页面中显示这些字符,就要使用特殊字符转义,例如,用">"显示">"号。特殊字符由三部分组成,以"&"开始,中间是字符的描述,常使用字符英文缩写,用";"号结束。表 4-4 列出了常用特殊字符。

表 4-4 常用特殊字符

特殊字符	<	>	"	空格符	&	版权号©
转义码	<；	>；	"	；	&；	©；

例 4.2 特殊字符的应用。ex4-02.html 源代码如下，显示效果见图 4-4。

ex4-02.html 代码清单如下

```
<html><head><title>特殊字符应用</title></head>
<body>
显示   空格<br>
显示 &quot 引号字符 &quot<br>
显示 &gt 和 &lt <br>
显示版权号 copyright &copy;2013 <br>
</body></html>
```

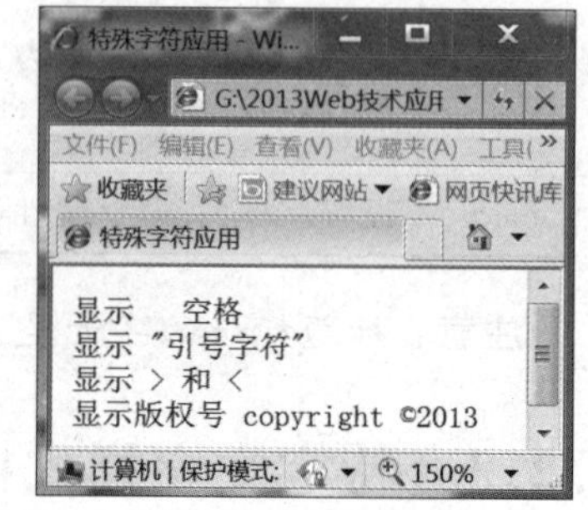

图 4-4 特殊字符的应用

4.2.5 段落标记

HTML 文档中的空格、Tab 符、回车换行符等，在浏览器中不起作用，必须要使用标记，才能使文章分出段落，显出层次。

1. 段落标记<p>

语法：

```
<p align=left|center|right>段落文字</p>
```

<p>标记表示另起一段，并在段前空一行。结束标记</p>可略去不用。属性 align 设置文字对齐方式。

**2. 换行标记
**

浏览器遇
标记换行，中间不插入空行。

3. 禁止换行标记<nobr>

语法：

```
<nobr>段落文字</nobr >
```

在默认状态下，页面内容随浏览器窗口宽度自动换行。若不需要自动换行，在换行标记
前加“no”，构成禁止换行标记<nobr>。表示在<nobr>与</nobr>之间显示的内容，不随浏览器宽度自动换行。如果显示内容的行长比浏览器窗口宽，在窗口下会出现一个水平滚动条，浏览者可以滚动浏览。禁止换行标记要使用尾标记</nobr>，表示禁止自动换行解禁。

4. 水平线标记<hr>

使用格式：

```
<hr 属性名 1=属性值 1  属性名 2=属性值 2…>
```

<hr>标记在页面上画出一条水平线,分隔页面,使页面内容清晰醒目。使用<hr>标记的属性值控制水平线的粗细、颜色、宽度和对齐方式,常用的属性见表 4-5。

表 4-5 <hr>标记的常用属性

属性名	功能	示例
size	水平线的粗细,以像素为单位,默认值是 1	<hr size=6>
width	水平线宽度,以像素为单位,也可是对窗口的百分比,默认值为 100%	<hr width=80%>
align	对齐方式,可取值为:left、center 或 right,默认值是 center	<hr align=right>
color	水平线的颜色	<hr color=red>

5. 预格式化标记<pre>

HTML 文档中的空格、Tab 符、回车换行符在浏览器中不起作用,也就是说在记事本中排好的版,在浏览器中不起作用,使用标记显示格式又略显麻烦。<pre>预格式化标记可以省去这些烦恼,使得在 HTML 文档中排好的版式,在浏览器中原样显示。

语法:

```
<pre>…</pre >
```

4.2.6 页面修饰标记应用案例

例 4.3 代码 ex4-03.html 说明了页面修饰标记的使用。代码清单如下:

```
<html>
<head>
    <title>页面修饰标记应用</title>
</head>
<body bgcolor=#f0f0f0>
<h2 align="center" >显示 2 号标题字</h2>
<center>
<p>
<font color="blue" face="隶书" size=5>显示蓝色隶书字体</font>
<br><s>显示删除划线</s>
<address>aaaa@buu.com.cn(显示地址)</address>
<hr color="red">
显示上标: x<sup>3</sup><br>
显示下标: x<sub>2</sub>
</center>
<hr color=#00FFFF size=4>
<pre>
```

```
预格式化标记应用
         *
       *   *
         *
</pre>
</body>
</html>
```

在浏览器中显示效果如图 4-5 所示。

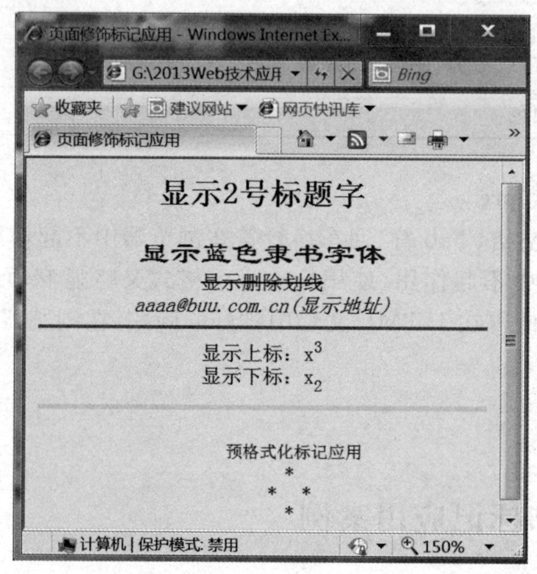

图 4-5　页面修饰标记应用示例

4.3　多媒体标记

4.3.1　图像标记<img>

图像标记<img>是 image 的缩写。为了在页面上嵌入图像，有两件事是必须让浏览器知道的：一要说明嵌入的是图像，用标记名<img>告知；二要说明图像文件在哪里，用属性“src”指出。

语法：

```
<img src="URL" alt="文字说明">…</img>
```

<img>标记的属性见表 4-6。

常用图像文件格式为：jpg、gif、swfh 和 bmp，例如，xiongmao.jpg。

表 4-6 <img>标记的属性

属性	功能	示例
src	src 是必选项,指出图像文件的路径或 URL	<img src="ex4－03.jpg">
alt	定义一个文本串,浏览器未完全读入图像或因故不能显示图像时,图像位置显示文本串;浏览器可以显示图像时,alt 属性不起作用	<img alt="新疆喀纳斯湖!,jpg 文件 (2750 bytes)">
align	文本与图像的对齐方式,可取值有:left、middle、right、top 和 bottom	< img align=bottom>图像底部与文本对齐
border	图像边框宽度(以像素为单位),border=0 无边框	< img border=3>
width 和 height	图像的高度和宽度(以像素为单位)	<img width="105" height="75">

4.3.2 背景音乐标记<bgsound>

使用嵌入背景音乐标记<bgsound>,可以在打开网页时自动播放音乐。

语法:

```
<bgsound src="音乐文件的 URL" loop=循环播放次数>
```

其属性功能如下。

(1) src:背景音乐文件的 URL。

(2) loop:背景音乐的循环播放次数,如果 loop=－1,则表示循环不止地播放音乐。

例如,语句<bgsound src ="音乐文件.mid" loop=6>,打开网页后自动播放"音乐文件.mid"6 次。

4.3.3 音乐和影像文件标记<embed>

语法:

```
<embed src="音乐或影像文件的 URL" width=播放器宽度 height=播放器高度 autostart=是否自动播放 loop=是否重复>
```

<embed>标记把音乐和影像嵌入页面,其属性功能如下:

(1) src:给出音乐或影视文件的 URL。

(2) width 和 height:给出播放器在页面中的宽和高,以像素为单位。

(3) autostart:autostart=true 打开页面时自动播放,no 表示不播放,默认值是 no,autostart=false 单击播放。

(4) loop:loop=true。true 表示无限制重复播放;no 表示只播放一次,默认值是 no。

4.3.4 页面多媒体技术应用案例

例 4.4 页面代码 ex4-04.html 说明了图像标记的使用，代码清单如下：

```
<html><head>
    <title>图像标记的应用</title>
</head>
<body>
<img src="ex4-04.jpg" align=bottom border=1 width="153" height="99"
    alt="新疆喀纳斯湖,jpeg 文件 (78,138 字节)">
<br>新疆喀纳斯湖
</body></html>
```

当图像能够在浏览器中显示时，显示如图 4-6(a)所示；当图像因故不能在浏览器中显示时，显示如图 4-6(b)所示。

(a) 能显示

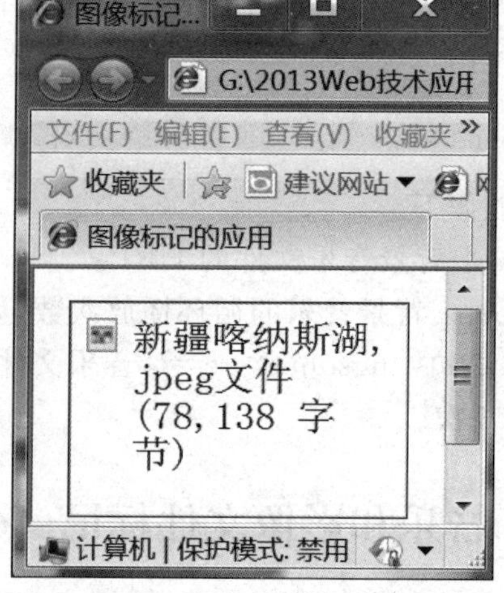

(b) 不能显示

图 4-6 图像标记应用案例

例 4.5 页面代码 ex4-05.html 说明了音乐文件的使用，代码清单如下：

```
<html><head>
    <title>自动播放音乐文件</title>
</head>
<body><center>
自动播放音乐文件<br>
<embed src="音乐文件.mid" width="307" height="198"
   autostart=true loop=true></center>
</body></html>
```

注意：音乐文件.mid 和页面文件存放在同一目录下。页面显示时，同时播放“音乐文件.mid"中的音乐。

例 4.6 页面代码 ex4-06.html 说明了影像文件的使用,代码清单如下:

```
<html><head>
    <title>自动播放影像文件</title>
</head>
<body><center>
自动播放影像文件<br>
<embed src="影像文件.mpg"  width="307" height="198"  autostart=true loop=true>
</center>
</body></html>
```

读者可以在浏览器中测试页面效果。

4.4 表格、列表与块容器标记

一个好的页面内容丰富、逻辑清楚、层次分明。页面文字应根据需要合理布局、分隔、分块、分段,以增强文字的表现力。

4.4.1 表格标记<table>…</table>

为使网页内容排列有序,常使用表格或框架技术(框架将在本章 4.7 节介绍)将页面内容布局。表格可使信息分类、分格、定位显示。

1. 表格标记的使用格式

HTML 中使用<table>标记建立表格,表格由行、列和单元格组成。为创建表格,必须要有标记,标识表格、表格的行和单元格。它的使用格式如下:

```
<table border>
<caption>表格标题</caption>
<tr>
  <th>第 1 列表头</th><th>第 2 列表头</th>…<th>第 n 列表头</th>
</tr>
<tr>
  <td>第 1 行、1 列表项</td><td>第 1 行、2 列表项</td>…<td>第 1 行、n 列表项</td>
</tr>
<tr>
  <td>第 2 行、1 列表项</td><td>第 2 行、2 列表项</td>…<td>第 2 行、n 列表项</td>
</tr>
……
<tr>
  <td>第 n 行、1 列表项</td><td>第 n 行、2 列表项</td>…<td>第 n 行、n 列表项</td>
```

```
</tr>
</table>
```

表格由<table>、<caption>、<tr>和<td>4 个标记建立,它们的作用如下:

(1) <table>…</table>标记,在<table>与</table>之间定义表格,内含表格标题、表头、行及单元格。<table>标记具有的属性见表 4-7。

表 4-7 <table>标记的属性

属　性	功　能	示　例
border	表格边框宽度(以像素为单位),border=0 无边框	<table border=3>
width 和 height	表格的宽度和高度(以像素为单位),数值或百分比,默认自动匹配	<table width=80% height=60%>
bgcolor	表格背景色,默认白色	<table bgcolor=red>
bordercolor	表线颜色,默认黑色	<table bordercolor=green>
cellspacing	单元格之间距离,以像素为单位,默认值为 1	<table cellspacing =20>
cellpadding	单元格内容与表线之间的距离,以像素为单位,默认值为 1	<table cellpadding =20>
align	表格在页面中位置,可取值:left|center|right	<table align=right>

(2) 标题标记<caption>…</caption>,在<caption>与</caption>之间定义表格标题。如果表格用来布局页面,也可以没有表格标题。表格标题具有属性 align。align=top 表格标题位于表首,默认值是 top;align=bottom 表格标题位于表尾。

(3) 行标记<tr>…</tr>,每一行以<tr>开始,用</tr>结束。表头元素用<th></th>定义,表头显示成黑体。

(4) 单元格标记<td>…</td>,单元格内容用<td></td>定义。

<tr><td><th>标记的属性见表 4-8。

表 4-8 <tr><td><th>标记的属性

属　性	功　能	示　例
align	单元格内容水平对齐方式,可取值:left|center|right	<tr align =right>,<td align =left>
valign	单元格内容垂直对齐方式,可取值:top|middle|bottom|baseline	<td valign =top>
width 和 height	单元格的宽度和高度(以像素为单位),数值或百分比,默认自动匹配	<td width=80% height=60%>
bgcolor	单元格背景色,默认白色	<td bgcolor=red >
rowspan	单元格向下跨 n 行,相当于合并单元格,n<=行数	<td rowspan=2>
colspan	单元格向右跨 m 列,相当于合并单元格,m<=列数	<td colspan=3>

2. 表格标记应用案例

例 4.7 文件 ex4-07.html 制作了一个课表,代码清单如下:

```
<html><head>
  <title>表格标记应用案例</title>
</head>
<body>
  <table border=2>
    <caption>0705331 课表</caption>
  <tr>
    <th>节次</th><th>星期一</th><th>星期二</th><th>星期三</th><th>星期四</th><th>星期五</th>
  </tr>
  <tr>
    <td>1、2</td><td>英语</td><td>操作系统</td><td>网络基础</td><td>英语</td>
    <td>数据库原理</td>
  </tr>
  <tr>
    <td>3、4</td><td>Java</td><td>数据库原理</td><td>实验</td><td>Java</td><td>操作系统</td>
  </tr>
  <tr>
    <td>5、6</td><td>网络基础</td><td>实验</td><td>实验</td><td>实验</td>
  </tr>
</table>
</body></html>
```

课表在浏览器中的显示效果如图 4-7 所示。

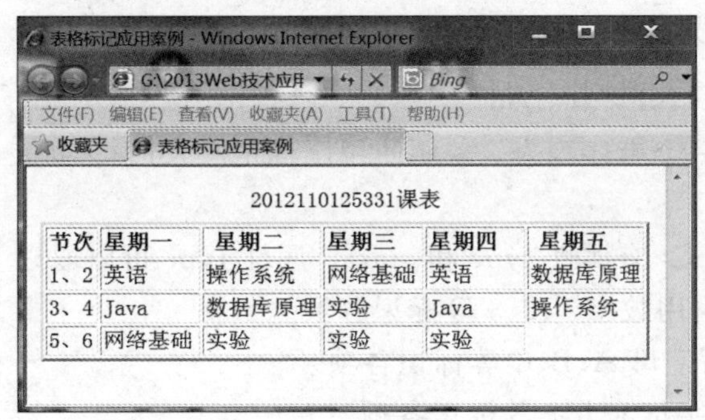

节次	星期一	星期二	星期三	星期四	星期五
1、2	英语	操作系统	网络基础	英语	数据库原理
3、4	Java	数据库原理	实验	Java	操作系统
5、6	网络基础	实验	实验	实验	

图 4-7 课表

4.4.2 列表标记

在制作网页时,使用列表使内容按条目显示,清晰明了。HTML 提供了 3 种类型的列表：<ul>标记定义无序列表(unorder list)、<ol>标记定义有序列表(order list)、<dl>标记定义描述列表(description list)。在列表中的每一项以标记<li>开始，结束标记</li>是可选项。列表可以嵌套使用，一个列表中的列表项又可以是一个列表。

1. 无序列表标记<ul>…</ul>

<ul>标记定义一个无序列表，<ul>需要使用尾标记</ul>。它具有属性 type，type 可以取以下值：

type＝disk：加重符号是实心圆点(默认)。

type＝circle：加重符号是空心圆点。

type＝square：加重符号是实心方块。

例 4.8 本例说明了无序列表标记的使用，页面代码 ex4-08.html 清单如下：

```
<head>
    <title>无序列表标记应用案例</title>
</head>
<body>
<h4>无序列表 1</h4>
<ul>
  <li><h5>第一项。</h5></li>
  <li><h5>第二项。</h5></li>
</ul>
<h4>无序列表 2</h4>
<ul type=circle>
  <li><h5>第一项。</h5></li>
  <li><h5>第二项。</h5></li>
</ul>
</body></html>
```

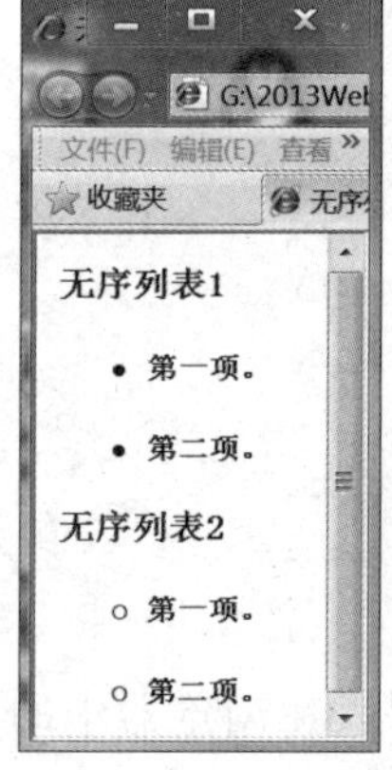

图 4-8 无序列表标记应用案例

该页面代码在浏览器中显示效果如图 4-8 所示。

2. 有序列表标记<ol>…</ol>

<ol>标记定义一个有序列表，需要使用尾标记</ol>。列表中各项的序列号由浏览器自动给出。

有序列表标记<ol>有属性 type 和 start。属性 type 可以取以下值。

type＝1：默认值，用数字 1、2、3 等标识各项。

type＝A：用大写字母 A、B、C 等标识各项。

type＝a：用小写字母 a、b、c 等标识各项。

type＝I：用大写罗马字母标识各项。

type＝i：用小写罗马字母标识各项。

用 start 属性指定列表从哪个数字开头。例如 type＝A 的有序列表，如果令 start＝3，这个列表的第一项将从 C 开始，以下为 D、E、F 等。

<li>标记可以具有属性 value，它把这一项的列表编号指定为特定值。

例 4.9 本例说明无序列表标记的使用,页面代码 ex4-09.html 清单如下:

```
<html><head>
   <title>有序列表标记应用案例</title>
</head>
<body>
<h3>有序列表的属性</h3>
<ol type=I>
<li><h4>有序列表标记具有属性 start,指定列表编号的开头值。</h4>
<li><h4>有序列表标记具有属性 type</h4>
   <ol type=1 start=6>
     <li><h5>type=1,默认值,用数字 1、2、3 等标识各项。</h5></li>
     <li><h5>type=A,用大写字母 A、B、C 等标识各项。</h5></li>
     <li><h5>type=a,用小写字母 a,b,c 等标识各项。</h5></li>
     <li><h5>type=I,用大写罗马字母标识各项。</h5></li>
     <li value=3><h5>type=i,用小写罗马字母标识各项。</h5></li>
   </ol>
</ol>
</body></html>
```

图 4-9 是该页面代码在浏览器中的显示效果。

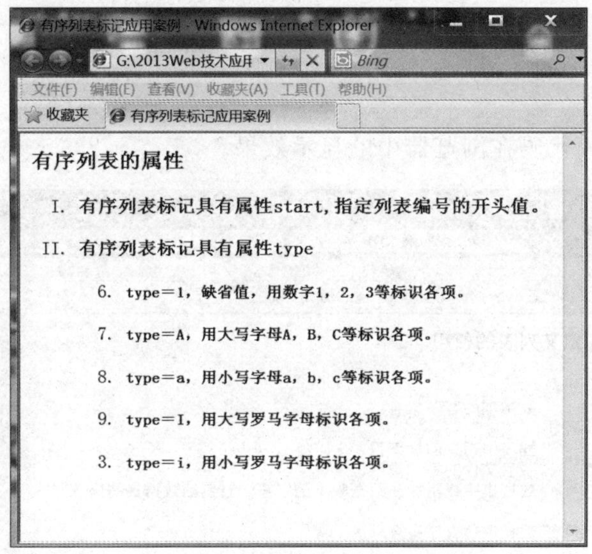

图 4-9 有序列表标记应用案例

3. 描述列表标记<dl>…</dl>

语法:

```
<dl>
<dt>术语<dd>术语的定义 1
        <dd>术语的定义 2
```

```
<dt>术语<dd>术语的定义
</dl>
```

描述列表的每一项由两部分组成：一部分是术语，另一部分是术语的定义。描述列表由始标记<dl>开始，以尾标记</dl>结束。表中可以有若干个列表项，每个列表项有两个元素：术语用<dt>标记描述；定义用<dd>标记描述。描述列表标记<dl>可以有属性 compact，该属性使术语和它的定义在同一行显示。

例 4.10 本例说明了定义列表标记的使用。ex4-10.html 代码清单如下：

```
<html><head>
    <title>定义标记应用案例</title>
</head>
<body>
<h3>定义列表的使用</h3>
<dl>
  <dt><b>列表</b><dd>数据项的有序集合。
  <dt><b>标号</b><dd>程序中指令的标识符。
                   <dd>磁盘文件的标识说明记录。
                   <dd>数据集中或附加在数据集上的字符,它包括数据集的信息。
</dl>
<dl compact>
  <dt><b>列表</b><dd>数据项的有序集合。
  </dl>
</body></html>
```

图 4-10 是该页面代码在浏览器中的显示效果。

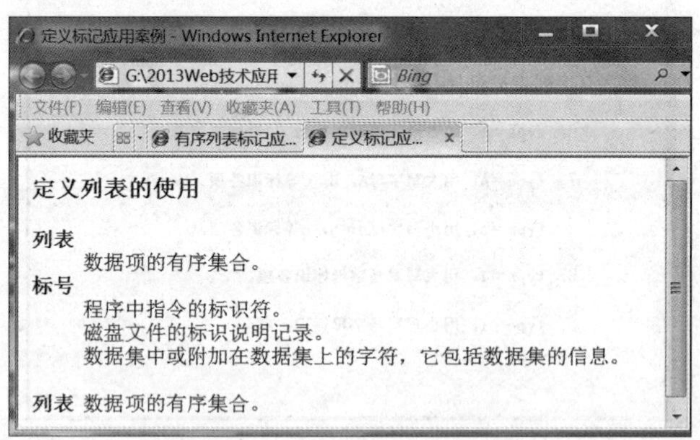

图 4-10 定义列表标记应用案例

4.4.3 块容器标记<div>和<span>

在版面设计时，有时需要将页面分成几块，这些块就像一个个容器，把相关主题的内容、图像、动画和文字组装到一起，以使内容主题突显。

1. <div>标记

语法：

```
<div align=left|center|right|justify style=CSS 样式>…</div >
```

<div>标记之间可以容纳多个不同的 HTML 标记和显示元素。在<div>前和</div>后都会自动换行，形成一个独立的块。块是一个对象，可以被调用。align 属性值：left(左对齐)、center(居中对齐)、right(右对齐)、justify(两端对齐)。style 属性定义块内的显示样式，包括字体、字符颜色、背景色等。

2. <span>标记

语法：

```
<span>…</span>
```

<span>之间也可以容纳多个不同的 HTML 标记和语言元素，但是它是一个行内标记，在<span>和</span>前后不会自动换行。<span>标记没有 align 属性。

例 4.11 在页面上显示三个不同主题，应用块容器标记把页面分成三块。ex4-11. html 源代码如下，显示效果见图 4-11。

图 4-11 块容器标记应用案例

```
<html>
<head><title>块容器标记应用</title></head>
    <body>
      <div style="background:d0d0d0">
          
        <img src="图 4-11_1.gif" width="60"
        height="80">
        <font size=2>猫</font>
        <img src="图 4-11_2.gif" width="60"
        height="80">
      </div><br><br>
      <span style="background:d0d0d0"><font size=2>鳄鱼</font>
        <img src="图 4-11_3.gif" width="60" height="80">
      </span>     
      <span style="background:d0d0d0"><font size=2>海豚</font>
        <img src="图 4-11_4.gif" width="60" height="80">
      </span>
</body></html>
```

4.5 超链接标记

超链接标记是超文本的基本结构，它可以从当前 Web 页面定义的位置跳转到其他位置，包括同一页面的其他位置、Internet 上的另一个 Web 页面、本地硬盘或局域网上的文件、声音或图像文件、FTP 或 Telnet 站点、电子信箱等。

为执行链接动作，开发者要做三件事：

(1) 用标记<a>和</a>说明超链接的开始与结束。

(2) 提供单击的热点，也就是单击谁。

(3) 给出链接目的地址 URL，即单击后跳到哪里。

4.5.1 超链接标记<a>…</a>

语法：

```
<a href=链接目的地 URL  target="目标窗口">热点</a>
```

href 属性指明所要链接资源文件的 URL，在标记<a>和</a>之间的热点是提示文字或图像，文字一般是蓝色带下划线高亮显示。

目的地 URL 可以是绝对路径，也可以是相对路径。

(1) 绝对路径，<a href= "http://域名/文件夹名/文件名">。例如：

<a href= "http://localhost:8080/bookshop/index. html">，单击热点，直接跳转到 index. html 页面。

(2) 相对路径，<a href= "文件夹名/文件夹名/文件名">。如果在 HTML 文档的文件头部分，则给出页面的基地址。例如：

```
<head>
    <base href="http://localhost:8080/bookshop/index.html">
</head>          基地址
```

那么在文件体中：

- <a href= "ex01. html">，跳转到当前目录（bookshop 目录）下的 ex01. html 页面。
- <a href= "/ex02. html">，是 bookshop 上一级目录下的 ex02. htm 文件，即 http://localhost:8080/ex02. html。

例 4. 12 ex4-12. html 和 ex4-12_1. html 演示了不同 Web 页面之间的链接。ex4-12. html 文件代码清单如下：

```
<html><head>
<title>超链接标记应用</title>
</head>
<body><center>
<a href="ex4-12_1.html">下一页</a><p>
<a href="ex4-12_1.html"><img src="ex4-04.jpg" width=82 height=62></a><p>
超链接标记的功能</center>
</body>
</html>
```

ex4-12_1.html 文件代码清单如下：

```
<html><head>
<title>超链接标记应用</title>
</head>
<body>
<a href="ex4-12.html">上一页</a><p>
```

超链接标记是超文本的基本结构，它可以从当前 Web 页面定义的位置跳转到其他位置，包括同一页面的其他位置、Internet 上的另一个 Web 页面、本地硬盘或局域网上的文件、声音或图像文件、FTP 或 Telnet 站点、电子信箱等。

```
</body></html>
```

ex4-12.html 和 ex4-12_1.html 在浏览器中的显示结果见图 4-12。在文件 ex4-12.html 显示的页面上（见图 4-12(a)）单击“下一页”或图像时，即可链接到由图 ex4-12_1.html 文件显示的网页（见图 4-12(b)）。

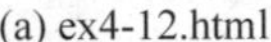
(a) ex4-12.html

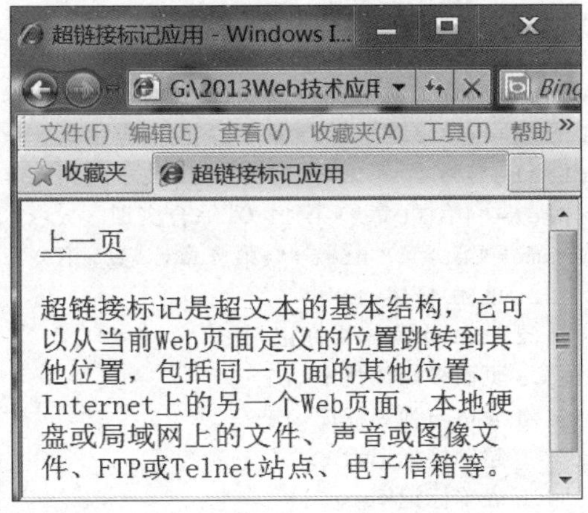

(b) ex4-12_1.html

图 4-12 超级链接应用案例

4.5.2 同一页面间的链接

如果一个页面内容比较多，页面就会长些，不便阅读。为阅读快捷，作者常分出目录，用目录名点明内容主题。读者单击目录名，即可跳转到相关内容（即链接到本文档指定的位置），从而加快了阅读速度。为完成此任务，浏览器必须知道：指定位置在何处，它叫什么名字。所以，为标记位置，要给指定位置起个名字，即锚名。

语法：

```
<a href="#锚名">标题名</a>
⋮
```

```
<a name="锚名">标题内容</a>
```

name 属性为“标题内容”所在的位置创建一个“锚名”。锚名是用户标识符，在一个页面中是唯一的。href 属性给出链接的目的地位置，即 name 属性给出的锚名所在的位置。在锚名前加“#”，浏览器就会在本页面查找锚名，跳转到指定位置。

例 4.13 文件 ex4-13.html 说明了同一页面间链接的应用，页面代码如下：

```
<html><head>
    <title>同一页面间的链接</title>
</head>
<body>
<h1>Web 技术应用基础</h1>
<a href="#第 1 章">第 1 章 Web 技术概述</a><p>
<a href="#第 2 章">第 2 章 Web 应用环境构建技术</a><p>
<a href="#第 3 章">第 3 章 基于 Web 方式的信息系统开发案例 </a><p>
<a name="第 4 章标题" href="#第 4 章" >第 4 章 HTML</a><p>
<a href="#第 5 章">第 5 章 CSS</a><p>
<a href="#第 6 章">第 6 章 XML<p>
<a href="#第 7 章">第 7 章 JavaScript</a><p>
<a href="#第 8 章">第 8 章 Web 数据库编程技术</a><p>
<a href="#第 9 章">第 9 章 JSP 技术应用</a><p>
<a href="#第 10 章">第 10 章 ASP 技术应用</a><p>
<a href="#第 11 章">第 11 章 综合实训</a><p>
<a name="第 4 章" href="#第 4 章标题">第 4 章 HTML</a><br>
    4.1 HTML 概述<br>
    4.2 HTML 页面修饰标记<br>
    4.3 页面多媒体技术<br>
    4.4 表格与列表标记<br>
    4.5 超链接标记<br>
    4.6 表单标记<br>
    4.7 窗口框架标记<br>
</body></html>
```

页面显示结果如图 4-13 所示。单击图 4-13(a)的“第 4 章 HTML 应用”文本，即可跳转到网页中具有目标名<a name="第 4 章" href="#第 4 章标题">第 4 章 HTML</a>标记的位置，如图 4-13(b)所示。

4.5.3 链接到其他文档指定位置

要链接到其他文档指定的位置，需要告诉浏览器其他文档的 URL+表征位置的锚名。把语句<a href="#锚名">标题名</a>的 href 改为 href="其他文件 URL#锚名"即可。

例 4.14 把例 4.13 中的章标题放在一个文件中，文件名为 ex4-14.html。章节内容放在另一个文件 ex4-14_1.html 内。单击第一个文件的章名，跳到第二个文件该章节的

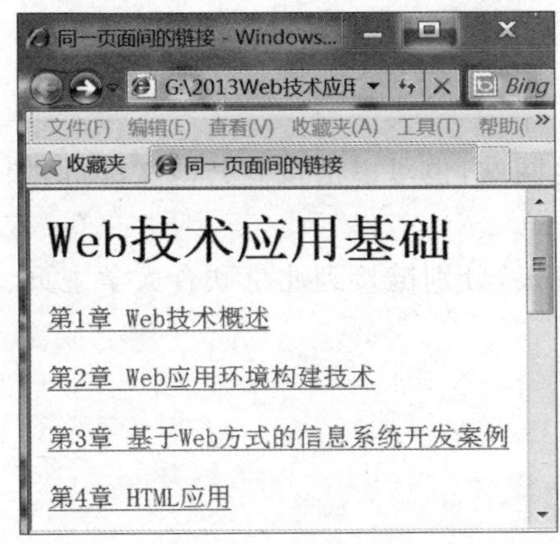

(a) 跳转前

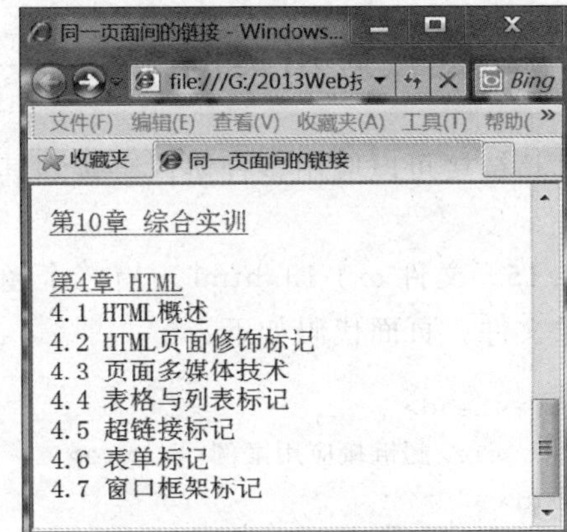

(b) 跳转后

图 4-13 同一页面间超链接应用案例

相应的位置。ex4-14.html 代码清单如下：

```
<html><head><title>链接到其他文档指定位置</title></head>
<body>
<h2>Web 技术应用基础</h2><p>
<a name="第 1 章标题"  href="ex4-14_1.html#第 1 章"><h4>第 1 章 Web 技术概述</h4>
</a><p>
<a name="第 4 章标题"  href="ex4-14_1.html#第 4 章"><h4>第 4 章 HTML 应用</h4></a>
</body></html>
```

ex4-14_1.html

```
<html><head><title>链接到其他文档指定位置</title></head>
<body>
<a name="第 1 章"  href="ex4-14.html#第 1 章标题"><h2>第 1 章 Web 技术概述</h2>
    1.1 Web 简介<br>
    1.2 计算机网络基础<br>
    1.3 IP 地址、域名和 URL<br>
    1.4 Web 基础知识<br>
    1.5 Web 数据库<p></a><br><br><br><br><br><br><br><br><br><br><br><br>
<a name="第 4 章"  href="ex4-14.html#第 4 章标题"><h2>第 4 章 HTML</h2>
    4.1 HTML 概述<br>
    4.2 HTML 页面修饰标记<br>
    4.3 页面多媒体技术<br>
    4.4 表格与列表标记<br>
    4.5 超链接标记<br>
    4.6 表单标记<br>
    4.7 窗口框架标记<br></a>
</body></html>
```

读者可以在浏览器中演示效果。

4.5.4 超链接应用案例

通过超链接可以应用多种协议链接到其他网站，也可以链接到其他文件，例如音乐和影像文件。

例 4.15 文件 ex4-15.html 上有三个超链接，分别链接到北京联合大学主页、播放音乐或影像文件。页面代码如下：

```
<html><head>
    <title>超链接应用案例</title>
</head>
<body>
<a href="http://www.buu.edu.com">北京联合大学主页</a><p>
<a href="音乐文件.mid">播放音乐文件</a><p>
<a href="影像文件.mpg">播放影像文件</a><p>
</body></html>
```

文件 ex4-14.html 在浏览器中的显示效果如图 4-14(a)所示。依次单击页面上的超链接，将分别链接到北京联合大学主页、播放音乐文件或影像文件，图 4-14(b)显示链接到北京联合大学主页。

(a) ex4–14.html (b) 北京联合大学主页

图 4-14 超链接应用案例

4.6 表单标记

4.6.1 表单的功能

<form>标记在页面中产生表单，表单提供与客户交互的界面。表单要处理以下三件事：

(1) 提供输入信息的控件，如文本框、单选按钮、复选框等。

(2) 说明提交信息的方式，信息以何种方式传递给服务器。

(3) 指出将信息提交给谁来处理，即服务器端的哪个应用程序来处理这些信息。

表单的定义标记是<form>，表单中包含的三个基本控制标记是<input>、<select>和<textarea>。

4.6.2 表单定义标记<form>…</form>

语法：

```
<form method="post|get" action="URL" name="表单名" enctype="type">…</form>
```

<form>标记具有以下属性。

(1) method：指定表单中输入数据的传输方法，它的取值是 get 或 post，默认值是 get。

- 当 method=get 时，请求页面可以通过电子邮件发送或设置为书签。表单中输入数据附加到 action 中指定的 URL 后面，以请求参数形式发送过去，在浏览器的地址栏日可以看到这些信息，不够安全。传送数据量不能太大。
- method=post 时，post 将表单中的数据和调用程序分开。发送数据时在消息体中发送，使用 post 比较安全，发送信息量没有大小限制，适合传送大量数据。但是，请求页面不可以通过电子邮件发送或设置为书签。

(2) action：用来指定完成表单信息处理任务服务器程序的完整 URL，例如 http://www.buu.edu.cn/bin/ReaderNote.jsp。

(3) name 属性是可选项，开发者可以为表单命名，以便区别页面上的多个表单。

(4) enctype：指定表单中输入数据的编码方法。在 method=post 情况下才有效。

4.6.3 输入标记<input>

<input>标记定义输入控件，它的类型由 type 属性来确定。

语法：

```
<input type=控件类型  name=控件名称 … >
```

<input>标记的属性如下。

(1) name：定义控件的名字，以区别同一表单多个相同类型的控件，作用域为本表单。

(2) value：设置控件输入域的初始值。

(3) maxlength：定义控件输入域中允许输入的最多字符数。

(4) size：定义控件输入域的大小。

(5) checked：设置复选框和单选按钮的初始状态。

(6) URL 和 align：指定在图像按钮中使用的图像所在位置(URL)和图像的对齐

方式。

(7) type：用以指定控件的类型，例如 text(文本框)、radio(单选按钮)等，默认值是 text。type 组件类型及它们的名称、作用见表 4-9。

表 4-9　type 组件

type 组件类型	组件名称及作用
button	按钮，可以创建提交按钮、复位按钮和普通按钮
text	文本框，接收任何形式的输入，如字母、数字等
password	口令框，用・号代替输入字符的显示
checkbox	复选框，提供多项选择
radio	单选按钮，提供单项选择
submit	提交按钮，单击提交按钮，发送表单信息提交服务器
image	图像按钮，单击图像，发送表单信息提交服务器
reset	复位按钮，把表单上的组件值恢复为默认值
hidden	隐藏表单组件，把表单中一个或多个组件隐藏起来
textarea	多行文本框
file	上载文件

注意：对一组单选按钮中的所有按钮必须起相同的名字，以便浏览器把它们归在同一组内，每次只能选一项。对一组复选框中的各个框要起不同名字，以便客户可以做多项选择。

4.6.4　下拉列表框标记<select>…</select>

语法：

```
<select  name="下拉列表框名称" size="下拉列表框显示的行数">
    <option value="控件的初始值" selected >选项描述
    <option value="控件的初始值"           >选项描述
    ……
</select>
```

使用<select>标记定义下拉式列表框和滚动式列表框。<select>标记具有三个属性。

(1) name：指定下拉列表框的名字。

(2) size：定义一次可以看见的列表项的数目。

(3) multiple：允许进行多项选择。

使用<select>标记定义列表框时，由<option>标记定义列表框的各个选项。<option>标记具有以下属性。

(1) selected：表示该项预先选定。

(2) value：指定控件的初始值。

4.6.5 多行文本框标记<textarea>…</textarea>

语法：

```
<textarea name="多行文本框名称" cols=文本宽度 rows=文本区行数>…</textarea>
```

<textarea>标记的作用与文本框类似，用来输入文本信息，其中 cols 属性以字符为单位。

4.6.6 表单标记应用案例

例 4.16 ex4-16.html 说明了表单标记的使用，代码清单如下：

```
<html><head>
   <title>表单标记应用案例</title>
</head>
<body>
<form method="post" action="travel.asp">
请输入姓名：<input type=text name="txtname" size=12 maxlength=6><p>
请输入密码：<input type=password name="pasname" size=12 maxlength=6><p>
上载的文件：<input type=file name="filename" size=12 maxlength=6><p>
性别：<select  name="性别">
           <option>男
           <option>女
        </select><p>
请选择旅游城市,可做多项选择
<input type=checkbox name="复选框 1" checked>北京
<input type=checkbox name="复选框 2" >上海
<input type=checkbox name="复选框 3" >西安
<input type=checkbox name="复选框 4" >昆明<p>
请选择付款方式
<input type=radio name="单选按钮 1" >信用卡
<input type=radio name="单选按钮 1" checked>现金<p>
留言：<p>
<textarea cols=50 rows=4>请与我们联系</textarea><p>
<input type=reset name="复位按钮" value="复位">
<input type=submit name="提交按钮" value="确定">
</form>
</body></html>
```

页面在浏览器中显示如图 4-15 所示。

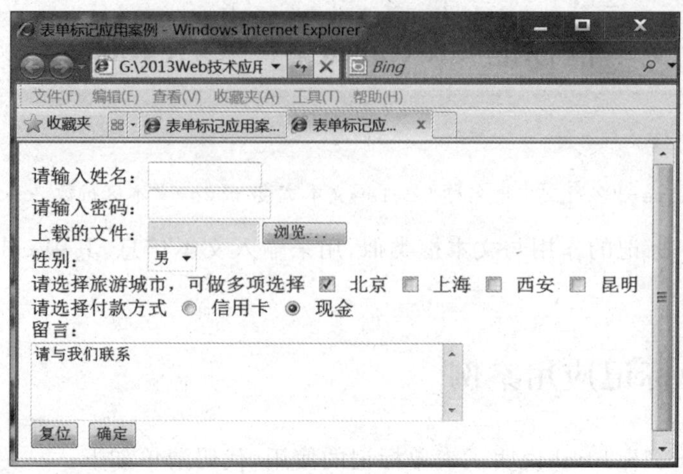

图 4-15　表单标记应用案例

4.7　窗口框架标记

使用窗口框架可以把浏览器窗口划分成几个大小不同的子窗口，每个子窗口显示不同的页面，可以在同一时间浏览不同的页面。

4.7.1　窗口框架的建立

在建立窗口框架时，先要定义一个框架集，然后逐个定义每个窗口。

语法：

```
<frameset rows="行高列表" cols="列宽列表" frameborder=0|1 border=n bordercolor
=颜色>…</frameset>
```

<frameset>属性应用如下。

(1) rows：说明窗口水平分割情况。“行高列表”是一组用“，”分开的数值，指定了各子窗口的高度，可以用百分数来表示，也可以用像素表示。

(2) cols：说明窗口垂直分割情况。“列宽列表”也是一组用“，”分开的数，定义了各子窗口的宽度。

(3) frameborder：属性指定框架中所有子窗口是否显示边框。0 是不显示边框，1 为显示边框。

(4) border：指定框架边框的宽度，以像素为单位。

(5) bordercolor：指定框架边框的颜色。

4.7.2 子窗口的建立

<frame>标记定义子窗口。

语法：

```
<frame src="子窗口显示文件的 URL" name="子窗口名称">…</frame>
```

4.7.3 窗口框架应用案例

例 4.17 本例说明了窗口标记的使用。

(1) 框架集 ex4-17.html 的代码清单如下：

```
<html><head>
    <title>窗口框架应用案例</title>
</head>
<frameset rows="30%,*" border=5>
     <frame src="top.html" name="top">
     <frameset cols="30%,*">
         <frame src="left.html" name="left">
         <frame src="right.html" name="main">
     </frameset>
</frameset>
</html>
```

(2) 顶层子窗口 top.html 的代码清单如下：

```
<html><head>
    <title>网上书店</title></head>
<body><center>
<font face="华文彩云" size=7 color=blue><i>网 上 书 店</i></center>
</body></html>
```

(3) 左边子窗口 left.html 的代码清单如下：

```
<html><head>
    <title>网上书店</title></head>
<body><center>
<a href="ex4-03.html" target="main">页面修饰标记的应用</a><p>
<a href="ex4-08.html" target="main">无序列表标记的应用</a><p>
</body>
</html>
```

其中超链接标记<a>的 target 属性指明链接到的子窗口的名称。

(4) 右边子窗口设置了一幅背景图片，right.html 的代码清单如下：

```
<html><head>
    <title>网上书店</title></head>
<body background="back1.gif">
</body>
</html>
```

页面在浏览器中显示如图 4-16 所示。

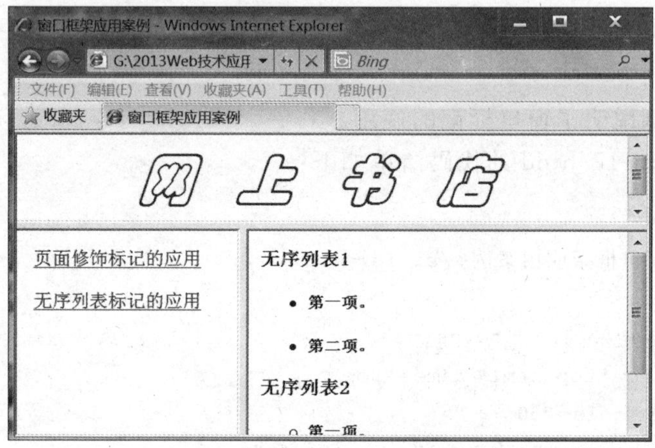

图 4-16　窗口框架应用案例

4.8　HTML 应用案例

4.8.1　页面动态刷新

页面动态刷新功能可使一个页面停留几秒钟后，自动转跳到另一个页面。

语法：

```
<meta http-equiv="refresh" content="秒数;URL=目标网址">
```

例 4.18　说明页面动态刷新功能的 ex4-18.html 代码清单如下：

```
<html><head>
    <meta http-equiv="refresh" content=6;URL=ex4-17.html>
    <title>页面动态刷新功能案例</title>
</head>
<body>
  6秒钟后自动跳转到"网上书店"页面
</body></html>
```

读者可以自行在浏览器中测试该页面的显示效果。

4.8.2 文字移动

在页面中显示移动的文字，也称走马灯。

语法格式 1：

```
<marquee direction=移动方向>移动文字或图像</marquee>
```

语法格式 2：

```
<marquee behavior=移动方式>移动文字或图像</marquee>
```

<marquee>属性值如下。

(1) direction：设置移动方向，可取值，left|right|top|down，默认 left。left 从右向左移动，right 从左向右移动，top 从下向上移动，down 从上向下移动。

(2) behavior：设置移动方式，可取值，scroll|slide|alternate。scroll 从右向左移动。slide 从右向左移动，到左边后停止。alternate 从右向左，然后再从左向右不断移动。

(3) width 和 height：移动区域的高度和宽度(以像素为单位)。

(4) scrolldelay：移动延迟时间，以毫秒为单位，默认值 90ms。

(5) bgcolor：移动区域背景色。

例 4.19 说明文字移动功能的文件 ex4-19.html 代码清单如下：

```
<html><head>
    <title>文字移动功能案例</title>
</head>
<body><center>
  <marquee height=50 width=400 direction=right behavior=alternate bgcolor=
  #ddffff>
  <font face="隶书" size=5 color=red>Web 技术应用基础</font>
  </marquee></center>
</body></html>
```

ex4-19.html 代码在浏览器中的显示效果如图 4-17 所示，文字“Web 技术应用基础”在屏幕上移动显示。

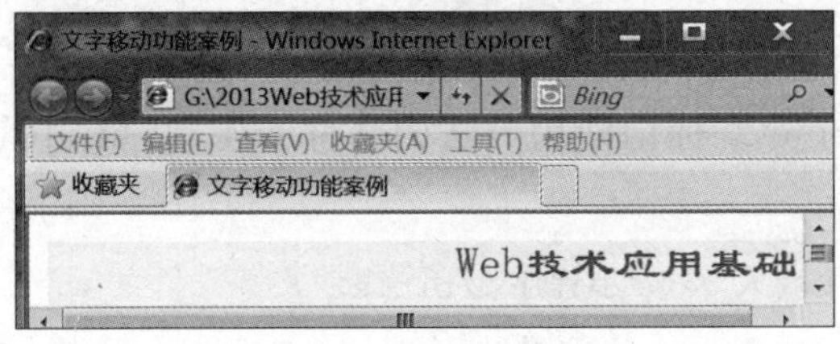

图 4-17 文字移动

4.8.3 浮动窗口

在页面内创建一个浮动窗口。

语法：

```
<iframe>
    有关浏览器不支持浮动窗口的文字说明
</iframe>
```

<iframe>标记在页面内部创建一个浮动窗口，使用方法与<frame>标记类似。

例 4.20 说明浮动窗口功能的文件 ex4-20.html 代码清单如下：

```
<html><head>
    <title>浮动窗口应用案例</title>
</head>
<body><center>
  <iframe name="float">
     浮动窗口
  </iframe><p>
  <a href="ex4-02.html" target="float">
页面修饰标记的应用</a><p>
  <a href="ex4-08.html" target="float">
无序列表标记的应用</a><p></center>
</body></html>
```

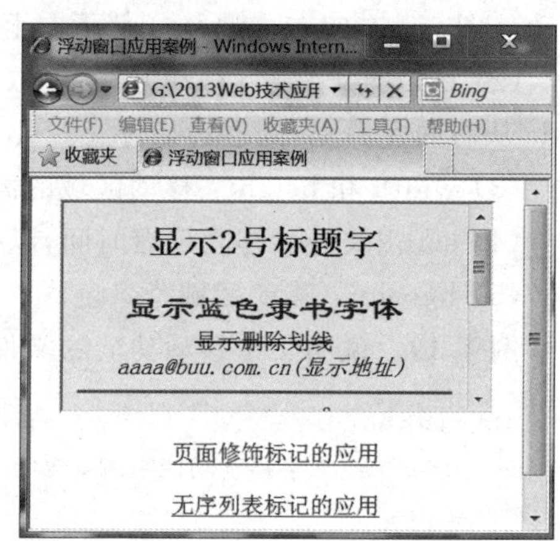

图 4-18 浮动窗口

ex4-20.html 代码在浏览器中的显示效果如图 4-18 所示。

4.8.4 在页面中嵌入 Java 小程序

Java 小应用程序是用 Java 语言编写的一段代码，它被嵌入 HTML 页面中，在浏览器环境中运行。

语法：

```
<applet code=Applet 文件名称 width=宽度 height=高度> (</applet>
```

例 4.21 说明<applet>标记使用方法的文件 ex4-21.html 代码清单如下：

```
<html><head>
    <title>在页面中嵌入 Java 小程序</title>
</head>
<body>
<hr>
<applet code=RollingMessage.class width=500 height=80>
```

```
</applet>
<hr>
</body></html>
```

语法说明：在 ex4-21. html 代码中嵌入 Java 小程序 RollingMessage. class，RollingMessage. class 是由 RollingMessage. java 生成的字节码文件。RollingMessage 程序的功能是动态显示文字，使文字“欢迎学习 Web 技术应用基础!”一个字、一个字地显示。ex4-18. html 代码在浏览器中的显示效果如图 4-19 所示。

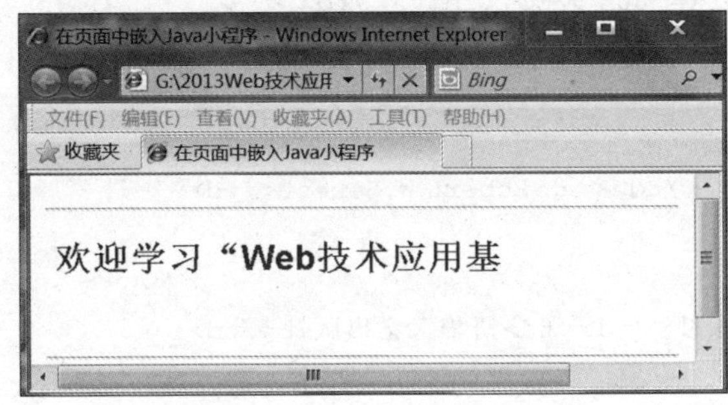

图 4-19　在页面中嵌入 Java 小程序

4.8.5　使用表格技术布局新书架页面

例 4.22　使用表格布局页面，使新书的图片、说明排列有序，一目了然。表格可用来布局网页，将页面文字、图像合理分布，精确定位。应用表格布局如图 4-20 所示的“新书架”页面，页面中有一个表格，一行两列；在单元格中又嵌入了表格，内嵌表格五行三列。

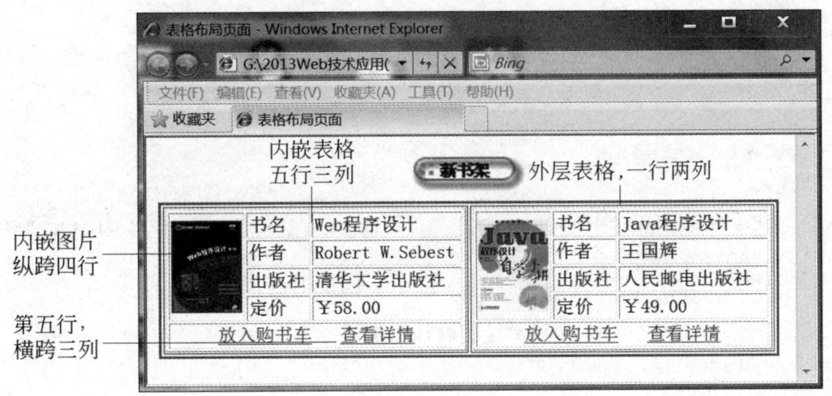

图 4-20　表格布局“新书架”页面

ex4-22. html 代码清单如下：

```
<html><head><title>表格布局页面</title></head>
<body>
<table border=2 bordercolor=red width=530>
```

```
<caption align=center><img width=100 height=34 src=../images/xinshujia.jpg
></caption>
<tr>
  <td width="50%">
    <table border=1>
      <tr>
        <td rowspan="4"><img src="../images/9195607.jpg" width="60" height=
        "80"></td>
        <td width="30%">书名</div></td>
        <td width="70%">Web 程序设计</td>
      </tr>
      <tr>
        <td>作者</td><td>Robert W.Sebest</td>
      </tr>
      <tr>
        <td>出版社</td><td>清华大学出版社</td>
      </tr>
      <tr>
        <td>定价</td><td>￥58.00</td>
      </tr>
      <tr>
        <td colspan="3"><div align="center">
          <a href="addtocart.jsp?bookid=ISBN 7-5640-0139-9">放入购书车</a>
          <a href="bookdetail.jsp?bookid=ISBN 7-5640-0139-9">查看详情</a>
          </div>
        </td>
      </tr>
    </table>
  </td>
  <td>
    <table border=1>
      <tr>
        <td rowspan="4"><img src="../images/20137213.jpg" width="60" height
        ="80"></td>
        <td width="30%">书名</td>
        <td width="70%">Java 程序设计</td>
      </tr>
      <tr>
        <td>作者</td><td>王国辉</td>
      </tr>
      <tr>
        <td>出版社</td><td>人民邮电出版社</td>
      </tr>
      <tr>
```

```
      <td>定价</td><td>￥49.00</td>
    </tr>
    <tr>
      <td colspan="3"><div align="center">
        <a href="addtocart.jsp?bookid=ISBN 7-5640-0165-8">放入购书车</a>
        <a href="bookdetail.jsp?bookid=ISBN 7-5640-0165-8">查看详情</a>
        </div>
      </td>
    </tr>
  </table></td>
</tr>
</table>
</body></html>
```

4.9 网上书店主界面的实现

网上书店的主界面见第3章的图3 5,文件名为indcx.jsp。把其中的框架结构代码提取出来,代码段如下:

```
<body >
<div align="center">
  <table width="750" border="0" cellspacing="1" cellpadding="1">
    <tr>
      <td colspan="2">
        <div align="center">
          <%@include file="top.jsp" %><!--显示 top.jsp-->
        </div></td>
    </tr>
    <tr>
      <td width="25%" valign="top">
        <%@include file="declare.jsp" %><!--显示公告栏-->
        <%@include file="login.jsp" %>   <!--显示用户登录-->
        <%@include file="search.jsp" %>  <!--显示书目搜索-->
      </td>
      <td width="75%" valign="top">
        <!--显示精品图书-->
        <!--显示新书架-->
    </td>
    </tr>
    <tr>
      <td colspan="2">
        <%@include file="bottom.jsp" %><!--显示 bottom.jsp-->
```

```
      </td>
    </tr>
  </table>
</div>
</body>
```

小　　结

(1) HTML 是 Internet 上最基本的发布语言，标记定义了页面内容的显示方式。HTML 文档分为两部分，文件头使用标记<head>界定，文件体用标记<body>界定。

(2) 文字显示方式标记规定了文字以何种方式显示，主要有：字体标记<font>、标题标记<hi>、文字变化标记和特殊字符标记。

(3) 文字布局标记使页面内容排列有序，主要有：段落标记<p>、换行标记
、禁止换行标记<nobr>、水平线标记<hr>和块容器<div><span>。

(4) 多媒体标记可在页面中嵌入图像、音乐或影视，主要有：图像标记<img>、背景音乐标记<bgsound>和影视标记<embed>。

(5) 使用超链接标记<a>可以链接到网上其他资源处。

(6) 使用表格标记<table>布局页面、分类数据，使得页面显示规律整齐。

(7) 客户提交信息使用表单标记<form>。

(8) 可用窗口框架标记<frameset>布局页面。

习题、上机练习与实训 4

一、选择题

1. 为使页面具有蓝背景色，(　　)语句正确。

   A. <body background=blue>　　B. <body text=blue>

   C. <body vlink=blue>　　D. <body bgcolor=blue>

2. 以下代码段显示(　　)。

```
<ul >
    <li>列表</li>
    <li>列表</li>
</ul>
```

   A. 以字母 a 开始的有序列表　　B. 以实心圆点标记的无序列表

   C. 以空心圆点标记的无序列表　　D. 描述列表

3. 以下语句描述(　　)正确。

```
<img src="..\images\xinxinqu.jpg" >
```

A. 在页面上插入一幅图像　　　　　　　　B. 在页面上插入一首歌曲

C. 插入一段影视　　　　　　　　　　　　D. 插入一段文字

4. 为链接到文件 chaolianjie.html 中名为“内容简介”位置，语句(　　)正确。

A. ＜a　href＝"内容简介"＞

B. ＜a href＝"chaolianjie.html 内容简介"＞

C. ＜a　href＝"chaolianjie.html "＞

D. ＜a href＝"chaolianjie.html＃内容简介"＞

5. 以下代码段创建一个(　　)的表格。

```
<table>
  <tr>
    <td>Web 技术 </td>
    <td>Web 技术</td>
  </tr>
</table>
```

A. 一行两列边框为 1　　　　　　　　　　B. 两行一列没有边框

C. 一行两列没有边框　　　　　　　　　　D. 两行一列边框为 1

6. 以下代码段创建一个(　　)的表格。

```
<table border=2>
  <tr><th rowspan=3>  </th><th> </th></tr>
  <tr><td>  </td></tr>
  <tr><td>  </td></tr>
</table>
```

A. 三行两列 6 个单元格　　　　　　　　B. 三行两列 4 个单元格

C. 两行三列 6 个单元格　　　　　　　　D. 两行三列 5 个单元格

7. 以下代码段(　　)。

```
请选择兴趣<br>
  <input type=checkbox name="复选框"  checked>旅游
  <input type=checkbox name="复选框">音乐
请选择性别:
  <input type=radio name="单选按钮 1" >男
  <input type=radio name="单选按钮 2" >女
```

A. 非常正确

B. 改为：一组复选框用不同的名字，一组单选钮用相同名字

C. 改为：一组单选按钮要用相同的名字

D. 改为：一组复选框要用不同的名字

二、简答题

1. HTML 的中文名称和英文名称是什么？它在页面中起什么作用？

2. HTML 标记是否区分大小写？可以嵌套使用吗？

3. HTML文档的扩展名是什么？

4. 简述HTML文件结构？以什么标记开始，以什么标记结束。用什么标记把文档分为两部分？

5. 在HTML中，标记<font>的size属性的最大值和最小值是多少？

6. 在HTML文档中页面背景色和字体颜色如何表示？

7. 在HTML文档中<p>标记和
标记的区别是什么？

8. 预格式化标记<pre>的作用是什么？

9. 图像标记的alt属性起什么作用？

10. 表单在页面中起什么作用？它包含哪些元素？

11. 超链接标记的作用是什么？如何使用超链接标记链接到其他网站、页面、音乐和影像文件？

12. 链接到本文档指定位置与链接到其他文档指定位置，href属性值的区别是什么？

13. 表格标记可以嵌套使用吗？使用时的注意事项是什么？

14. 文本框控件的属性size与maxlenght的区别是什么？

15. 一组单选按钮与一组复选框的作用有什么区别？创建时要注意什么？

16. 简述在表单中，method=get与method=post的区别。

三、上机练习

1. 应用HTML制作第一个页面，页面上有一幅图像和有关图像的文字说明。

2. 使用HTML制作一个页面，要有背景颜色。页面显示内容及格式如图4-21所示。

3. 制作一个页面，有背景音乐，上面有文字和图像。在文字和图像上创建超级链接，单击链接时，页面转跳到其他页面。

4. 制作一个本学期使用的课表。

5. 制作一个“计算器”界面，界面如图4-22所示。

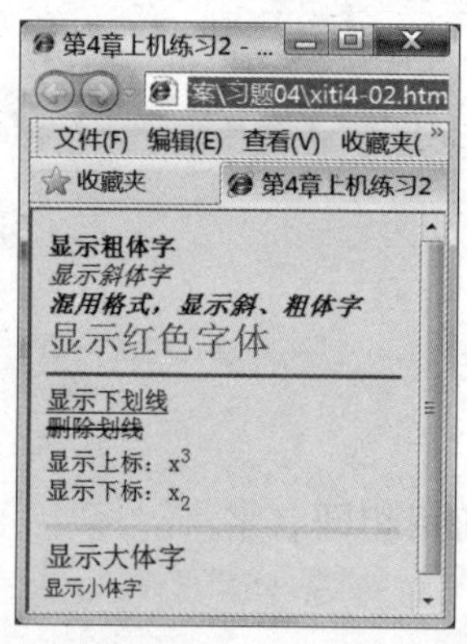

图4-21　页面显示内容及格式

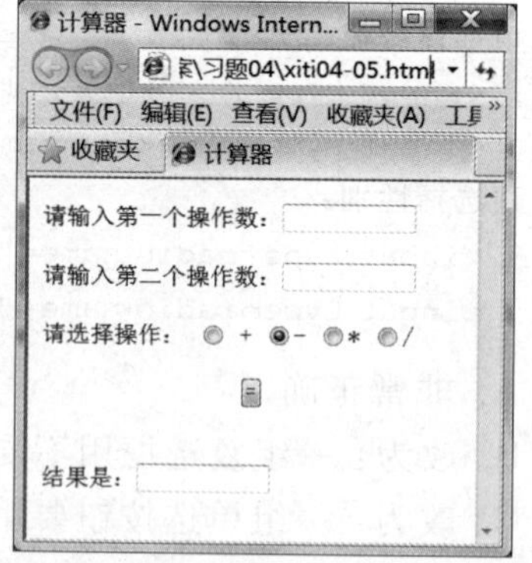

图4-22　“计算器”界面

6. 制作一个框架结构的页面，样式如图4-23所示，页面主题自定。

Top：显示logo图片和页面的标题。

Left：显示与主题相关的栏目。单击栏目超链接，在 Body 栏显示相关内容。

Body：当前页面的主要显示区域。

Bottom：显示版权信息。

7. 自定义一个主题，应具有以下基本功能：

(1) 用记事本写一个简单的策划报告。

(2) 首页。

① 自己定义一个网站标题。

② 首页框架如图 4-24 所示，每框分别显示不同的内容。

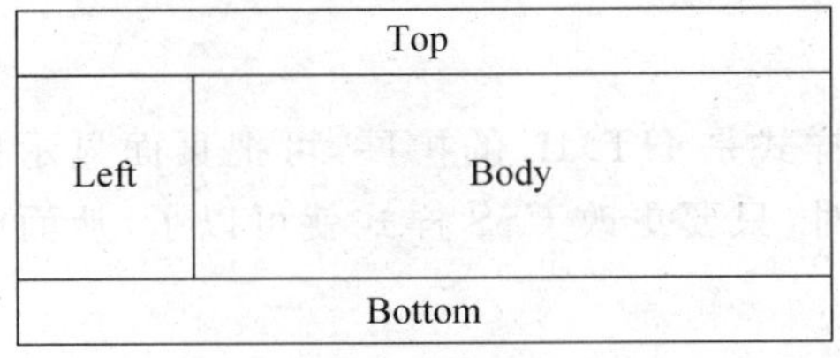

图 4-23　框架结构

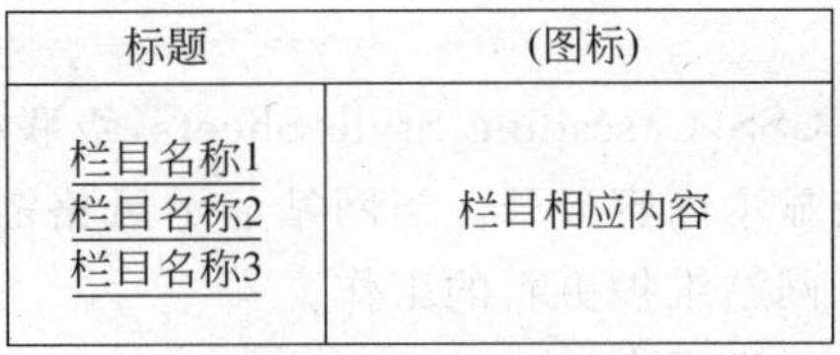

标题	(图标)
栏目名称1 栏目名称2 栏目名称3	栏目相应内容

图 4-24　网站首页框架

③ 在左框架显示栏目名称，双击栏目名称，右框架显示相应内容。

④ 采用适当的色彩、背景制作。

⑤ 二级页面有返回主页的链接。

四、实训课题

1. 自学 Dreamweaver、Flash、FrontPage 等软件，制作一个在人才市场推销自己的个人主页，并在 Web 服务器上发布。

2. 开发一个年级网站，该网站应有：

(1) 系的概貌，并介绍相关信息。

(2) 年级概貌、所学专业，并介绍相关信息。

(3) 班级的概貌，并介绍相关信息。

(4) 每个人的情况介绍。

为完成实训课题 2，需成立：

(1) 年级设计与规划小组，负责年级网站的规划、设计、信息采集与年级网站蓝图的制作，并分配与协调班级网页的制作工作。

(2) 班级设计与规划小组，负责班级网站的规划、设计、信息采集与班级网站蓝图的制作，并分配和协调个人网页的制作工作。

第5章 CSS

CSS(Cascading Style Sheets,级联样式表)样式是 HTML 的扩展,可把页面显示样式与显示内容分开。当网站显示风格需要更新时,只要更改 CSS 样式就可以了,从而简化了网站维护更新的工作。

学习要点:

(1) 熟练应用页面布局技术,使网页布局合理、内容丰富。

(2) 使用 CSS 样式使网站具有统一风格。

5.1 CSS 简介

5.1.1 CSS 作用

在 HTML 网页的代码中,网页要展示的样式是在标记内设定的。例如:

```
<h2><font color=red>你好!</h2>
```

"你好!"显示成红色,是由标记<font>内的属性"color"设定的。样式分散在各个标记中,所以在更改样式时,需要逐个修改各个标记中的属性。一个网站包含多个页面,有些页面需有相同的风格,例如标题、字体、背景色等,在创建或更新时工作量会较大。

CSS 的概念是:把网页展现的样式从网页中独立出来集中管理。如果需要改变网页样式,只需要改变样式设定部分,HTML 文件本身不需要更改。

由于 HTML 的功能有限,一般不能随意设计版面和编排文字,所以 W3C 公布了一套 HTML 的扩展标准 CSS,扩展了 HTML 在排版和文字式样上的功能。CSS 用于定义 Web 页面内容在浏览器中的显示方式,通过样式定义可以设定很多属性,如字号、颜色、页边距、元素在页面上的绝对位置等。

CSS 基于 HTML,它的基本语法仍然是 HTML。使用 CSS 就是将页面样式的定义与 HTML 文件分离开。建立定义样式的 CSS 文件后,可由 HTML 文档调用该样式文件,并按该样式显示。

5.1.2 CSS样式文件应用结构

页面的样式设定与页面内容分离后，可以把CSS样式信息存成独立的文件，使多个网页文件共享该样式文件；也可以把样式分类，分存于不同的文件。例如分为编排样式文件、字体样式文件、颜色样式文件等，把多个样式文件套用在一个网页文件上。样式文件应用结构见图5-1。

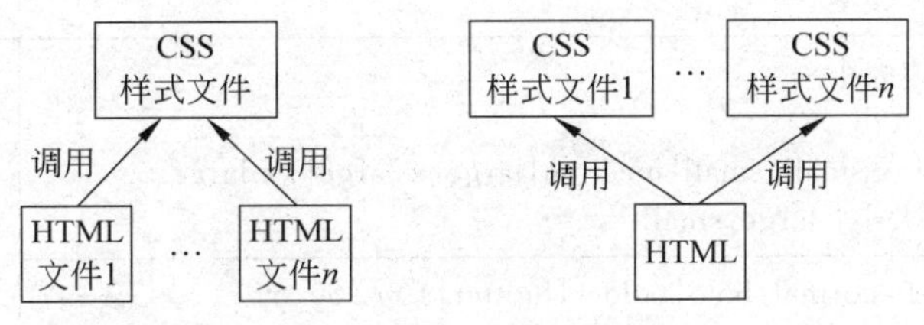

图5-1 样式文件应用结构

应用样式文件具有以下优点：

(1) 简化Web页面的格式代码。

(2) 修改样式文件可以更新整个Wcb站点的显示风格，减少网站管理与维护的工作量。

5.2 定义样式的格式

5.2.1 CSS定义

为使页面能够套用样式，浏览器需要知道：

(1) 页面上哪些部分套用样式，由选择符(Selector)选择。

(2) 被选中部分按什么规则显示，即规则(Rule)。

样式的基本语法由选择符和规则组成。定义样式的基本格式是：

```
选择符{ 规则 }
```

例如：

```
h1{ color:blue;}
```

选择符：是样式要套用的对象，一般是HTML标记。如上例的选择符是h1，选中页面标记为<h1>的内容，在HTML文件中<h1>…</h1>标记之间的内容将继承h1的全部规则。

规则：在{ }内制定规则，如上例的color: blue;。

语句h1{ color:blue;}的作用是：选择符是h1选中HTML文档中的h1标记，制定的规则是color:blue，把页面<h1>与</h1>之间的文字全部显示成蓝色。

5.2.2 CSS属性

CSS 支持的文字样式属性见表 5-1。

表 5-1 文字样式属性

属　性	功能与属性值	示　例
font-family	定义字体类型	font-family:隶书
font-size	定义字体大小 • 绝对大小: xx-small | x-small | small | medium | large | x-large | xx-large • 相对大小:large | small	font-size: x-large font-size: 60px font-size: 160% font-size: large
font-weight	字体粗细:normal | bold | bolder | lighter | 100-900	font-weight:bold
font-variant	字体变形:normal(普通) | small-caps(小型大写字母)	font-variant: normal
font-style	字体效果 normal | italic | oblique	font-style: italic

CSS 支持的颜色和背景属性见表 5-2。

表 5-2 颜色和背景属性

属　性	功能与属性值	示　例
color	定义前景色	color:red
background-color	定义背景色: 颜色 | transparent(透明)	background-color:white
background-image	定义背景图像的 URL	background-image:http://www.buu.com.cn/img/fen.gif

CSS 支持的长度单位见表 5-3。

表 5-3 CSS 支持的长度单位

类　型		说　明	示　例
相对	em	相对字符高度,以当前元素本身的 font-size 为参考依据	margin:4em
	px	以像素为单位	font-size:16px
绝对	in	英寸　1in=2.54cm	font-size:0.6in
	cm	厘米	font-size:0.6cm
	mm	毫米	font-size:6mm
	pt	点数　1pt=1/72in	font-size:40pt
	pc	印刷单位　1pc=12pt	font-size:4pc

CSS 提供光标(cursor)属性设置,共提供有 16 种光标,见表 5-4。

光标属性的应用示例为＜style＝ cursor＝"nw-resize"＞,＜style＝"cursor＝ wait"＞等。

表 5-4 光标属性

属性值	光标	属性值	光标
auto	默认值	se-resize	↘
default	↖	ne-resize	↗
move	✥	sw-resize	↙
pointer	☝	nw-resize	↖
crosshair	+	s-resize	↕
e-resize	↔	text	I
n-resize	↕	wait	⧗
w-resize	↔	help	↖?

5.3 应用 CSS 样式的 4 种方式

可以有 4 种方法将样式表的功能加到 Web 页面中。

5.3.1 直接定义 HTML 标记中的 style 属性

语法：

```
<HTML 标记名称 style="样式属性 1:属性值 1;样式属性 2:属性值 2;…">
```

5.3.2 在 HTML 文档内定义内部样式表

语法：

```
<style type="text/css">
<!--
    选择符 A1,选择符 A2,…{样式属性 1:属性值 1;样式属性 2:属性值 2;…}
    选择符 B1,选择符 B2,…{样式属性 1:属性值 1;样式属性 2:属性值 2;…}
    …
-->
</style>
```

CSS 选择符有 3 种：HTML 标记名称、class 选择符和 id 选择符。它们的定义与使用见表 5-5。

表 5-5 选择符的定义与使用

类型	语法	说明	示例
HTML 标记	定义：标记{…} HTML 文件：<标记>	在 HTML 文件中，所有该标记处文本都具有定义的 CSS 样式	h3{color:red} <h3>…</h3>

续表

类　型	语　法	说　明	示　例
class	定义：*.类名{…}或 .类名{…} HTML 文件： <标记 class=类名>	在 HTML 文件中，所有该类名处的文本都具有定义的 CSS 样式	.am{ color:red} <h3 class=am>…</h3>
	定义：标记.类名{…} HTML 文件： <标记 class=类名>	在 HTML 文件中，所有该标记及该类名处文本都具有定义的 CSS 样式	h3.am{ color:red} <h3 class=am>…</h3>
id	定义：#标识{…} HTML 文件： <标记 id=标识>	在 HTML 文件中，所有该标识处的文本都具有定义的 CSS 样式	#am{ color:red} <h3 id=am>…</h3>
	定义：标记#类名{……} HTML 文件： <标记 id=类名>	在 HTML 文件中，所有该标识及该标记处的文本都具有定义的 CSS 样式	h3#am{color:red} <h3 id=am>…</h3>

例 5.1　本例说明选择符的应用，ex5-01.html 代码清单如下：

```
<html><head>
  <title>选择符的应用</title>
</head>
<style type="text/css">                              /*定义样式*/
<!--
   h2{ color:green;
       font-family:楷体;
     }
   .redfont{font-family:华文彩云;color:red}
   h4.bluefont{font-family:隶书;color:blue}
   #id_olivefont{font-family:楷体;color:olive}
   h4#purplefont{font-family:仿宋体;color:purple}
-->
</style>
<body>
<h2>显示楷体绿色</h2>
<h3 class=redfont>显示华文彩云红色</h3>
<h4 class=bluefont>显示隶书蓝色</h4>
<h3 id=id_olivefont>显示楷体橄榄绿</h3>
<h4 id=purplefont>显示仿宋体紫色</h4>
</body></html>
```

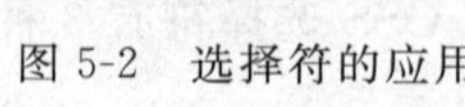

图 5-2　选择符的应用

文件 ex5-01.html 在浏览器中的显示结果如图 5-2 所示。

5.3.3　嵌入外部样式表

语法：

```
<style type="text/css">
```

```
<!--
    @import url("外部样式表文件名");
  -->
</style>
```

5.3.4 链接外部样式表

语法：

```
<link type="text/css" rel=stylesheet href="外部样式文件名">
```

5.4 样式表应用案例

使用直接定义 HTML 标记中的 style 属性、定义内部样式表、嵌入外部样式表和链接外部样式表这四种方法，实现图 5-3 所示的功能。

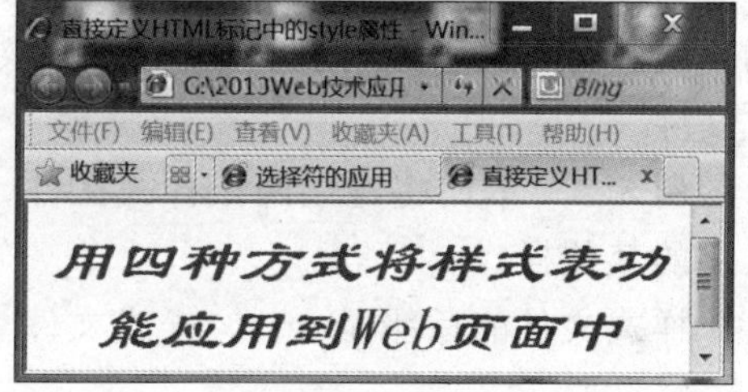

图 5-3 需要完成的 Web 页面

1. 直接定义 HTML 标记中的 style 属性

例 5.2 直接在 HTML 标记中插入 style 属性，只能控制该处的样式。ex5-02.html 代码清单如下：

```
<html><head>
  <title>直接定义 HTML 标记中的 style 属性
</title>
</head>
<body>
<h1 style="color:green;text-align:center;font-style:italic;font-family:隶书;
font-size:x-large;">
  用四种方式将样式表功能应用到 Web 页面中</h1>
</body></html>
```

2. 定义内部样式表

例 5.3 本例说明内部定义样式表的应用，ex5-03.html 代码清单如下：

```
<html><head>
  <title>定义内部样式表</title>
<style type="text/css">   /* 定义样式 */
<!--
   h1{color:green;
      text-align:center;
      font-style:italic;
```

```
        font-family:隶书;
        font-size:x-large;
      }
-->
</style>
</head>
<body>
    <h1>用四种方式将样式表功能应用到 Web 页面中</h1>
</body></html>
```

语法说明：

- 样式定义在文件头中，其有效范围是整个网页，且将样式设定与网页内容分开。
- 第 3 行<style type="text/css"> style 标记的属性 type 指明使用 css。
- 在<style>标记内加上注释符号<! ——…——>，可以使不支持 CSS 的浏览器忽略这段内容。

3. 嵌入外部样式表

当多个网页具有相同样式时，可以使用样式文件把设定的样式集中起来，并存成独立的样式文件，以使多个网页共享该样式文件；也可以将样式分类，使一个网页套用多个样式文件。

例 5.4 本例将建立两个样式文件，style1.css 文件保存文字的颜色，style2.css 保存文字的其他样式。

样式文件的后缀是.css。样式文件 style1.css 文件的代码清单如下：

```
h1  { color:green;
    }
```

样式文件 style2.css 文件的代码清单如下：

```
h1  { text-align:center;
      font-style:italic;
      font-family:隶书;
      font-size:x-large;
    }
```

文件 ex5-04.html 代码清单如下：

```
<html><head>
<title>嵌入外部样式表</title>
<style type="text/css">   /*定义样式*/
<!--
    @import url("style1.css");
    @import url("style2.css");
-->
</style>
</head>
```

```
<body>
    <h1>用四种方式将样式表功能应用到 Web 页面中</h1>
</body></html>
```

4. 链接外部样式表

例 5.5 链接外部样式文件的 HTML 文件的页面代码 ex5-05.html 如下：

```
<html><head>
    <title>链接外部样式表</title>
    <link rel=stylesheet type="text/css" href="style1.css">
    <link rel=stylesheet type="text/css" href="style2.css">
</head>
<body>
    <h1>用四种方式将样式表功能应用到 Web 页面中</h1>
</body></html>
```

5.5 页面定位

页面定位是指网页作者可以精确地将一个网页元素定位在页面的某一个位置。对 CSS 中几个页面定位元素说明如下。

(1) position：可以把页面元素精确定位，它有 3 种设定方式 absolute/relative/static (绝对位置/相对位置/静态位置)。

- absolute：页面对象的绝对位置，原点在窗口的左上角。
- relative：页面对象与 HTML 代码中上一个对象的相对位置。
- static：静态位置，该值是默认值，页面对象将根据 HTML 源代码的位置顺序显示。

(2) left：元素的左边距。

(3) top：元素的顶边距。

(4) width：元素的宽度。

(5) height：元素的高度。

(6) z-index：定义页面元素在 Z 轴上的位置，Z 轴的定义从后到前。

例 5.6 制作一个页面，在页面中使文字有部分重叠。ex5-06.html 的代码清单如下：

```
<html><head>
<title>定位技术的应用</title>
<style type="text/css">
  span{font-size:28pt;font-family:"隶书"}
  span.level2{position:absolute;z-index:2;left:100;top:100;color:green}
  span.level1{position:absolute;z-index:1;left:103;top:103;color:red}
  span.level0{position:absolute;z-index:0;left:106;top:106;color:yellow}
```

```
  p.lev1{position:absolute;z-index:2;left:50;top:50;font-size:20pt;color:
  blue}
  p.lev2{position:absolute;z-index:-2;left:52;top:52;font-size:20pt;color:
  darkred}
</style>
</head>
<body>
  <span class="level2">Web技术应用基础</span>
  <span class="level1">Web技术应用基础</span>
  <span class="level0">Web技术应用基础</span>
  <p class="lev1">欢迎学习</span>
  <p class="lev2">欢迎学习</span>
</body></html>
```

在浏览器中的显示结果如图 5-4 所示。

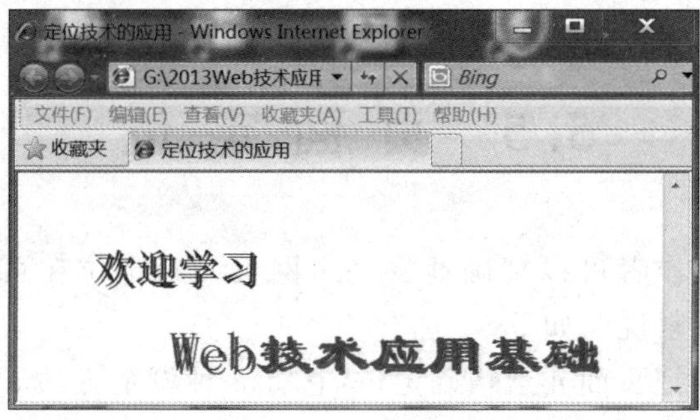

图 5-4　网页元素定位

5.6　CSS 在网上书店案例中的应用

网上书店的各个页面采用了统一的风格。

(1) 超链接：设置没有访问过的超链接(a:link)颜色是 #FF9900，访问过的超链接(a:visited)的颜色是 #0000FF 蓝色，鼠标移到超链接(a:hover)上时的颜色是 #FF3300。

(2) .menufontcolor1 菜单栏字体颜色。

(3) .forminput 表单输入组件的大小。

(4) .formtext 表单文本框的字体。

(5) .td 单元格大小字体等。

样式文件 maincss.css 代码清单如下：

```
a:active {  text-decoration: none; color: #333333}
a:hover {  text-decoration: underline; color: #FF3300}
a:visited {  text-decoration: none; color: #0000FF}
a:link {
```

```
  color: #FF9900;
  text-decoration: none;
}
  .menufontcolor1 {
  color: #333333;
}
  .menufontcolor2 {
  color: #333333;
}
  .forminput {
  height: 18px;
  border: 1px dotted;
}
  .formtext {
  border: 1px dotted;
}
  .td {
  border: 1px dotted;
  font-family: "宋体";
  font-size: 12px;
  color: #333333;
  text-decoration: none;
}
```

小　　结

使用CSS技术可以使网站样式的设计和制作更为快捷。有4种方式使用CSS：直接定义HTML标记中的style属性，在HTML文档内部定义内部样式表，嵌入外部样式表和链接外部样式表。

习题、上机练习5

一、选择题

以下代码段，显示效果（　　）。

```
<html>
<style type="text/css">
<!--
  font { color:red;
         font-family:楷体;
       }
```

```
--></style>
<body>
  <font>Web 技术</font>
  <h2>新技术</h2>
</body></html>
```

A. 文字“Web 技术”和“新技术”显示成宋体、黑色

B. 文字“新技术”显示成楷体、红色

C. 文字“Web 技术”显示成楷体、红色

D. 文字“Web 技术”和“新技术”显示成楷体、红色

二、简答题

1. 简述 CSS 的概念及其功能。

2. 有如下一段代码，请问页面上的文字“Web 技术应用基础”显示成什么颜色？

```
<html><head></head>
<style type="text/css">
<!--
   font { color:red;
          font-family:楷体;
        }
--></style>
<body>
<font>Web 技术应用基础</font>
</body></html>
```

3. 有哪几种方式可以把样式表的功能应用到页面中？

三、上机练习

1. 使用 CSS 技术制作一个页面，页面内容及显示格式如图 5-5 所示。

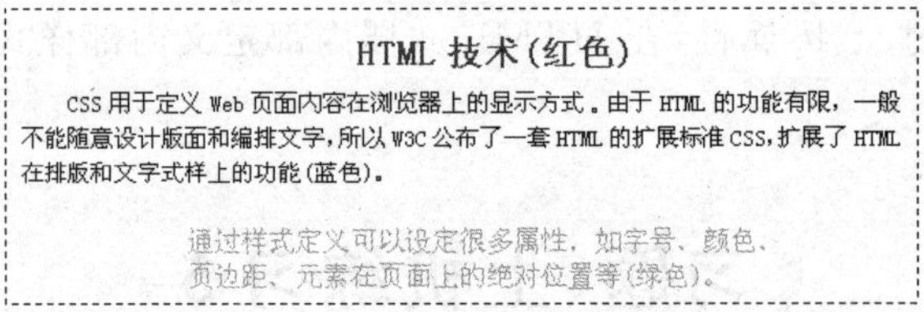

HTML 技术(红色)

CSS 用于定义 Web 页面内容在浏览器上的显示方式。由于 HTML 的功能有限，一般不能随意设计版面和编排文字，所以 W3C 公布了一套 HTML 的扩展标准 CSS，扩展了 HTML 在排版和文字式样上的功能(蓝色)。

通过样式定义可以设定很多属性，如字号、颜色、页边距、元素在页面上的绝对位置等(绿色)。

图 5-5　页面内容

(1) 直接定义 HTML 标记中的 style 属性实现。

(2) 定义内部样式表实现。

(3) 嵌入外部样式表实现。

(4) 链接外部样式表实现。

2. 制作一个具有三个页面的网站，内容自定，应用 CSS 技术使它们具有相同的风格。

3. 制作一个页面，使图像的说明文字在图像之中，请注意文字颜色的选择，以便把图像和文字区分开。

第6章 JavaScript

脚本是能够完成某种功能的小程序段，脚本语言(Script)位于HTML与高级编程语言(如Java、VB、C++和C#等)之间。虽然脚本更接近高级语言，但是它不具有高级语言复杂、严谨的语法规则，所以脚本语言好学易用，普及了Web应用的开发工作。脚本语言能够对页面功能进行管理与控制，使Web页面具有动态效果，完成计算、表单客户端验证、游戏编写和页面特效制作等工作。脚本语言分为客户端脚本和服务器端脚本两种。客户端脚本是在客户机上运行的脚本程序，在客户端产生动态效果。服务器端脚本是在服务器上运行的脚本程序，支持数据库通信，与客户交互，产生动态效果。脚本语言主要有VBScript和JavaScript，一般在JSP中使用JavaScript，本书主要介绍JavaScript。

学习要点：

(1) 理解脚本的基本概念，JavaScript运行机制。

(2) 熟练掌握将JavaScript语句嵌入HTML文档和链接外部JS文件的方法。

(3) 应用JavaScript基本语法、控制语句和函数完成JavaScript程序设计，注意与学过的其他语言的共同与不同之处。

(4) 掌握window对象、document对象和JavaScript内置对象的属性和方法的应用。

(5) 熟练应用JavaScript编制事件处理程序。

6.1 JavaScript概述

6.1.1 JavaScript运行机制

JavaScript是一种嵌入HTML文档，具有解释型、跨平台、安全性，基于对象和事件驱动的脚本语言。它既可以在客户端运行，也可以运行在服务器上。在客户端执行脚本，需要在客户机上安装使用脚本的应用程序和脚本引擎。使用脚本的应用程序(Script Host，也称为脚本主机)通常就是浏览器，它可以是IE(Microsoft Internet Explorer)或IN(Netscape Navigator)。脚本引擎(Script Engine)通常是一个库或库的集合，例如，VBScript.DLL或JScript.DLL，由它们完成解释脚本的具体任务。

JavaScript由JavaScript核心语言、JavaScript客户端扩展和JavaScript服务器端扩展三部分组成。核心语言部分包括JavaScript的基本语法和JavaScript的内置对象，在客户端和服务器端均可运行。客户端扩展部分是在JavaScript核心语言基础上扩展了控制浏览器的对象模型DOM，在客户端运行脚本时，可以很方便地控制页面上的对象。服务器端扩展部分是在JavaScript核心语言基础上扩展了在服务器上运行时需要的对象。这些对象可以和Web数据库连接，可以在应用程序之间交换信息，对服务器上的文件进行控制。

JavaScript的运行过程如下。

(1) 客户在浏览器地址栏目输入请求页面的URL，该页面嵌入JavaScript程序段。

(2) 浏览器将请求发送到服务器。

(3) 服务器响应请求，将嵌入JavaScript的HTML文档发送到客户端。

(4) 客户端浏览器从上到下逐行解释执行HTML标记和JavaScript脚本，并把JavaScript脚本交脚本引擎执行，把执行结果向客户展示。

6.1.2 JavaScript的特点

JavaScrip具有以下特点。

1. 基于对象

JavaScript是基于对象的(Object-Based)，允许开发人员自定义对象。它不是面向对象(Object-Oriented)语言，不支持类和继承。JavaScript有内置对象，例如，string(字符串)、Date(日期)和Math(算术)等对象；同时也有浏览器提供的大量内置对象，开发人员可以直接使用。

2. 事件驱动

事件是用户在操作Web页面时发生的任何事情。例如，鼠标左键单击、鼠标拖动、窗口移动或提交表单等。JavaScript是事件驱动的，当事件发生时，即可对事件产生反应并进行处理。

3. 动态

只用HTML标记开发的页面是静态的，浏览器解释执行并向客户显示后，显示内容就不能变化了，对客户的要求无动于衷。使用JavaScript开发的页面是动态的，可以控制页面对象，可以和客户进行交互，满足客户进一步的请求。故JavaScript是设计交互式动态、尤其是“客户端动态”页面的重要工具。

4. 安全

JavaScript是一种安全的语言。它不允许访问本地硬盘，不能修改或删除其他文件的内容，不能将数据存储在Web服务器或用户的计算机上。

5. 与平台无关

JavaScript只依赖于浏览器，与操作环境无关。只要是能运行支持JavaScript浏览器的计算机，就可以正常工作。

6.1.3 JavaScript 应用案例——图像互换位置

例 6.1 应用 JavaScript 制作第一个脚本程序。

1. 任务要求

要求页面上有两幅图像及有关图像的说明的文字。当用户鼠标左键单击页面时，图像交换位置。页面如图 6-1 所示。

分析任务要求，确定本例需要使用的技术。由于页面上有两幅图像，所以需要使用块容器标记 <div>界定这两幅图像和它的文字说明，并使用绝对定位技术将图像定位。鼠标单击页面时，产生鼠标事件，图像互换位置的动作是对鼠标事件的响应。本例将使用 JavaScript 编制事件处理程序。

图 6-1 JavaScript 应用案例的页面

2. 完成以上任务的代码 ex6-01.html

代码 ex6-01.html 清单如下：

```
<html><head>
<title>JavaScript 应用案例</title>
<script language="JavaScript">
function ChangeImage(){
    var dog_top=dog.style.top
    var dog_left=dog.style.left
    dog.style.top=cat.style.top
    dog.style.left=cat.style.left
    cat.style.top=dog_top
    cat.style.left=dog_left
}
</script>
</head>
<body onclick="ChangeImage()"> 
<font face="隶书" color="blue" size=6>请单击页面</font><p>
<div id="cat" style="position:absolute;top:60px;left:60px">
    <img src="cat.gif" width="80"  hieght="80" ><br>
    <font size=5 color="red">cat</font>
</div>
<div id="dog" style="position:absolute;top:60px;left:160px">
    <img src="dog.gif" width="80"  hieght="80"><br>
    <font size=5 color="red">dog</font>
</div>
</body></html>
```

3. 代码说明

(1) 第16至19行

<div>和</div>是块容器标记,之间可以容纳多个不同的HTML标记和语言元素。

id="cat",指定该块容器的标识id值是cat。

(2) 第3至12行

当用户单击页面时,由使用JavaScript脚本语言编写的ChangeImage()函数完成事件的处理,即图像交换位置的动作。

6.2 JavaScript基本语法

JavaScript的基本语法现象主要有:JavaScript语句插入到HTML文档中的方式、书写格式、数据类型、变量、常量和运算符等。

6.2.1 在HTML文档中调入或嵌入JavaScript

有两种方式把JavaScript语句插入HTML文档中。一种是应用HTML的<script>标记,直接把JavaScript语句嵌入HTML文档中。另一种是使用HTML<script>标记的"src"属性,把JavaScript源文件链接到HTML文档中。

1. 嵌入JavaScript

使用<script>标记把JavaScript语句嵌入HTML文档中。

语法:

```
<script language="JavaScript">
    JavaScript代码
</script>
```

将JavaScript代码嵌入HTML文档,需使用HTML的<script>标记的"language"属性,属性值可以是"JavaScript"也可以是"VBScript"。<script>可以包含在<head>标记和<body>内。包含在<head>内的JavaScript脚本在页面装载之前运行,所以函数一般包含在<head>标记之间。

2. 链接外部JavaScript

在JavaScript语句比较多又复杂,并且有多个网页需要共享时,可把JavaScript代码以文件方式单独存放,扩展名为".js"。然后,用<script>标记的"src"属性把JavaScript外部文件链接到HTML文档。它对客户隐藏了脚本程序,比较安全。

语法:

```
<script src="JavaScript文件名"></script>
```

注意：链接的外部文件“.js”只能包含 JavaScript 代码，不可以包含 HTML 标记，扩展名必须是“.js”。

3. 应用举例

在页面上显示"Hello World!"。例 6.2 使用 JavaScript 代码嵌入 HTML 文档的方法制作。例 6.3 使用链接 JS 外部文件的方法。两者的显示效果是一样的，如图 6-2 所示。

例 6.2 在 HTML 文档中嵌入 JavaScript，ex6-02.html 代码清单如下：

```
<html><head>
<title>JavaScript 嵌入 HTML</title>
</head>
<body>
 <script language="JavaScript">
    document.write("Hello World!")
 </script>
</body></html>
```

例 6.2 的第 6 行“document.write("Hello World!")”，应用了 JavaScript 的“document”对象的“write()”方法，把字符串"Hello World!"输出到浏览器窗口中显示。例 6.2 的运行结果如图 6-2(a)所示。

例 6.3 将外部 JS 文件 ex6-03.js 的 JavaScript 代码链接到 ex6-03.html 文档。例 6.3 的运行结果与例6.2 是一样的，如图 6-2(b)所示。

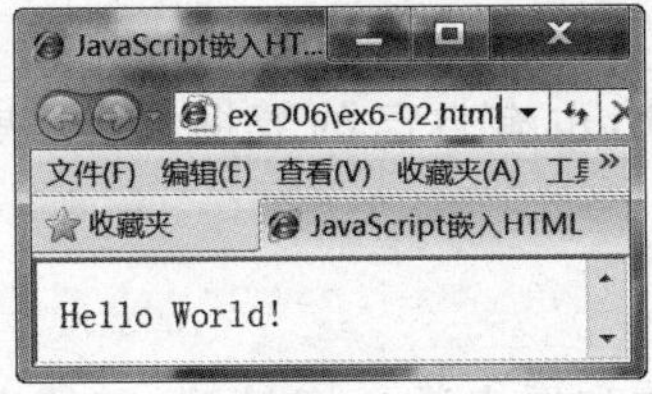

(a) 嵌入HTML

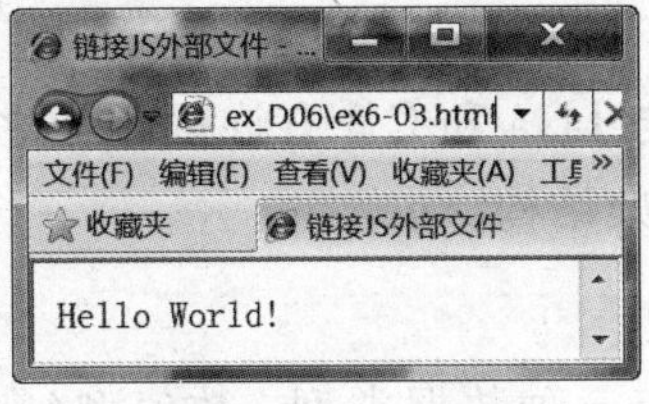

(b) 链接外部JS文件

图 6-2 在 HTML 文档中嵌入或调入 JavaScript

ex6-03.js 清单如下：

```
document.write("Hello World!")
```

ex6-03.html 清单如下：

```
<html><head><title>链接 JS 外部文件</title>
  <script src="ex6-03.js">
  </script>
</head>
<body>
</body></html>
```

链接JS外部文件

6.2.2 JavaScript 书写格式

(1) JavaScript 区分大小写。

(2) JavaScript 可以没有可见的行结束标志,用换行符作为一行的终止符。也可以用分号(;)作为行结束标志。

(3) 如果需要把几行代码写在一行中,使用分号(;)把它们分开。例如,

```
var a=3
var b=6
var c=0
```

可以写成

```
var a=3;b=6;c=0
```

它们的效果是一样的。

(4) 为了使程序清晰易读,采用缩进格式来书写。

(5) 可以用两种方法进行注释,注释方法与 C++ 相同。

//:从注释标记"//"起直到行尾的字符在脚本运行时都被忽略。

/*　　*/:在"/*"与"*/"之间的字符在脚本运行时都被忽略。

6.2.3 基本数据类型

JavaScript 与 Java 和 C# 有许多相似之处,也有自己的数据类型、表达式、算术运算符和程序基本框架结构。

1. 数据类型

JavaScript 有 5 种数据类型:数值型(整数和浮点数)、字符型、字符串型、布尔型和空值型。基本类型中的数据可以是常量,也可以是变量。JavaScript 采用弱类型(Loosely Typed)形式,在声明变量时不需要指定数据类型,在使用时确定它的数据类型。

(1) 数值型:数值型包括整数和浮点数。

整数(int)可以是十进制、八进制和十六进制数,八进制数以 0 开头,十六进制数以 0x 或 0X 开头。例如,166(十进制)、0327(八进制)、0x8e(十六进制)。

浮点数(float)可以用小数点形式或指数形式表示,例如:−2.73,56.,1.8e4,5e−8 等。

(2) 字符型(string):字符型数据的值是用(' ')括起来的单个字符,可以是 Unicode 字符集中的任何字符,例如:'a','g','*','K'等。键盘上没有的字符可用转义字符,例如,'\b'是退格符','\f'是换页符,\n'是换行符,'\r'是回车符,'\t'是水平制表符等。

(3) 字符串型(string):字符串型数据的值是用(" ")括起来的一连串字符或数字,例如,"666666"、"Hello World!"等。字符串中可以包含转义字符,例如,"666\n666"。

(4) 布尔型(boolean)：布尔型的数据有 true 和 false 两种，分别表示逻辑真和逻辑假。

(5) 空值(null)：空值 null 表示什么也没有。如果企图引用一个没有定义的变量，就会返回一个 null 值。

2. 常量

JavaScript 常量常称为字面量，是值保持不变的量。常量的类型有：整型、浮点型、字符型、字符串型和布尔型。

(1) 整型常量

整型常量有三种表示方式。

- 十进制整数。例如，0、19、−14 等。
- 八进制整数。以 0 开头的整数，包含数字 0～7，例如，0、0167、056 等。
- 十六进制整数。以 0x 开头的整数，包含数字 0～9、字母 a～f 或 A～F，例如，0x0、0xa1D 等。

(2) 浮点型常量

浮点型常量可用小数点形式或指数形式表示。

- 小数点形式。例如，1.56、0.12、−0.14 等。
- 指数形式。例如，1.56e6 或 1.56E6 表示 1.56×10^{6}，.12E−2 表示 0.12×10^{-2}。

(3) 字符型常量

字符型常量是用(' ')括起来的单个字符，例如，'a'，'A'，'8'，'%'等。如果是键盘上没有的字符，可以使用转义字符，例如，'\b'表示退格符等。

(4) 字符串型常量

字符型常量是用(" ")括起来的一连串字符或数字，例如，"Hello"等。

(5) 布尔型常量

布尔型常量只有两个值，true 表示真，false 表示假。

3. 变量

变量是在代码中值可以改变的量。JavaScript 中使用关键字"var" 声明变量并分配存储空间。变量名必须以字母或下划线"_"开始，后面的字符可以是字母、数字或下划线。JavaScript 内部定义的保留字不能用作变量名，JavaScript 的保留字见表 6-1。

表 6-1 JavaScript 的保留字

abstract	boolean	break	byte	case	catch
char	class	const	continue	debugger	default
delete	do	double	else	enum	export
extends	false	final	finally	float	for
function	goto	if	implements	import	in
instanceof	int	interface	long	native	new
null	package	private	protected	public	return
short	static	super	switch	synchronized	this
throw	throws	transient	true	try	typeof
var	void	volatile	while	with	

注意：JavaScript 是区分大小写的。例如，变量 Num 与变量 num 是两个不同的变量。

语法：

```
var  变量名
var  变量名=变量值
```

例如：

```
var a=3
str="Hello World!"
num1=12
num2=3.14
var d,b,c=0
```

在 JavaScript 中变量声明关键字是可选的。例如语句 var a＝3 也可以写成 a＝3。但是不能既不用关键字“var”声明，也不给它赋初置。

在 JavaScript 中既可以在声明变量时初始化，也可以在变量被声明后赋值。例如，语句：

```
var num1=6
```

和语句：

```
var num1
num1=6
```

的作用是一样的。

4. 表达式

表达式是由变量、常量、布尔和运算符按一定规则组成的集合，通过计算产生一个值。表达式的值可以是数字、字符串或布尔量。JavaScript 有 3 种表达式：算术表达式、串表达式和逻辑表达式。例如：num1＋23，"Hello"＋"World!"，A && B。

5. 运算符

JavaScript 的运算符有：赋值运算符、算术运算符、逻辑运算符、比较运算符、字符串运算符和位运算符。表 6-2 列出了 6 种赋值运算符的使用说明。

表 6-2　赋值运算符的使用说明

运　算　符	使用说明	范　例
＝	把＝号右边表达式的值赋给左边的变量	z＝x＋y
＋＝	x＋＝y 与 x＝x＋y 等同	x＋＝y
－＝	x－＝y 与 x＝x－y 等同	x－＝y
*＝	x*＝y 与 x＝x*y 等同	x*＝y
/＝	x/＝y 与 x＝x/y 等同	x/＝y
%＝	x%＝y 与 x＝x%y 等同(x 除以 y，把余数赋给 x)	x%＝y

表 6-3 列出了算术运算符的使用说明。

表 6-3　算术运算符的使用说明

运算符	使用说明	范　例
＋	加	1＋2　//返回值为 3;－3.6＋6.7　//返回值为 3.1
－	减	6－2　//返回值为 4;5.6－2.3　//返回值为 3.3
*	乘	3*2　//返回值为 6;2.2*3　//返回值为 6.6
/	除	64/8　//返回值为 8
%	求模(求除法的余数)	5%3　//返回值为 2
＋＋	一元自加,把操作数加 1	x＋＋,＋＋x
－－	一元自减,把操作数减 1	x－－,－－x

表 6-4 列出了逻辑运算符的使用说明。

表 6-4　逻辑运算符的使用说明

运算符	使用说明	范　例
&&	逻辑与,当操作符两边表达式的值均为 true 时,结果为 true,否则结果为 false	A&&B
||	逻辑或,A 和 B 中有一个的值为 true 时,结果为 true;A 和 B 都是 false,结果为 false	A||B
!	求反,若 A 的值为 true,结果为 false;A 的值为 false,结果是 true	! A

表 6-5 出了比较运算符的使用说明。

表 6-5　比较运算符的使用说明

运算符	使用说明	范　例
＝＝	相等比较,如果变量 A 和 B 相等,结果为 true;否则,结果为 false	A＝＝B
!＝	不相等比较,如果变量 A 和 B 不相等,结果为 true;否则,结果为 false	A!＝B
＞	大于比较,如果变量 A 大于 B,结果为 true;否则,结果为 false	A＞B
＜	小于比较,如果变量 A 小于 B,结果为 true;否则,结果为 false	A＜B
＞＝	大于等于比较,如果变量 A 大于等于 B,结果为 true;否则,结果为 false	A＞＝B
＜＝	小于等于比较,如果变量 A 小于等于 B,结果为 true;否则,结果为 false	A＜＝B

JavaScript 只有一个字符串运算符“＋”,使用字符串运算符可以把几个串连接在一起。例如,“字符串”＋“运算符”的返回值是:“字符串运算符”。

表 6-6 列出了位运算符的使用说明。

表 6-6　位运算符的使用说明

运算符	使用说明	范　例	运算符	使用说明	范　例
&	按位与运算	A&B	～	按位取反运算	～A
		按位或运算	A|B	＜＜	左移运算	A＜＜B
^	按位异或运算	A^B	＞＞	右移运算	A＞＞B

JavaScript 中,运算符优先级从高到低如下排列:

- 对象访问：.
- 调用和成员：() []
- 求反和增量：! ～ － ＋＋ －－
- 乘、除和取模：* / %
- 加和减：＋ －
- 位移位运算：>> <<
- 比较运算：< <= > >=
- 等于和不等于：== !=
- 按位与：&
- 按位异或：^
- 按位或：|
- 逻辑与：&&
- 逻辑或：||
- 条件运算：? :
- 赋值：= += -= *= /= %= <<= >>= &= ^= |=
- 逗号：,

6.3 JavaScript 控制结构和函数

6.3.1 JavaScript 控制结构

JavaScript 有四种程序结构控制语句：if、switch、for 和 while。

1. 条件语句 if…else

语法如下：

```
if(条件表达式){
    语句集 1  //条件表达式值为 true,进行处理
}else{
    语句集 2  //条件表达式值为 false,进行处理
}
```

如果不需要处理条件为 false 的情况，可以不写 else 语句段。例如：

```
if(条件表达式){
    语句集  //条件表达式值为 true,进行处理
}
```

If 语句可以嵌套使用。

2. switch 语句

switch 是多路分支语句，用于经过测试后决定哪条语句被执行。

语法：

```
switch(表达式){
    case 值 1:
        语句集 1
        break
case 值 2:
        语句集 2
        break
      …
default:
        语句集
        break
}
```

当 switch 语句开始执行时，先计算表达式的值，然后将表达式的值与 case 后面的常量比较。如果有相等的，则执行该 case 后的语句集；如果没有找到相匹配的值，则执行 default 后的语句集。

3. 循环语句 for

for 循环语句设置了一个计数器计算循环次数，达到循环次数后结束循环。它的语法规则如下：

```
for(初始化表达式;条件;增量表达式){
      语句集
}
```

4. 循环语句 while

while 循环语句不直接指明循环次数，具体循环次数由运行时情况决定。满足循环条件执行循环体语句，不满足循环条件退出循环体。它的语法规则如下：

```
while(条件表达式){
    语句集
}
```

倘若语句集中使用了 break 或 continue 语句，它们的区别如下：

- break 语句：根据条件终止循环。
- continue 语句：根据条件，跳过循环体内剩余语句，进入下一次循环。

5. do…while 循环语句

do…while 循环语句与 while 循环语句类似，while 循环语句在循环开始前计算条件表达式的值；而 do…while 循环语句在一次执行后，也就是循环体底部计算条件表达式的值，可以保证循环体至少被执行一次。它的语法规则如下：

```
do{
    语句集
```

```
} while(条件表达式);
```

6.3.2 函数

在 JavaScript 中可以使用函数，函数是封装在程序中可以多次使用的模块。函数必须先定义，后使用。由于浏览器先执行 HTML 文档中的<head>模块，所以 JavaScript 中使用函数时，常把自定义函数放在<head>模块中，然后在 HTML 文档的主体<body>模块中调用函数。

函数定义的规则如下：

```
function 函数名(参数列表){
    函数体
}
```

(1) function：是 JavaScript 的关键字，用来定义函数名。

(2) 函数名：函数名跟在关键字 function 后面，它可以是任何合法的标识符，在同一个页面，函数名必须唯一。

(3) 参数列表：函数的参数列表，多个参数用逗号分开。

(4) 函数体：该函数执行的运算。

6.3.3 JavaScript 基本语法应用案例

例 6.4 说明 JavaScript 基本语法的应用方法，包括程序结构和函数。ex6-04.html 代码清单如下：

```
<html>
<head><title>JavaScript 基本语法应用案例</title>
<script language="JavaScript">          //脚本语言是 JavaScript
function MyArray(n){                    //定义函数 MyArray
  this.length=n
  for(i in 4)
    this[i]=0
}
MyArray=new Array(4)
MyArray[1]="Web"
MyArray[2]="技术"
MyArray[3]="应用"
MyArray[4]="基础!"
document.open()
for(var n=1;n<MyArray.length;n++){
  document.write(MyArray[n]);
}
  document.close()
```

```
</script></head>
<body></body></html>
```

ex6-04.html 代码在浏览器中的显示结果如图 6-3 所示。

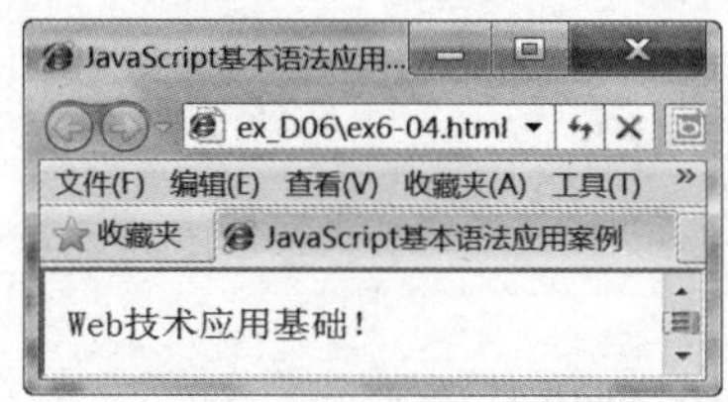

图 6-3 JavaScript 基本语法应用案例

6.4 JavaScript 对象

Java 是面向对象的，而 JavaScript 是基于对象的，所以 JavaScript 没有提供抽象、继承和重载等面向对象语言的功能。在 JavaScript 中，对象是客观事物的描述，它有内建对象和用户自定义对象两大类。

6.4.1 JavaScript 对象概述

JavaScript 对象是对具有相同特性的实体的抽象描述，对象实例是具有这些特征的单个实体。对象包含属性(properties)和方法(methods)两种成分。属性是对象静态特性的描述，是对象的数据，以变量表征；方法是对象动态特性的描述，也可以是对数据的操作，用函数描述。

对象必须存在，才能够被引用，有以下 3 种方法引用对象：

(1) 引用 JavaScript 内建对象。

(2) 引用浏览器环境提供的对象。

(3) 创建自定义对象。

6.4.2 自定义对象

JavaScript 可以根据需要创建自定义对象。创建方法是：先定义一个对象，然后创建该对象的实例。

1. 定义对象

在 JavaScript 中应用 function 关键字创建用户自定义对象。

语法：

```
function 对象名称(属性列表){
```

```
this.属性 1=参数 1
    this.属性 2=参数 2
    …
    this.方法 1=函数名 1
    this.方法 2=函数名 2
    …
}
```

2. 创建对象实例

对象定义后应用关键字 new 创建对象实例。

语法：

```
对象实例名=new 对象名称(属性值列表)
```

3. 应用举例

以学生对象为例，先定义学生对象 student，然后创建学生对象的实例 MyStudent 和 YourStudent。

```
function student(id,name,url){
    this.id=id
    this.name=name
    this.url=url
    this.display=student_display
}
MyStudent=new student("000001","林琳","http://www.buu.edu.cn")
YourStudent=new student("000002","李四","http://www.qh.edu.cn")
```

本例先定义了学生对象 student，具有属性：id、name 和 url；然后创建了 2 个 student 对象的实例 MyStudent 和 YourStudent。对象实例是具体的学生，有其属性值，如 MyStudent 实例的学生号是 000001，姓名是林琳等，如图 6-4 所示。

图 6-4　对象的定义与创建

6.4.3　对象属性和方法的引用

对象实例创建后，可以通过该实例引用对象的属性和方法。

1. 对象属性的引用

对象属性的引用可以有两种方式。

(1) 使用(.)运算符

语法：

```
对象实例名.属性成员名
```

例如：

```
MyStudent.name="林琳"。
```

(2) 通过对象实例的下标引用

语法：

```
对象实例名[n]
```

例如：

```
MyStudent[0]="000001"
MyStudent[1]="林琳"
MyStudent[2]=http://www.buu.edu.cn
```

或：

```
MyStudent["id"]="000001"
MyStudent["name"]="林琳"
MyStudent["url"]=http://www.buu.edu.cn
```

2. 对象方法的引用

使用(.)运算符引用对象方法。

语法：

```
对象实例名.方法名称()
```

例如：

```
MyStudent.display()
```

6.4.4 对象的操作

在 JavaScript 中提供了操作对象的语句、关键字和运算符。

1. for…in 语句

for…in 是操作对象的语句，也称遍历循环。遍历循环是指历经一个集合体中的每个个体。JavaScript 中的遍历是指逐一通过一个对象的所有属性，它的计数值是对象中所有属性个数之和，可以用来计算对象中的元素总和。for…in 语句的语法规则如下：

```
for(变量名 in 对象实例名){
    语句段
}
```

2. with 语句

如果在程序中需要连续使用某个对象的一些属性和方法，可以使用 with 语句，省去重复书写对象名的麻烦。

语法如下：

```
with(对象实例名){
    语句段
}
```

在 with 语句的作用范围内，如果没有指定对象，则使用"with(对象实例名)"括号内的默认对象。

例如：

```
with(MyStudent){
    id="000001"  //默认对象为 MyStudent,id 相当于 MyStudent .id
    name="林琳"
    url=http://www.buu.edu.cn
}
```

3. this 关键字

this 关键字是对当前对象的引用，与其他面向对象的语言，如 C++ 是一样的。

6.4.5 事件驱动与事件处理

JavaScript 的事件处理与日常生活中的事件处理机制是类似的。在日常生活中，事件是有事情发生，处理发生的事情，就是事件处理。例如某处起火，发生火灾事件，调消防车去灭火，就是对火灾事件的处理。

JavaScript 也是类似的。它是基于对象的，采用事件驱动(event driven)机制。事件是对计算机进行的操作，例如，鼠标移动、鼠标左键单击或热键动作等都是事件。由鼠标或热键引发的一连串的动作称为事件驱动。处理事件的程序或函数称为事件处理程序(event handler)。日常生活中和 JavaScript 的事件处理过程见图 6-5。

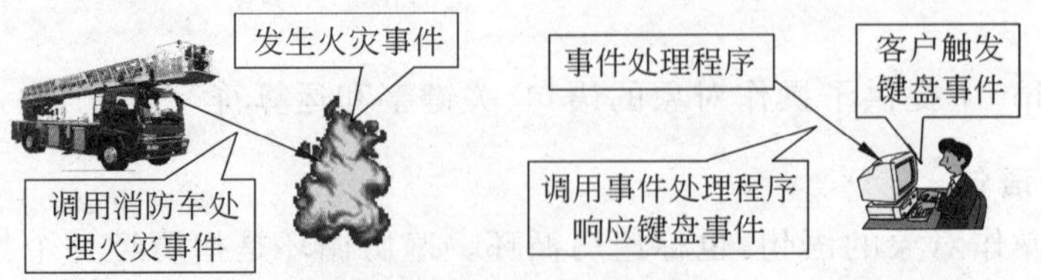

图 6-5　事件和事件处理

JavaScript 常用事件见表 6-7。

表 6-7 JavaScript 常用事件

事件名称	说明
onClick	鼠标左键单击页面对象时发生。例如鼠标左键单击按钮等
onChange	对象内容发生改变时发生。例如文本框内容改变时
onFocus	对象获得焦点(鼠标)时发生。例如鼠标单击文本框,产生 onFocus 事件
onBlur	对象失去焦点(鼠标)时发生。例如鼠标单击其他控件,产生 onBlur 事件
onload	网页载入浏览器时发生,发生对象为 HTML 的<body>标记
onUnload	用户离开当前页面时发生,发生对象为 HTML 的<body>标记
onMouseOver	鼠标移到对象上时发生
onMouseOut	鼠标离开对象上时发生
onMouseMove	鼠标在对象上移动时发生
onMouseDown	鼠标在对象上按下时发生
onMouseUp	鼠标在对象上释放时发生
onSubmit	提交表单时发生。例如用户单击"提交"按钮,产生 onSubmit 事件
onResize	改变窗口大小时发生

例如,例 6.1 中的<body onclick="ChangeImage()">语句,用鼠标左键单击页面事件,引发"ChangeImage()"事件处理程序,使图像互换位置。

6.4.6 JavaScript 对象应用案例

1. 对象的定义与创建

例 6.5 说明 JavaScript 对象的使用方法。本例先定义 student 对象,然后创建 MyStudent 对象实例,调用 display 方法输出 MyStudent 实例的属性值。ex6-05.html 代码清单如下:

```
<html>
<head><title>JavaScrip对象应用</title>
<script language="JavaScript">
  function student(id,name,url){
      this.id=id
      this.name=name
      this.url=url
      this.display=student_display
  }
  function student_display(){
      document.writeln("id="+this["id"]+"<br>")
      document.writeln("name="+this["name"]+"<br>")
      document.writeln("url="+this["url"]+"<br>")
  }
  MyStudent=new student("000001","林琳","http://www.buu.edu.cn")
```

```
  MyStudent.display()
</script></head>
<body></body></html>
```

ex6-05.html 代码在浏览器中的显示结果如图 6-6 所示。

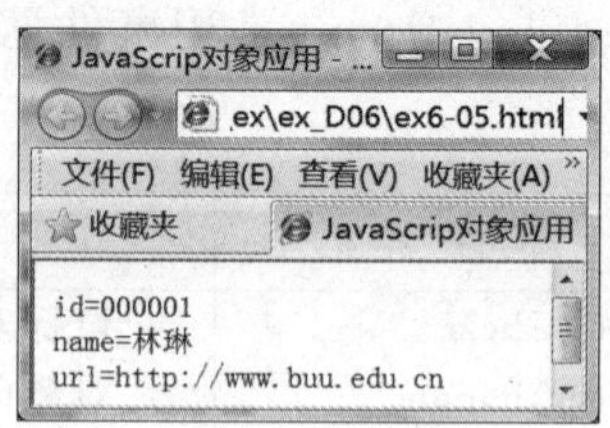

图 6-6 JavaScrip 对象应用

2. 用户输入信息验证

例 6.6 客户界面上有一个输入卡号文本框和一个密码框，要求输入卡号后，验证用户输入卡号的格式是否正确（要求输入以 10 起头的 6 位数）。如果输入不正确，则提示客户重新输入，卡号输入正确后才能输入密码。在卡号输入文本框中，应用了两个事件 onFocus 和 onBlur 事件。当用户鼠标单击文本框时，文本框获得鼠标焦点，触发 onFocus 事件，调用 input() 函数，清空文本框，然后用户输入卡号。当鼠标单击其他控件时，例如密码框，文本框失去焦点，触发 onBlur 事件，调用 verify() 函数，验证卡号输入格式是否正确；若不正确，则提示客户重新输入。ex6-06.html 代码清单如下：

```
<html><head>
  <title>验证信用卡号</title>
  <script language="JavaScript">
  function input(){          //响应获得鼠标焦点事件,清空输入卡号文本框,输入卡号
    if(document.myForm.card.value=="请输入 10 开始的 6 位数字 10xxxx")
    document.myForm.card.value=""
  }
  function verify(){         //响应失去鼠标焦点事件,验证卡号输入格式是否正确
    var cardNumber=document.myForm.card.value
    if(cardNumber.substr(0,2)!="10"||isNaN(cardNumber)){
      alert("输入格式错误,请重新输入!")
      document.myForm.card.focus()
    }
  }
  </script>
  </head>
  <body>
  <form name="myForm" method="post" action=" ">
    请输入卡号：<br>
    <input name="card" type="text" size=28 value="请输入 10 开始的 6 位数字 10xxxx"
```

获得鼠标焦点，调用input()函数

```
    onFocus="input()" onBlur="verify()"><p>
      请输入密码：<br>
```

失去鼠标焦点，调用verify()函数

```
      <input name="pass" type="password" size=30>
  </body></html>
```

ex6-06.html 在浏览器中的显示结果如图 6-7 所示。

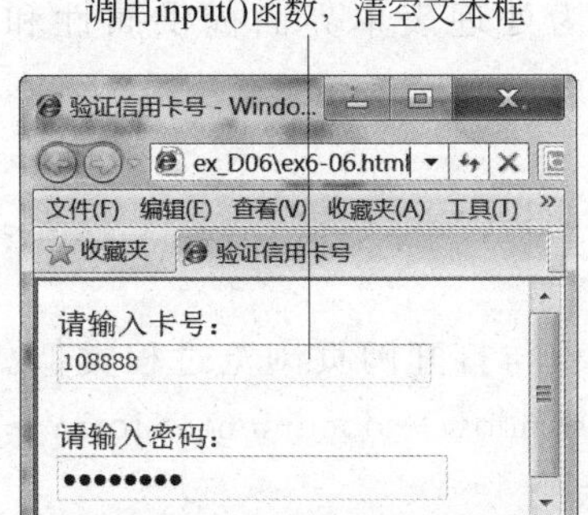

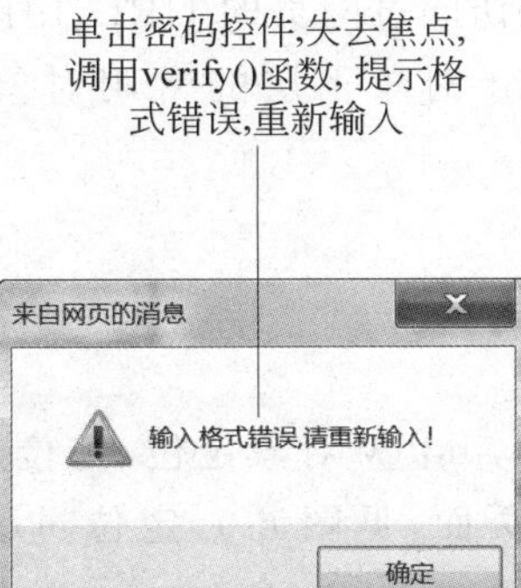

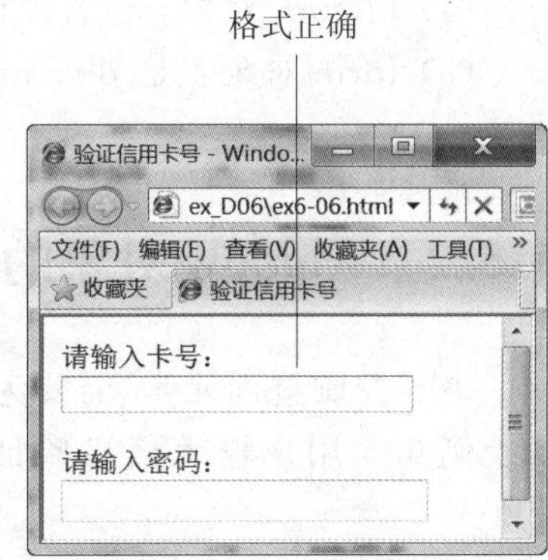

图 6-7 验证卡号

6.5 window 对象在 JavaScript 中的应用

6.5.1 window 对象的构成

对象有用户创建的对象，也有系统提供的内置对象。window 对象是浏览器提供的内置对象。它的下层对象有 location、history 和 document 等，其中最主要对象是 document 对象。window 对象的主要结构见图 6-8。

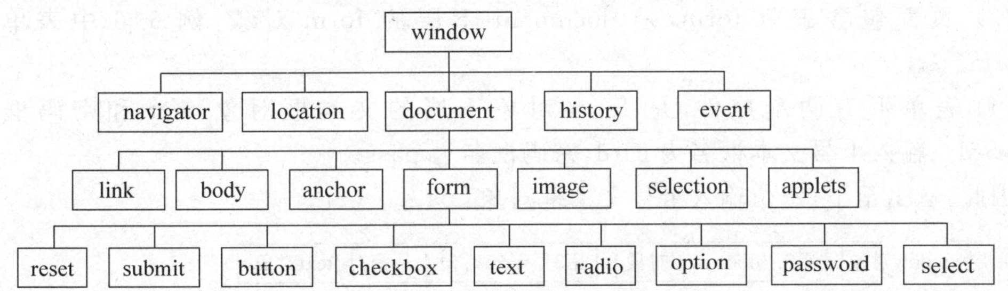

图 6-8 window 对象的结构

window 对象中主要几类对象的说明如下：

(1) window 对象：是内置对象中最顶层的对象，每个 window 对象是一个浏览器窗口。

(2) document 对象：是 window 对象下层中最主要的对象，即 HTML 文档对象模型(Document Object Model,DOM)。万维网联盟(World Wide Web Consortium,W3C)为文档对象模型定义了一套标准方法，用来访问和控制 HTML 文档。HTML 文档对象模型是一种树状结构，下层包含<link>、<form>、<body>等对象。在 form 下又包含表单控件对象，如 text、radio、button 等。由于 DOM 采用分层结构和定义的标准方法，故使用 JavaScript 和文档对象模型可以控制页面的每一个元素。

(3) location 对象：包含当前网页的 URL,可用以设置当前网页的地址。

(4) history 对象：包含以前访问过网页的 URL,用以实现网页的前进或后退。

(5) form 对象：是 document 对象下层的常用对象,为处理表单界面提供属性和方法。

6.5.2 window 对象的定位

为了控制页面元素,需要为 window 对象定位,定位过程与打开网页浏览过程类似。如上例 6.6 用户输入信息验证页面,见图 6-9,定位过程 window→document→form→text。

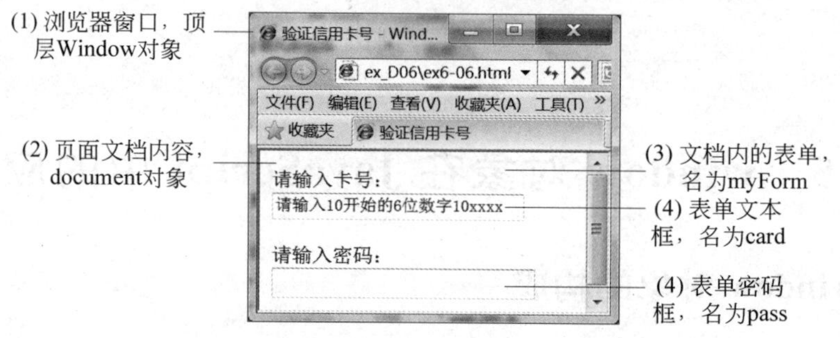

图 6-9 window 对象定位

(1) 打开页面,即打开浏览器窗口,是顶层的 window 对象。

(2) 见到页面文档内容,就是 document 对象。

(3) 页面包含表单 form,是 document 下层的 form 对象,例 6.6 中表单名为 myForm。

(4) 表单下有两个控件,是 form 对象下层的文本框对象 text 和密码框对象 password。输入卡号文本框名为 card,密码框名为 pass。

因此,从上至下,定位输入卡号文本框对象：

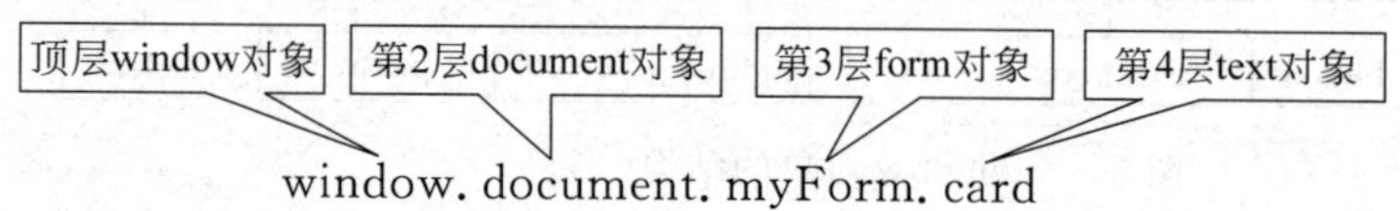

密码框定位：window. document. myForm. pass。因为 window 对象是根对象,所以可以省略,常写为：document. myForm. card 和 document. myForm. pass。

6.5.3 window 对象的属性

window 对象的主要属性有：name、parent、self、top、status 和 defaultStatus 等,它的主要方法有：alert()、confirm()、close()、prompt()、setTimeout()和 clearTimeout()等。

表 6-8 列举了 window 对象的主要属性及其使用说明。

表 6-8 window 对象的主要属性及其使用说明

属性名称	说明	范例
name	当前窗口的名字	window. name
parent	当前窗口的父窗口	parent. name
self	当前打开的窗口	self. status="你好"
top	窗口集合中的最顶层窗口	top. name
status	设置当前打开窗口状态栏的显示数据	self. status="欢迎"
defaultStatus	当前窗口状态栏的显示数据	self. defaultStatus="欢迎"

6.5.4 window 对象的方法

1. window 对象的主要方法

表 6-9 列举了 window 对象的主要方法及其应用说明。

表 6-9 window 对象方法及其使用说明

方法名称	说明	范例
alert()	创建一个警告对话框，具有提示信息和"确定"按钮	window. alert("输入错误！")
confirm()	创建一个确认对话框，具有提示信息、"确定"和"取消"按钮。单击"确定"按钮返回值 true，否则返回 false	window. confirm("是否继续？")
close()	关闭当前打开的浏览器窗口	window. close()
open()	打开一个新的浏览器窗口	window. open(URL,"新窗口名",新窗口设置)
prompt()	创建一个提示对话框，具有提示信息、"确定"、"取消"按钮和要求输入字符串的字段	window. prompt("请输入电话号码")
setTimeout()	设置一个时间控制器，经过指定时间段后执行某程序	window. setTimeout (" clearTimeOut ( )", 3000)//3000 毫秒后执行 clearTimeOut()程序
clearTimeout()	清除原来时间控制器内的时间设置	window. clearTimeout()

2. JavaScript 的接口元素

window 对象方法中的 alert()、prompt()和 confirm()方法，用作 JavaScript 的接口元素，显示用户的输入，并完成用户和程序的对话过程。

(1) alert(提示信息)：显示一个警告框，其中"提示信息"是可选项，是在警告框中输出的内容。

(2) prompt(提示信息，默认值)：显示一个提示框，等待输入文本。如果选择"确认"按钮，返回文本框中的内容；如果选择"取消"按钮，返回一个空字符串。它的"提示信息"和"默认值"都是可选项，"默认值"是文本框的默认值。

(3) comfirm(提示信息)：显示一个确认框，等待用户选择按钮。"提示信息"也是可选项，是在提示框中显示的内容，用户可以根据提示选择"确定"或"取消"按钮。

6.5.5　window 对象的事件

window 对象的主要事件及其使用说明见表 6-10。

表 6-10　window 对象的事件及其使用说明

事　　件	应 用 说 明	事　　件	应 用 说 明
onLoad	网页载入浏览器时发生	OnResize	用户调整窗口大小时发生
onUnLoad	网页从浏览器窗口中删除时发生	OnScroll	用户滚动窗口时发生
onBeforeUnLoad	网页被关闭前发生	OnError	载入的网页产生错误时发生

6.5.6　window 对象的应用案例

1. 状态栏内容的更新

例 6.7　要求页面上有一个按钮，把鼠标移动到按钮上时，状态栏输出"欢迎学习 Web 技术！"，2000ms 后状态栏输出"学习成功！"。

该任务使用了 window 对象的 status 属性，设置当前打开窗口状态栏的显示数据；window 对象的 setTimeOut()和 clearTimeOut()方法，设置一个时间控制器，控制状态栏内容的显示时间；onMouseOver 事件是当鼠标移动到按钮上时发生的事件。要求页面如图 6-10 所示。

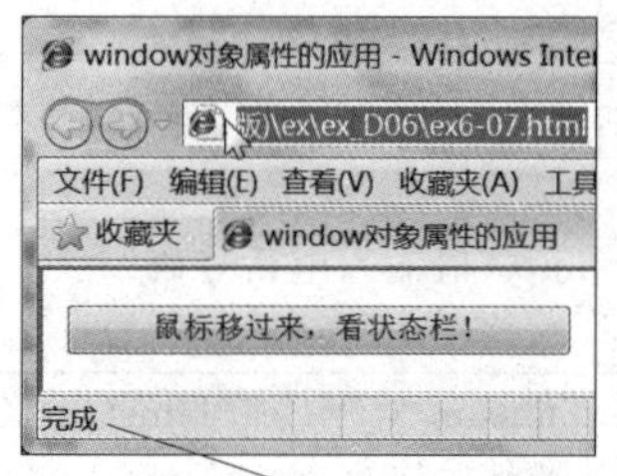

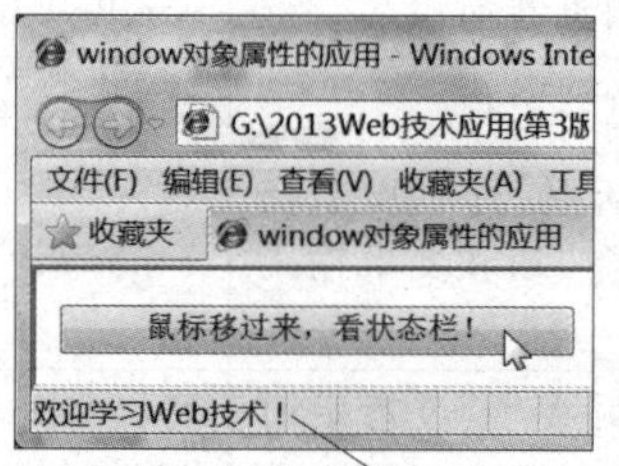

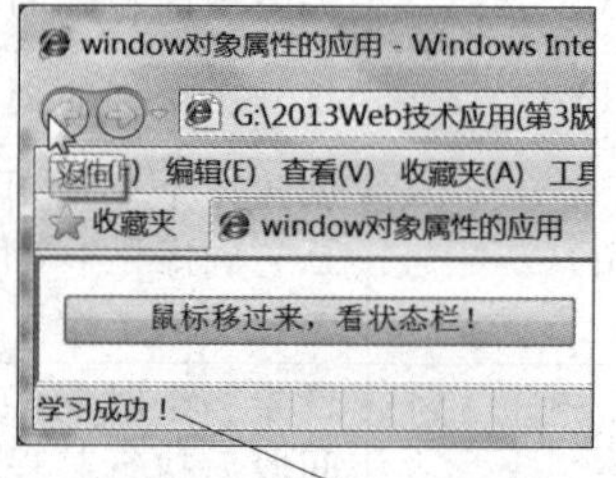

打开页面，状态栏显示　　鼠标移到按钮上，状态栏更新　　过2000ms，状态栏更新

图 6-10　状态栏属性的应用

完成该任务的页面代码 ex6-07.html 清单如下：

```
<html><head>
<title>window 对象属性的应用</title>
<script langnge="JavaScript">
<!--
function clearStatus(){
    window.status="学习成功!"        //更新状态栏数据
}
function writeStatus(str){           //鼠标事件响应程序,更新状态栏数据
    setTimeout("clearStatus()",2000)
                                     //时间控制器,2000ms 后调用 changeStatus()函数
```

```
    window.status=str              //更新状态栏数据
}
-->
</script></head>
<body>
<form>
<input type="button"  name="ControlButton" value="鼠标移过来,看状态栏!"
                    onMouseOver="writeStatus('欢迎学习 Web 技术!');return true;">
                                   //触发鼠标事件,调用 writeStatus()函数
</form>
</body></html>
```

代码说明:

(1) 第 17 行: onMouseOver="writeStatus('欢迎学习 Web 技术!');return true;", onMouseOver 是当鼠标移动到按钮上时发生的鼠标事件,赋值号右边是对鼠标事件的响应,由文件头中的 writeStatus()程序完成。

(2) 第 5 至第 11 行是用 JavaScript 编制的事件响应程序。window. status 是 window 对象的 status 属性,用于设置状态栏的输出。setTimeOut()和 clearTimeOut()是 window 对象的方法,用来设置和清除时间控制器。

2. 打开一个新窗口

例 6.8 要求页面上有一个按钮,把鼠标移动到按钮上时,打开一个新窗口。

本实例使用 window 对象的 open 方法,打开了 tomcat 的欢迎页面。页面如图 6-11 所示。

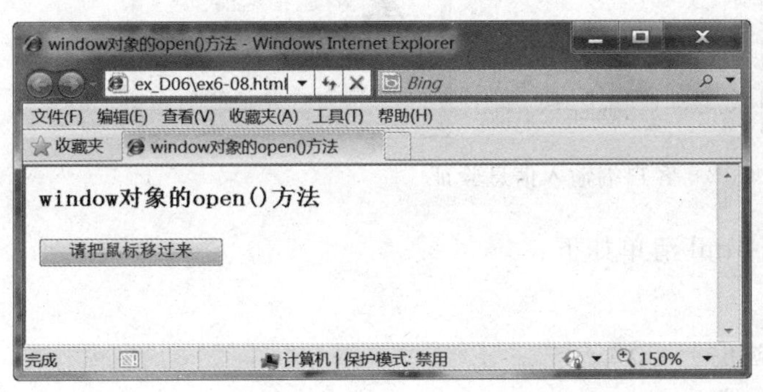

图 6-11 open 方法的应用

完成任务的页面代码 ex6-08. html 清单如下:

```
<html><head>
<title>window 对象的 open()方法</title>
</head>
```

```
<body>
<font size=4><b>
<p>window 对象的 open()方法</p>
<form><input type="button" name="ControlButton" value="请把鼠标移过来"
          onMouseOver="window.open('http://127.0.0.1:8080', '新窗口',
          'width=450,height=450')">
</form>
</b></font>
</body></html>
```

代码说明：第 8 行的'http://127.0.0.1:8080'指明新窗口的 URL。

3. 客户端输入信息验证

例 6.9 在客户端验证用户输入数据。页面上有一个超级链接，单击链接时，弹出 prompt 提示框提示用户输入姓名，然后 JavaScript 程序验证用户输入。如果输入正确弹出确认框 confirm，若用户在确认框选择“确认”按钮，则链接到相关网站；如果输入错误，出现警告框 alert，输出"对不起，输入错误。"，程序终止。通过本案例，将学习 JavaScript 接口元素 prompt、confirm 和 alert 的使用，如图 6-12 所示。

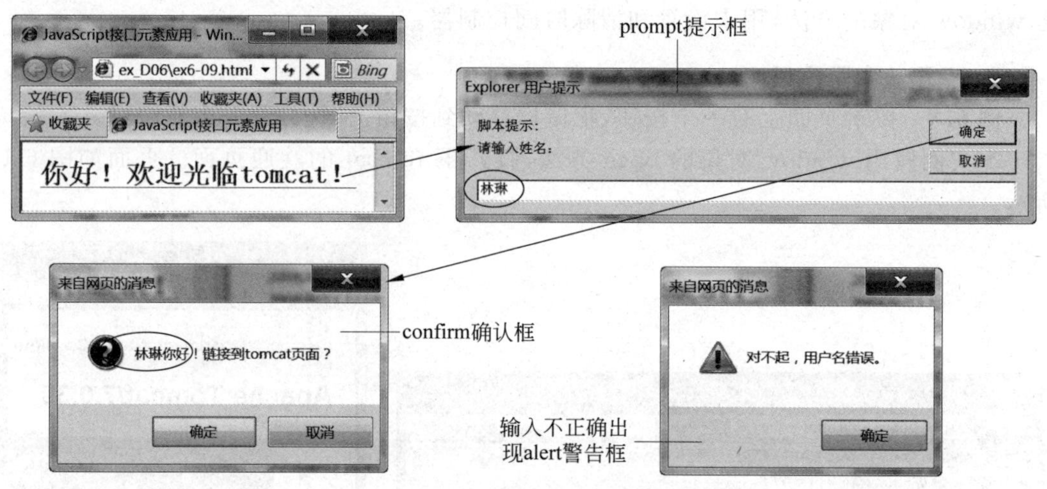

图 6-12 客户端输入信息验证

实现上述任务的代码 ex6-09.html 清单如下：

```
<html><head>
<title>JavaScript 接口元素应用</title>
<script language="JavaScript">
<!--
  function MyLink(MyName){
    var MyString=prompt("请输入姓名：")  //提示框中输入的数据赋给变量 MyString
    if(MyString==MyName)                //验证输入姓名是否正确
    {   var Mybool=confirm(MyString+"你好!链接到 tomcat 页面？")
                                        //输入正确,出现确认框
```

```
        if(!Mybool)
            window.event.returnValue=false          //用户选择不链接
        }
        else
        {   alert("对不起,用户名错误。")          //输入不正确,出现警告框,提示输入错误
            window.event.returnValue=false
        }
    }
-->
</script>
</head>
<body>
<center><a href="http://127.0.0.1:8080" onClick=MyLink("林琳")>
<h2 >你好!欢迎光临 tomcat!</h2></a>
</center>
</body></html>
```

6.6 document 对象在 JavaScript 中的应用

window 对象的下一层中使用最多的是 document 对象。

6.6.1 document 对象的属性

使用 document 对象的属性设置 Web 页面的特性,例如:标题、前景色、背景色和超链接颜色等。它主要用来设置当前下载的 HTML 文件中的基本数据和字符串的显示效果。表 6-11 列举了 document 对象的主要属性和它们的使用说明。

表 6-11 document 对象属性及其使用

属性名称	说明	范例
alinkColor	设置页面中活动超链接的颜色	document.alinkColor="red"
bgColor	设置页面背景颜色	document.bgColor="ff0000"
fgColor	设置页面前景颜色	document.fgColor="ff000F"
linkColor	设置页面中未曾访问过的超级链接的颜色	document.linkColor="blue"
vlinkColor	设置页面中曾经访问过的超级链接的颜色	document.vlinkColor="green"
lastModified	最后一次修改页面的时间	date= lastModified
location	页面的 URL 地址	url_info=document.location
title	页面的标题	tit_info=document.title

6.6.2 document 对象的方法

表 6-12 列举了 document 对象的主要方法和它们的使用说明。

表 6-12　document 对象方法及其使用

方法名称	说　明	范　例
clear()	清除文件窗口内的数据	document. clear()
close()	关闭文档	document. close()
open()	打开文档	document. open()
write()	向当前文档写入数据	document. write("你好!")
writeln()	向当前文档写入数据,并换行	document. writeln("你好!")
getElementById("对象 id")	获得指定 id 对象的元素	document. getElementById ("advImage"). style. pixelTop
getElementByName("对象名")	获得指定对象名的一组同名对象元素	document. getElementByName ("MyCheckbox")

6.6.3　document 对象的事件

表 6-13 列举了 document 对象的鼠标事件和它们的使用说明。

表 6-13　document 对象鼠标事件及其使用

鼠标事件	使用说明	鼠标事件	使用说明
onClick	单击鼠标左键时发生	onMouseOver	鼠标移到对象上时发生
ondblClick	双击鼠标左键时发生	onMouseUp	释放鼠标左键时发生
onMouseDown	按下鼠标左键时发生	onSelectStart	开始选取对象内容时发生
onMouseMove	在对象上移动鼠标时发生	onDragStart	以拖曳方式选取对象时发生
onMouseOut	鼠标离开对象时发生		

表 6-14 列举了 document 对象的键盘事件和它们的使用说明。

表 6-14　document 对象按键事件及其使用

按键事件	使用说明
onKeyDown	按下按键时发生
onKeyPress	按下按键时发生 onKeyDown 事件,然后产生 onKeyPress 事件,如果按住按键不放,则产生一系列 onKeyPress 事件
onKeyUp	放开按键时发生
onHelp	按下系统定义的帮助键时发生

6.6.4　document 对象的应用案例

例 6.10　页面上有 2 个文本框,在第 1 个文本框输入内容后,单击第 2 个文本框时,在第 2 个文本框内显示第 1 个文本框的内容。实现上述任务的代码 ex6-10. html 清单如下：

```
<html>
<head><title>document 对象应用</title></head>
<body>
将文字输入文本框 1
<form>
<input type=text onChange="document.my.elements[0].value=this.value;">
  <!--输入文本框元素[0]=输入的内容//--><br>
</form>
单击文本框 2 显示文本框 1 的内容
<form name="my">
<input type=text
              onChange="document.form[0].
              elements[0].value=this.value;">
  <!--输出文本框元素[0]=输入的内容//-->
</form>
</body></html>
```

图 6-13 document 对象应用案例

cx6-10.html 在浏览器中的运行效果见图 6-13。

6.7 JavaScript 内置对象

JavaScript 提供了 String(字符串)、Math(数学)、Array(数组)和 Date(日期)内置对象供用户使用。

6.7.1 String 对象

String 对象是一个动态对象，需要创建对象实例后，方可引用对象的属性和方法。

1. 创建 String 对象

使用关键字 var 或 new 创建字符串对象。

(1) 使用关键字 var 创建字符串对象。语法格式：

```
var 字符串变量名="字符串"
```

例如：var str1＝" Hello World!"，创建了一个名为 str1 的 String 对象。

(2) 使用关键字 new 创建字符串对象。语法格式：

```
var 字符串变量名=new String("字符串")
```

例如：var str1＝＝new String(" Hello World!")，创建了一个名为 str1 的 String 对象。

2. String 对象的属性

String 对象的属性只有一个：length，用来统计字符串中字符的个数。例如：上例的 str1. length 的结果值是 12。

3. String 对象的方法

String 对象的主要方法见表 6-15。

表 6-15 String 对象的主要方法

方法名称	说明	范例
anchor(链接名)	创建 HTML 中的 anchor 标记	str1. anchor("d ")
big()	增加字符串显示字体的大小	str1. big()
small()	减小字符串显示字体的大小	str1. small()
italic()	以斜体字显示字符串	str1. italic()
bold()	以粗体字显示字符串	str1. bold()
blink()	字符串闪烁显示	str1. blink()
fixed()	以固定字高显示字符串	str1. fixed()
fontsize(size)	设置字体大小	str1. fontsize(5)
toLowerCase()	将字符串中所有字符转换为小写	str1. toLowerCase()
toUpperCase()	将字符串中所有字符转换为大写	str1. toUpperCase()
indexOf(str,start-position)	从 start-position 位置开始，从左到右查找并返回 str 子字符串的位置，如果找不到返回－1	str1. indexOf("he ",3)
substring(start,end)	返回 start 与 end 位置之间的子串	str1. substring(4,8)

6.7.2 Math 对象

Math 对象包括常用常数和运算，如三角函数、对数函数、指数函数等。Math 对象是一个静态对象，不需要创建具体实例即可使用，例如，var num＝Math. sqrt(9)。Math 对象主要属性见表 6-16。

表 6-16 Math 对象主要属性

属性名称	说明	范例
E	常数 E	Math. E＝2. 718…
LN10	10 的自然对数	Math. LN10＝2. 302…
LN2	2 的自然对数	Math. LN2＝0. 693…
LOG2E	以 2 为底 E 的对数	Math. LOG2E＝1. 442…
LOG10E	以 10 为底 E 的对数	Math. LOG10E＝0. 434…
PI	圆周率	Math. PI＝3. 141…
SQRT1_2	0. 5 的平方根	Math. SQRT1_2＝0. 707…
SQRT2	2 的平方根	Math. SQRT2＝1. 414…

Math 对象主要方法见表 6-17。

表 6-17 Math 对象主要方法

方法名称	说明	范例
sin(x),cos(x)	返回 x 的正、余弦值,返回值以弧度为单位	Math. sin(1)=0. 841470…
asin(x),acos(x)	返回 x 的反正弦、反余弦值	Math. asin(1)=1. 570796…
tan(x),atan(x)	返回 x 的正切、反正切值,以弧度为单位	Math. tan(1)=1. 557407…
sqrt(x)	返回 x 的平方根	Math. sqrt(9)=3
pow(bv,ev)	以 bv 为底的 ev 次方	Math. pow(2,3)=8
abs(x)	返回 x 的绝对值	Math. abs(−6)=6
random()	返回 0～1 的随机数	Math. random()
min(x,y)	返回 x 和 y 中较小的数	Math. min(6,8)=6
max(x,y)	返回 x 和 y 中较大的数	Math. max(6,8)=8
round(x)	把 x 参数舍入到最接近的整数	Math. round(2. 667)=3
ceil(x)	返回大于或等于 x 的最接近的整数	Math. ceil(3. 889)=4
floor(x)	返回小于或等于 x 的最接近的整数	Math. floor(3. 889)=3

6.7.3 Array 对象

1. 定义数组对象实例

使用关键字 new 定义数组对象实例。语法：

```
数组对象实例名=new Array()
```

例如：

```
var  arr1=new Array()            //创建数组对象实例 arr1,数组长度不定
var  arr2=new Array(8)           //创建数组对象实例 arr2,数组长度是 8
```

如果在创建数组对象实例时不给出数组的元素个数,则数组的大小在引用数组时确定。数组的下标从 0 开始。

2. Array 对象的属性与方法

Array 对象常用属性是：length,表示数组的长度,等于数组元素的个数。

常用的方法如下。

(1) join():返回数组中所有元素连接而成的字符串。

(2) reverse():将数组元素逆转排列,即把数组的第 1 个元素换成最后一个元素,第 2 个元素换成倒数第 2 个元素,依此类推。

(3) sort():对数组中元素进行排序。

3. JavaScript 数组对象的特点

(1) 数组中的数组元素的数据类型可以不同,即一个数组的不同元素可赋予不同类型的值。例如：

```
arr1[0]=20                          //数值型
arr1[1]="林琳"                      //字符串型
arr1[2]=false                       //布尔型
```

(2) 数组元素可以是数组对象的实例。如果数组元素是数组对象的实例，则得到一个二维数组。例如：

```
var  arr=new Array(8)
for(i=0;i<8;i++)
    arr[i]=new Array(5)
```

创建了一个 8×5 的二维数组。

(3) 数组长度可以动态变化。例如，语句“arr＝new Array(8)”定义 arr 对象实例的长度为 8，如果希望它的长度增加到 20，只要通过赋值语句“arr[19]＝10”就可以了。

6.7.4 Date 对象

JavaScript 的 Date 对象主要用于对日期和时间的操作。它没有属性，但是有多种方法。使用 Date 对象定义日期变量的语法形式如下：

```
日期对象实例名=new Date()
```

例如，MyDate＝new Date()。

该语句建立了一个日期对象的实例 MyDate。如果没有特别指定时间，将把系统的机内时间放入 MyDate 变量。

表 6-18 列举了 Date 对象的主要方法和它们的使用说明。

表 6-18　Date 对象的主要方法及使用说明

方法名称	说　明	范　例
getYear()	返回对象实例年号，是 4 位数	MyDate. getYear()
getMonth()	返回对象实例月份数，其值为 0～11，0 代表 1 月	MyDate. getMonth()
getDate()	返回对象实例日期，其值为 1～31	MyDate. getDate()
getDay()	返回星期，其值为 0～6，0 表示星期日	MyDate. getDay()
getHours()	返回小时数，其值为 0～23	MyDate. getHours()
getMinutes()	返回分钟数，其值为 0～59	MyDate. getMinutes()
getSeconds()	返回秒数，其值为 0～59	MyDate. getSeconds()
getTime()	返回表示时间的整数，该时间从 1970 年 1 月 1 日 00:00:00 开始以毫秒为单位进行计算	MyDate. getTime()
setYear(timevalue)	设置年份，timevalue 为大于 1900 的整数	MyDate. setYear(2008)
setMonth(timevalue)	设置月份数，timevalue 的值为 0～11，0 代表 1 月	MyDate. setMonth(7)
setDate(timevalue)	设置日期，timevalue 的值为 1～31	MyDate. setDate(20)

续表

方法名称	说　明	范　例
setDay()	设置星期，值为 0～6，0 代表星期日	MyDate. setDay(5)
setHours(timevalue)	设置小时数，timevalue 的值为 0～23	MyDate. setHours(12)
setMinutes(timevalue)	设置分钟数，timevalue 的值为 0～59	MyDate. setMinutes(30)
setSeconds(timevalue)	设置秒数，timevalue 的值为 0～59	MyDate. setSeconds(30)
setTime()	设置用长整数表示的时间，该时间从 1970 年 1 月 1 日 00:00:00 开始以 ms 为单位进行计算	MyDate. setTime(3000)

6.7.5　JavaScript 内置对象的应用案例

例 6.11　假设页面有三个按钮，按钮上显示不同的书名。单击按钮，在下面的文本框中显示该书的信息。页面如图 6-14 所示，图 6-14(a)是打开时的页面，图 6-14(b)是用户选择"英华大字典"后显示的图书信息。

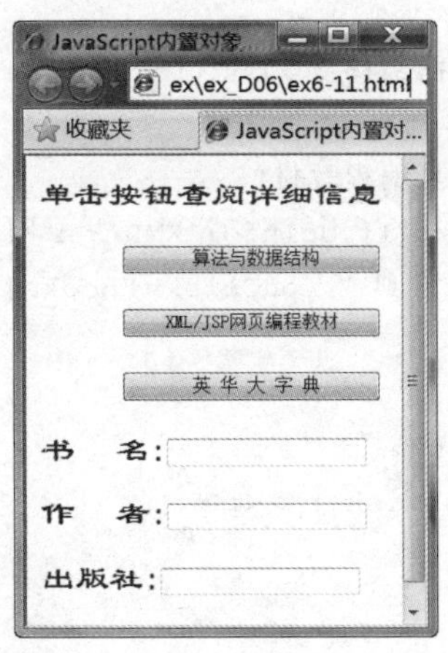

(a) 打开时的页面

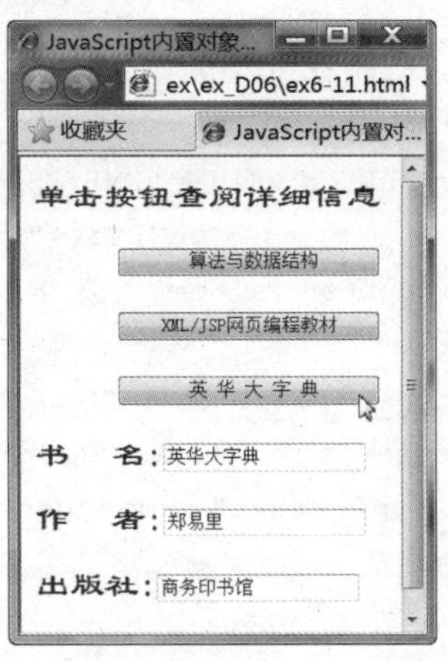

(b) 图书信息

图 6-14　JavaScript 内置对象应用案例

实现以上任务的页面代码 ex6-11. html 清单如下：

```
<html><head>
<title>JavaScript 内置对象应用案例</title>
<script language="JavaScript">
<!--
function upBookInfo(titleInfo){
  document.BookForm.BookTitle.value=titleInfo
  document.BookForm.BookAuth.value=this.Auth
  document.BookForm.BookPublisher.value=this.Publisher
}
```

```
function Book(title,auth,publisher){
  this.Title=title
  this.Auth=auth
  this.Publisher=publisher
  this.UpInfo=upBookInfo
}
-->
</script>
</head>
<body>
<script language="JavaScript">
   var Books=new Array()
   Books[0]=new Book("算法与数据结构","严蔚敏 陈文博","清华大学出版社")
   Books[1]=new Book("XML/JSP 网页编程教材","吴艾","北京希望电子出版社")
   Books[2]=new Book("英华大字典","郑易里","商务印书馆")
</script>
<font color="blue" face="隶书" size=5>单击按钮查阅详细信息
<form name="BookForm">
  <input type=button value=" 算法与数据结构 " onClick="Books[0].UpInfo('算法
  与数据结构')"><p>
  <input type=button value="XML/JSP 网页编程教材"
                          onClick="Books[1].UpInfo('XML/JSP 网页编程教材')"><p>
  <input type=button value=" 英 华 大 字 典 " onClick="Books[2].UpInfo('英华大
  字典')"><p>
书 名:<input type="text" name="BookTitle"><p>
作 者:<input type="text" name="BookAuth"><p>
出版社:<input type="text" name="BookPublisher"><p>
</font></form>
</body></html>
```

6.8 JavaScript 应用案例

本节给出 JavaScript 的几个应用案例。

6.8.1 数字钟

例 6.12 制作一个页面,页面上显示“单击此处启动数字钟,统计浏览网页时间”。当单击文字时,启动数字钟,用以显示当前时刻和网页的持续时间,页面如图 6-15 所示。

本案例将使用 JavaScript 对象及其内置的日期对象 Date。

实现以上任务的页面代码 ex6-12.html 清单如下:

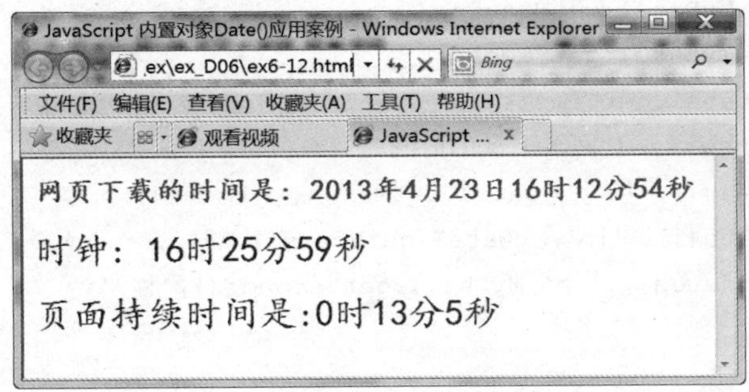

图 6-15　启动数字钟统计网页持续时间

```
<html><head>
<title>JavaScript 内置对象 Date()应用案例</title>
<script language="JavaScript">
<!--
function Eclock(){          //网页下载时的事件处理程序,启动数字钟,并统计浏览网页时间
  var MyDate2=new Date()    //浏览器将系统当前时间赋予日期对象实例 MyDate2
  var MyTime2=MyDate2.getTime()
    //获得 MyDate2 对象中表示时间的整数,从 1970 年 1 月 1 日午夜开始以 ms 为单位
  var TimeString2='时钟：'+MyDate2.getHours()+'时'+
               MyDate2.getMinutes()+'分'+MyDate2.getSeconds()+'秒'
  var MyHours3=0;MyMinutes3=0
  var MySeconds4=Math.round((MyTime2-MyTime1)/1000)
                            //内置 Math 对象的 round()方法,四舍五入
  MyHours3=Math.round((MySeconds4-1800)/3600)
  MyMinutes3=Math.round(((MySeconds4-30)%3600)/60)
  if(MyMinutes3==60)
     MyMinutes3=0
  MySeconds4=Math.round(MySeconds4%3600)
  MySeconds3=Math.round(MySeconds4%60)
  var TimeString3='页面持续时间是：'+MyHours3+'时'+MyMinutes3+'分'+MySeconds3
  +'秒'
  Clock.innerHTML=TimeString2+'<P>'+TimeString3      //显示时钟和浏览网页时间
  setTimeout ("Eclock()",1000)      //每隔 1000ms 执行一次 Eclock()函数,更新时间
}
-->
</script>
</head>
<body>
<h2><font color="green" face="楷体">
<script language="JavaScript">
<!--
var MyDate1=new Date()
var MyHours1=MyDate1.getHours()
```

```
var MyMinutes1=MyDate1.getMinutes()
var MySeconds1=MyDate1.getSeconds()
var MyTime1=MyDate1.getTime()
window.document.write("网页下载的时间是：",
  MyDate1.getYear(),'年',MyDate1.getMonth()+1, '月',
  MyDate1.getDate(1), '日',MyDate1.getHours(),'时',
  MyDate1.getMinutes(),'分',MyDate1.getSeconds(),'秒')
-->
</script></font></h2>
<div id=Clock style="position:absoulte;left:150;top:150;font-family:'楷体';
                        font-size:30;color:#0000FF" OnClick="Eclock()">
单击此处启动数字钟并统计网页持续时间</div>
</body></html>
```

代码说明如下：

（1）文件体<body>中第 5 行：

```
var MyDate1=new Date()
```

Date 是 JavaScript 内置的日期对象，主要用于对系统的日期和时间进行操作。使用关键字 new 创建了名为 MyDate1 的实例对象，浏览器把本地客户端的时间赋予变量 MyDate1。

（2）文件体<body>中第 6 行

```
MyHours1=MyDate1.getHours()
```

getHours()是 Date 对象的方法，返回对象中的小时数。该行将 MyDate1 对象中的小时数赋给变量 MyHours1。

（3）文件体<body>中第 9 行

```
var MyTime1=MyDate1.getTime()
```

getTime()是 Date 对象的方法，返回对象中表示时间的整数。该时间从 1970 年 1 月 1 日午夜开始以 ms 为单位进行计算。

（4）文件体<body>中第 16～18 行

```
<div id=Clock style="position:absoulte;left:150;top:150;font-family: '楷体';
                font-size:30;color:#0000FF" OnClick="Eclock()">
单击此处启动数字钟并统计网页持续时间</div>
```

在网页上设定了一个 id 是 Clock 的 div 块，该块将由文件头中用 JavaScript 语言书写的 Eclock()函数中的语句引用(代码中的第 19 行)。

```
Clock.innerHTML=TimeString2+'<P>'+TimeString3
```

Clock.innerHTML 表示 id 是 Clock 块中的内容，更新为赋值号右边的值。也就是说，在网页上启动数字钟后，“单击此处启动数字钟并统计网页持续时间”这行文字将由

TimeString2 和 TimeString3 串中的内容替换。

6.8.2 状态栏文字滚动显示

例 6.13 当单击页面时，状态栏的文字滚动显示。

该案例将应用 window 对象的 status 属性，设置状态栏的显示内容。使用 JavaScript 编制 onClick 事件响应程序，使状态栏滚动显示。

完成如上任务的页面代码 ex6-12.html 清单如下：

```
<html><head>
<title>状态栏文字滚动显示</title>
<script language="JavaScript">
<!--
  var ScrText="欢迎学习"Web 技术应用基础"!  "
  var LenText=ScrText.length
  var Width=80
  var Pos=1-Width
  function Scroll(){
    Pos++
    var Scroller=""
    if(Pos==LenText){
        Pos=1-Width
    }
    if(Pos<0){
        for(var i=1;i<=Math.abs(Pos);i++)
          Scroller=Scroller+""
        Scroller=Scroller+ScrText.substring(0,Width-i+1)
    }
    else Scroller=Scroller+ScrText.substring(Pos,Width+Pos)
    window.status=Scroller
    setTimeout("Scroll()",16)
}
-->
</script>
</head>
<body onClick="Scroll()">
<div id=StaScroller
style="position:absoulte;left:150;top:150;font-size:20;color:#0000FF" >单击页
面注意状态栏的变化</div>
</body></html>
```

读者可以执行上述程序，观察执行效果。

6.8.2 随机改变页面背景色

例 6.14 随机产生页面的背景色。

完成如上要求的代码 ex6-14.html 清单如下：

```
<html>
<head><title>背景色随机改变</title>
</head>
<body>
<script language=JavaScript>
   var mybool=false
   color_bar=new Array(3)
   for(var i=0;i<color_bar.length;i++){
       while(mybool==false){
         var start_num=(Math.round(Math.random()*1000))
         if(start_num>255){
           mybool=false
           continue
         }
         color_bar[i]=start_num
         mybool=true
       }
       mybool=false
   }
   var a=color_bar[0].toString(16)
   if(a.length<2){
       a=("0"+a)
   }
   var b=color_bar[1].toString(16)
   if(b.length<2){
       b=("0"+b)
   }
   var c=color_bar[2].toString(16)
   if(c.length<2){
       c=("0"+c)
   }
   var mkcolor=('"'+"#"+a+b+c+'"')
   document.bgColor=mkcolor
   document.write("<font face='隶书' color='white' size=6>背景色是："+mkcolor+
"</font>")
</script>
</body></html>
```

ex6-14.html 在浏览器中的显示效果如图 6-16 所示。

6.8.4 鼠标跟随

例 6.15 当鼠标在页面上移动时，有一幅图像或一行文字随鼠标移动。

完成如上要求的代码 ex6-15.html 清单如下：

```
<html>
<head><title>鼠标跟随</title>
<script language=JavaScript>
<!--
  var x,y
  var CanBool=0
  function canMove(){
    x=document.body.scrollLeft+event.clientX
    y=document.body.scrollTop+event.clientY
    CanBool=1
  }
  function move(){
    if(CanBool){
      ball.style.posLeft=x+20
      ball.style.posTop=y
    }
    setTimeout('move()',100)
  }
-->
</script>
</head>
<body onload="move()" onMouseMove="canMove()">
<font face="隶书" size=5 color=blue>鼠标移动图像跟随效果</font>
<div id="ball" style="position:absolute;left:250px;top:118px;z-index:"6">
  <img src="ball.gif">
</div>
</body></html>
```

ex6-15.html 在浏览器中的显示效果如图 6-17 所示。

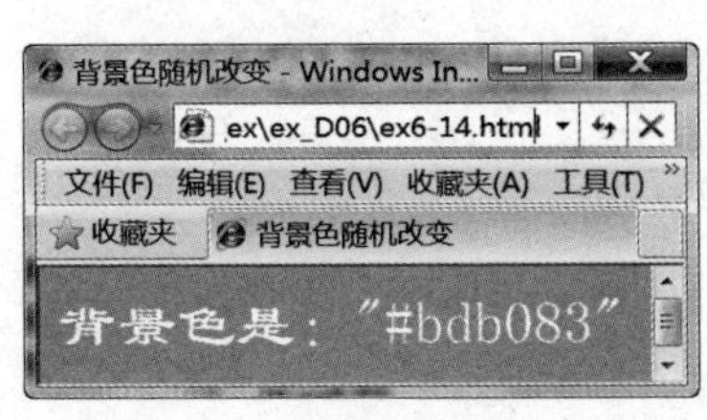

图 6-16 背景色随机改变

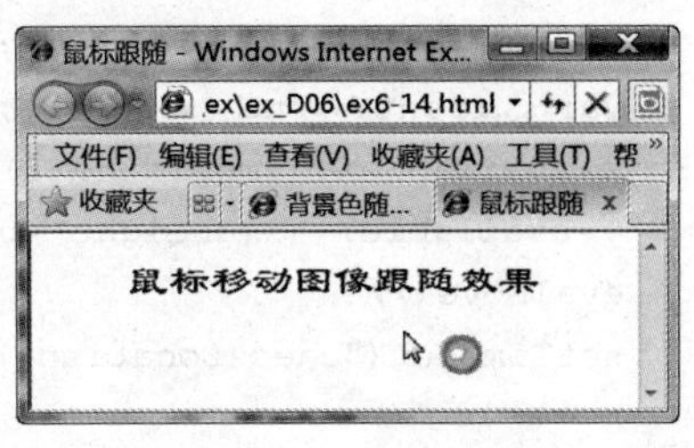

图 6-17 鼠标跟随

6.9 JavaScript 在网上书店案例中的应用

1. 设置页面的大小与格式

在 bookshop 文件夹的 index.jsp 文件中，与页面设置相关的代码段如下：

```
<script language=javascript>
<!--Begin
function setVariables() {
    imgwidth=50;
    imgheight=50;
    if (navigator.appName=="Netscape") {
      horz=".left";
      vert=".top";
      docStyle="document.";
      styleDoc="";
      innerW="window.innerWidth";
      innerH="window.innerHeight";
      offsetX="window.pageXOffset";
      offsetY="window.pageYOffset";
    }
    else {
      horz=".pixelLeft";
      vert=".pixelTop";
      docStyle="";
      styleDoc=".style";
      innerW="document.body.clientWidth";
      innerH="document.body.clientHeight";
      offsetX="document.body.scrollLeft";
      offsetY="document.body.scrollTop";
    }
}
function checkLocation() {
    objectXY="branding";
    var availableX=eval(innerW);
    var availableY=eval(innerH);
    var currentX=eval(offsetX);
    var currentY=eval(offsetY);
    x=availableX-(imgwidth+60)+currentX;
    y=availableY-(imgheight+40)+currentY-300;
    evalMove();
    setTimeout("checkLocation()",10);
}
function evalMove() {
```

```
    eval(docStyle+objectXY+styleDoc+horz+"="+x);
    eval(docStyle+objectXY+styleDoc+vert+"="+y);
}
// End-->
</script>
<link href="maincss.css" rel="stylesheet" type="text/css">
<body onload="setVariables(); checkLocation();">
    <div align="center">
    ……
</body></html>
```

2. 用户登录功能 login.jsp 代码

用户登录功能包括客户端验证与服务器端验证，与服务器端验证的相关代码，将在后续章节讲解。login.jsp 程序中的客户端验证代码段如下：

```
<script language="javascript">
<!--
function CheckSubmit()
  {
    if( document.loginform.userid.value=="" )
      { alert("请输入用户名!"); document.loginform.userid.focus(); return false; }
    if( document.loginform.password.value=="" )
      { alert("请输入密码!"); document.loginform.password.focus(); return false; }
    if(document.loginform.userid.value.indexOf("'") !=-1)
      { alert("用户名不能包含单引号,空格等字符!");
        document.loginform.userid.focus(); return false; }
    return true;
  }
</script>
<link href="maincss.css" rel="stylesheet" type="text/css">
<table width="100%" border="0" cellpadding="0" cellspacing="0" bgcolor="#
f6f6f6" class="td">
  <form name="loginform" action="index.jsp?op=login" method="post" >
    <tr>
      <td colspan="3"><div align="left">
        <img src="images/login_r1.jpg" width="158" height="43"></div></td>
    </tr>
    <tr>
      <td width="8"> </td>
      <td width="25%">用户名</td>
      <td width="75%">
        <input name="userid" type="text" class="formtext" size="12"></td>
    </tr>
    <tr>
      <td> </td>
      <td>密码</td>
```

```
    <td>
      <input name="password" type="password" class="formtext" size="12">
    </td>
  </tr>
  <tr>
    <td> </td>
    <td colspan="2">
      <input name="loginbutton" type="submit" value=" 登录 " onClick="return
      CheckSubmit();">
      新用户<a href="register.jsp">注册</a></td>
  </tr>
</form>
</table>
```

小　结

JavaScript 是嵌入或链接到 HTML 文档中的。JavaScript 是基于对象的，对象有属性和方法。只有熟练掌握 window 对象、document 对象和 JavaScript 内置对象的属性和方法的使用，才能编制相应的应用程序。window 对象是打开网页时的浏览器窗口，document 对象是浏览器显示的 HTML 文档，其下层常用对象之一是表单 form，其结构为 window→document→form。

习题、上机练习与实训 6

一、选择题

1. 以下(　　)是非法的 JavaScript 变量名。

A. stuId　　B. _numb　　C. finally　　D. MyDate6

2. JavaScript 语句：document. write((num1＝6)!＝(num2＝6))，在浏览器窗口显示结果为(　　)。

A. true　　B. Undefined　　C. Null　　D. false

3. 以下关于 JavaScript 语言的描述，正确的是(　　)。

A. 不区分大小写

B. 一定要用分号作为行结束标志

C. 可以用两种方法进行注释，"//……"和"/＊……＊/"

D. 是纯面向对象的

4. Date 对象的 setTime()函数(　　)的时间。

A. 设置从 2000 年 1 月 1 日 00：00：00 开始，以 s 为单位

B. 设置从 2000 年 1 月 1 日 00：00：00 开始，以 ms 为单位

C. 设置从 1970 年 1 月 1 日 00：00：00 开始，以 ms 为单位

D. 设置从 1970 年 1 月 1 日 12：00：00 开始，以 s 为单位

5. Date 对象的 getDay()函数返回(　　)。

A. 月份，其值为 0～11　　B. 日期，其值为 1～31

C. 星期，其值为 1～7　　D. 星期，其值为 0～6

6. 打开网页时的浏览器窗口是(　　)对象。

A. window　　B. document　　C. form　　D. location

7. onClick 事件在(　　)发生。

A. 鼠标移到对象上时　　B. 网页载入浏览器时

C. 鼠标左键单击对象时　　D. 用户释放按键时

8. setTimeout("changeStatus()",1000)函数执行时，(　　)。

A. 调用 changeStatus()函数 1000 次

B. 每 1000 毫秒，调用 changeStatus()函数一次

C. 每 1000 秒，调用 changeStatus()函数一次

D. 每 1000 分，调用 changeStatus()函数一次

二、简答题

1. 什么是脚本语言，它的功能是什么？
2. 客户端脚本和服务器端脚本各自的功能是什么？
3. 如何将 JavaScript 嵌入 HTML 页面？请写出关键语句。
4. 如何将 JavaScript 文件链接到 HTML 文档？请写出关键语句。
5. window 对象的组成结构是怎样的？
6. window 对象的主要属性和方法是什么？举例说明它们的应用方法。
7. window 下层最主要的对象是什么？
8. document 对象的主要属性、方法和事件是什么？各举出三个例子，可以多举。
9. document 对象的按键事件在什么时候起作用？
10. JavaScript 中的函数如何定义？如何调用？
11. JavaScript 如何创建对象？如何访问所创建对象的方法和属性？
12. JavaScript 主要应用哪几个接口元素？如何使用？
13. 什么是事件？什么是事件处理程序？
14. 如何引用表单元素？如果页面上有一个表单 name＝myForm，表单上有一个按钮 name＝myButton，如何引用按钮上面的数据？
15. 如何创建字符串对象？举例说明。
16. 创建一个二维数组对象。
17. 写出输出系统当前月份的语句。

三、上机练习

1. 使用<script>标记把一小段脚本程序嵌入或调入 HTML 页面，并在浏览器中显示它的结果。

2. 使用 JavaScript 制作一个跑马灯。

3. 使用 JavaScript 编制一段代码完成以下功能：

(1) 要求输入一个姓名。

(2) 用确认框检查输入是否正确(是否为合法输入字符，位长是否合理等)。

(3) 根据输入给出相应的提示。

4. 页面上有一幅图像，在状态栏显示有关图像的说明。单击图像时，换成另一幅图像，同时状态栏的内容也做相应的变更。

5. 制作页面，实现鼠标移动时，一行文字跟随鼠标移动。

6. 制作一个页面，页面上有 2 个文本框和提交按钮。在文本框中输入信息后，用鼠标单击提交按钮，将显示文本框中输入的内容。

7. 在客户端验证用户输入信息。如果输入正确，允许链接到网站；如果不正确，禁止链接。要求用户界面友好。

8. 制作一个页面，页面的背景色可以随机变化。

9. 制作一个数字钟，根据网页下载持续时间进行收费。

10. 制作一个打猎游戏。页面上有几个猎物在飞或在跑，用鼠标追赶猎物。追上后用鼠标单击猎物，弹出信息框说明猎物被击中，同时猎物消失。

11. 为某单位的主页制作标题，使标题具有动态效果。

四、实训课题

1. 应用 JavaScript 制作一个计算器，可以对整数和小数进行加、减、乘、除运算。计算器的界面如图 6-18 所示。

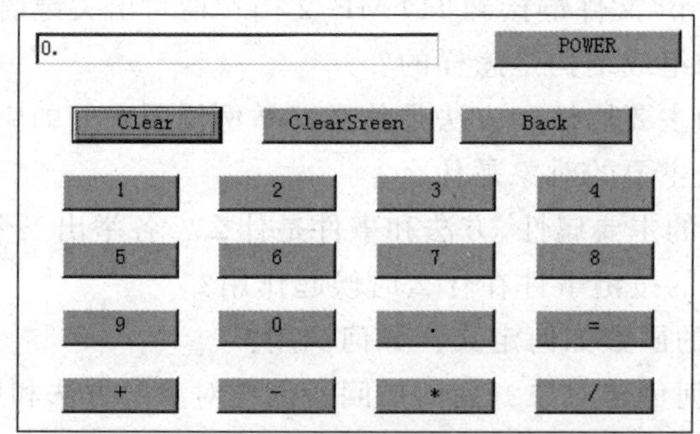

图 6-18 计算器的界面

2. 为某企业网站设计并制作一个业务查询栏目。输入正确的用户名及口令后，允许进行查询。请读者完成用户需求分析，确定查询的项目，设计并规划栏目的界面，并使用 JavaScript 脚本语言完成控件之间的响应任务和计算任务(如果存在计算任务的话)。

3. 某银行网站希望增加一个栏目，在界面中输入本金、存款方式和存款时间后，即可显示到期后的本金和利息之和共有多少，以利于客户选择存款方式。完成该栏目的设计与制作。

4. 制作一个扑克牌的 21 点游戏。游戏开始后随机发 4 张牌，通过加、减、乘、除使答案为 21。设计该游戏并完成它的制作。

第3篇

JSP 与数据库应用开发

JSP 技术是开发应用系统的先进工具。它是基于 Java Servlet 以及整个 Java 体系的 Web 开发技术。应用 JSP 技术可以开发动态、高性能、安全和跨平台先进的 Web 应用系统。通过第 3 篇的学习,读者将掌握基于 JSP 的 数据库应用开发技术。第 3 篇主要介绍以下内容:

第 7 章　JSP 运行机制与基本语法。

第 8 章　JSP 内置对象。

第 9 章　基于 JSP 的数据库应用开发。

第 10 章　Servlet 基础。

第 11 章　网上书店的实现。

第 3 篇的所有案例在"Windows 7＋Tomcat＋SQL Server 2005 企业版"和"Windows XP＋Tomcat＋SQL Server 个人版"环境上调试通过。

第3篇

第 7 章 JSP 运行机制与基本语法

JSP 是动态网页技术之一，JSP 页面具有实时性、交互性和动态功能。使用 JSP 技术开发的 Web 应用系统具有跨平台特性，易于推广应用。JSP 页面是基于 Java 的。一个典型的 JSP 页面由 HTML 标记、Java 程序段和 JSP 标记组成。本章主要介绍 JSP 页面的创建方法、基本结构、运行机制、基本语法现象、指令标记、动作标记和中文乱码现象的解决等内容。

学习要点：

(1) 掌握 JSP 页面的基本结构和创建方法。

(2) 理解 JSP 页面的运行机制。

(3) 熟练掌握 JSP 中变量和方法的声明，以及脚本元素的用法。

(4) 理解 JSP 指令标记、动作标记和自定义标记的基本要点。

(5) 熟练掌握三个主要指令标记：page、include 和 taglib 标记的功能和使用方法，tag 文件的制作和自定义标记的调用。

(6) 熟练掌握 param、include、forward 和 plugin 动作指令的功能和使用方法。

(7) 掌握 include 指令和 include 动作的区别，并能正确使用。

(8) 能够解决 JSP 中文乱码的问题。

7.1 JSP 技术概述

7.1.1 JSP 应用示例

例 7.1 制作简单的 JSP 页面，在浏览器中输出 3 行由小变大的文字。制作步骤如下。

1. 在记事本中输入 JSP 源代码

打开记事本，输入以下代码。文件是文本格式的，编辑完成后，以“.jsp”后缀保存在 D:\tomcat7.0\webapps\ex_D07 目录下。由于 JSP 是基于 Java 的，所以文件名区分大小写。ex7-01.jsp 的源代码如下：

```
<!--ex7-01.jsp-->
<%@page language="java" import="java.util.*,java.text.*" contentType="text/
html; charset=GBK"%>
<html>
<head><title>第1个JSP页面</title>
  <%!
    String getDate()
    { return new java.util.Date().toString();}
  %>
</head>
<body><center>
<jsp:include page="ex7-01.html"/></center><br>
  <div align="center">
    <%--使用Java语言的for循环语句控制输出字体的大小--%>
    <%
    for( int i=4; i>1; i--)          //输出3行文字
      out.println( "<h"+i+">Web技术应用基础</h"+i+">" );
    %><hr>
    <font size=4 color=red>现在时间是：</font>
    <%=getDate()%>
    <!--页面访问时间：<%=(new java.util.Date()).toLocaleString()%>-->
  </div>
</body></html>
```

ex7-01.html 的源代码如下：

```
<html><head><title>第1个JSP页面</title></head>
<body><center>
  <font size=4 color=red>字体由小变大显示</font></center>
</body></html>
```

2. 在浏览器中显示结果

使用发布方式查看结果。打开浏览器，在浏览器地址栏目中输入 ex7-01.jsp 文件的 URL：http://127.0.0.1:8080/ex_D07/ex7-01.jsp。该段代码在浏览器中的显示如图7-1所示。

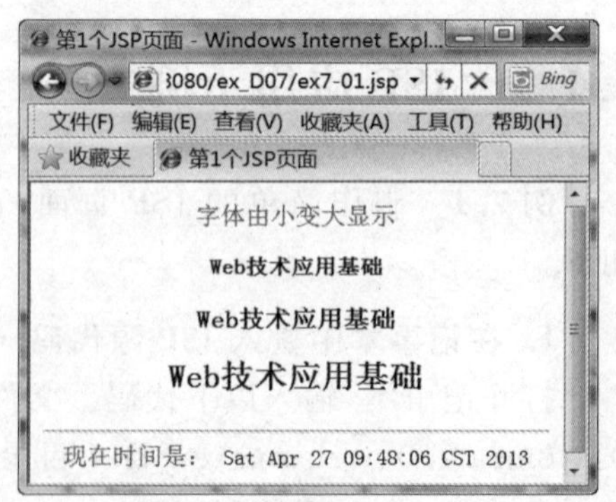

图7-1　字体由小变大

3. 经服务器端作用后在客户端见到的源代码

在客户端浏览器菜单中选择“查看”→“源文件”，观察经服务器端作用之后，在客户端显示的代码如下：

```
<!--ex7-01.jsp-->
<html>
<head><title>第1个JSP页面</title>
```

```
</head>
<body><center>
<!--ex7-01.html-->
<html><head><title>第 1 个 JSP 页面</title></head>
<body><center>
  <font size=4 color=red>字体由小变大显示</font></center>
</body></html></center><br>
<div align="center">

<h4>Web 技术应用基础</h4>
<h3>Web 技术应用基础</h3>
<h2>Web 技术应用基础</h2>
<hr>
<font size=4 color=red>现在时间是：</font>
Fri Jun 14 09:27:52 CST 2013
<!--页面访问时间：2013-6-14 9:27:52-->
</div>
</body></html>
```

这段代码与服务器端的代码有许多不同。例如，在服务器端的 ex7-01.jsp 文档中的脚本：

```
<%
    for( int i=4; i>1; i--)
    out.println( "<h"+i+">Web 技术应用基础</h"+i+">" );
%>
```

经服务器端编译执行后，在客户端形成标准的 HTML 语句：

```
<h4>Web 技术应用基础</h4>
<h3>Web 技术应用基础</h3>
<h2>Web 技术应用基础</h2>
```

客户端的用户见不到服务器端运行的源代码，只能看到运行后的标准 HTML，这使得源代码不外泄，有助于开发者保护自己的知识产权。

7.1.2 JSP 页面的基本结构

由例 7.1 可以看出，JSP 文件由两大部分组成。一部分是＜％…％＞标记以外的部分；另一部分是在＜％…％＞标记内的代码，标记内的代码即为 JSP 代码，JSP 代码由 JSP 引擎处理。在 HTML 文件中嵌入 Java 代码片段(scriptlet)和 JSP 标记(tag)，就组成了 JSP 页面(＊.jsp)。Web 服务器遇到 JSP 页面时，先执行嵌入的 JSP 程序段，然后将运行结果与其他 HTML 组合到一起返回给客户。

JSP 页面主要由以下 6 种元素组成。

(1) HTML 标记。

(2) JSP 标记,有指令(Directive)标记、动作(Action)标记和自定义标记。指令在标记“＜%@”和“%＞”之间定义,例如,＜%@ page language="java"＞。动作在标记“＜jsp:”和“＞”之间定义,例如,＜jsp:include page="ex7-01.html"＞。

(3) java 代码片段(Scriptlet),在标记“＜%”和“%＞”之间定义。

(4) 表达式(Expression),在标记“＜%=”和“%＞”之间定义,例如,＜%=getDate()%＞。

(5) 声明变量、方法和对象,在标记“＜%!”和“%＞”之间声明,例如,＜%!String getDate()%＞。

(6) 注释有三种,HTML 注释、JSP 注释和脚本注释。

7.1.3 JSP 运行机制

JSP 是服务器端技术,JSP 引擎处理 JSP 页面要经过三个阶段:翻译阶段、编译阶段和执行阶段。JSP 运行机制如图 7-2 所示。

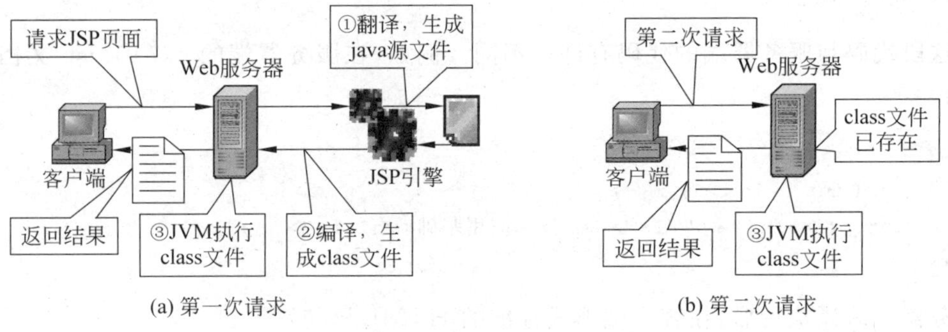

图 7-2　JSP 运行机制

JSP 程序运行过程如下。

(1) 翻译(translation)阶段。客户请求执行服务器上的一个 JSP 页面。如果是第一次请求或是修改过的页面,见图 7-2(a),服务器上的 JSP 引擎解析页面,把 JSP 代码转换成 Servlet 代码,即 java 源文件“*.java”。打开 Tomcat 的工作目录:

```
D:\Tomcat 7.0\work\Catalina\localhost\ex_D07\org\apache\jsp
```

在该目录下存放 JSP 引擎产生的临时文件 *.java 和 *.class。可以看到例 7.1 对应的 ex7_002d01_jsp.java 文件,这就是 JSP 引擎解析 ex7-01.jsp 时得到的 java 源程序。读者可以用文本编辑器打开该文件查看。

(2) 编译(compilation)阶段。JSP 引擎调用服务器端的 Java 编译器,把 java 文件编译生成字节码文件“*.class”。在 Tomcat 的工作目录下,可以看到 ex7_002d01_jsp.class 文件。字节码文件的任务是:

- 把 JSP 页面中的 HTML 标记,送到客户端浏览器执行显示。

- JSP 标记、数据和方法声明、Java 代码片段在服务器解释执行，把需要显示的结果嵌入 HTML 页面送客户端浏览器显示。
- 由服务器计算 Java 表达式，把计算结果转化为字符串，送交客户端浏览器显示。

当多个客户请求同一个 JSP 页面时，JSP 引擎为每个客户启动一个线程，这些线程由 Tomcat 服务器管理。

(3) 执行阶段。Java 虚拟机(JVM)载入字节码文件并且执行字节码文件，把结果返回给发出请求的客户端。

翻译阶段和编译阶段只有在页面首次执行或修改了 JSP 页面时才发生；载入的字节码文件在 Java 虚拟机的运行期间内均有效可行。当客户第一次请求某个 JSP 页面时，要经过所有 3 个阶段，需要的时间稍长。但页面再次被请求时，编译好的字节码文件已经存在，不需要再经过翻译阶段和编译阶段，只需要执行字节码文件就可以了，见图 7-2(b)，所以同其他技术相比，JSP 的运行速度是较快的。

7.1.4 JSP 的特点

JSP 的主要特点如下。

1. 把页面表示层和逻辑层分开

使用 JSP 技术可以把界面的开发与程序逻辑的开发分离开。Web 开发人员使用 HTML 标记来设计界面，例如，字体颜色、文本对齐方式等；使用 JSP、JavaBean 和脚本制作动态内容。JSP 技术使得开发人员的分工更加明确，页面设计者可以修改内容显示方式而不影响逻辑，应用程序的开发者修改逻辑而不影响内容显示方式。

2. 生成可重用的组件

绝大多数 JSP 页面依赖于可重用的、跨平台的组件(JavaBeans 或 Enterprise JavaBean)来执行复杂处理。开发人员可以共享和交换组件，或把这些组件提供给更多的用户使用。基于组件的开发方法有效地提高了应用程序的开发效率，加速了项目的总体开发进程。

3. 应用标记简化页面的开发

使用 JSP 标记简化页面开发。JSP 标记可以访问和实例化 JavaBeans 组件，设置或检索组件的属性，下载 Applet，以及执行使用其他方法难以实现的功能。

JSP 标记具有可扩充性，允许开发者扩展 JSP 标记，开发人员也能够定制常用功能标记库。第三方或其他开发人员也可以创建自己的标记库。由于页面制作者可以使用标记库中的功能，因此大大减少了对脚本语言的依赖，并降低了页面制作的复杂度。

4. 一次编写、各处运行

由于 JSP 页面的内置脚本是基于 Java 语言的，而且所有的 JSP 页面都被编译成 Java Servlet，所以 JSP 具有 Java 的特点，如健壮的存储管理、安全性、跨平台特性及“一次编写、各处运行”等特点。

5. 执行速度快

由于 JSP 文件在第一次运行后，生成了字节码文件，所以以后的运行速度是很快的。

7.2 JSP 基本语法

7.2.1 JSP 常用语句类型

JSP 常用的语句主要有以下 6 种类型。

(1) 注释：<%－－注释内容－－%>。

(2) 声明：<%!预定义内容 %>。

(3) 表达式：<% =表达式 %>。

(4) 代码片段 Scriptlet：<% 代码 %>。

(5) 指令：<%@ 指令 %>。

(6) 动作：<jsp:动作>。

7.2.2 注释

为增加了程序的可读性与可维护性，在语句中插入注释，注释内容不在浏览器中显示。有三种 JSP 注释。

(1) HTML 注释，发送到客户端，在客户端通过浏览器查看源文件可见的注释。

(2) JSP 注释，发送到服务器端，在客户端不可见的注释，也称为隐藏注释。

(3) 脚本注释，在 JSP 脚本段中使用的注释，在客户端也见不到脚本注释。

1. HTML 注释

JSP 引擎对 HTML 注释不作任何解释，客户通过浏览器查看源文件时，可以看到 HTML 注释。HTML 注释的使用格式如下：

```
<!—注释内容[<%=表达式%>]-->
```

注释在“<!--”和“-->”标记之间，可以在注释中包含各种合法的表达式。如果在注释中使用了 JSP 表达式，则所有嵌入的 JSP 代码仍在服务器端编译执行，并将执行结果返回客户端的源代码。

例如，例 7.1 中的语句：

```
<!--ex7-01.jsp-->
```

在客户端浏览器窗口中不显示，在查看源代码时可以见到该注释。

又如，例 7.1 中语句：

```
<!--页面访问时间：<%=(new java.util.Date()).toLocaleString()%>-->
```

也不在浏览器窗口显示。经过服务器编译执行后，结果是服务器的当时时间，嵌入 HTML 文档，发往客户端，在客户端查看源文件时见到的源代码是：

```
<!--页面访问时间：2013-4-27 9:48:06-->
```

2. JSP 注释

JSP 注释在客户端是见不到的，故也称隐藏注释。隐藏注释写在 JSP 代码中，是为 JSP 代码做的注释。隐藏注释的使用格式如下：

```
<%--注释--%>
```

JSP 引擎在编译时忽略"<%——"和"——%>"之间的语句。隐藏注释是给编程人员看的，属于内部资料，它们既不在客户端浏览器中显示，也不能在客户端的"查看源文件"中看到，具有较高的安全性。例如，例 7.1 中的注释语句：

```
<%--使用 Java 语言的 for 循环语句控制输出字体的大小--%>
```

在客户端的源文件中被空白行代替。

3. 脚本注释

JSP 脚本中使用的是 java 语言，所以 java 的三种注释方法都可以使用。JSP 引擎在编译时忽略脚本注释，也不把它们发送到客户端，客户通过浏览器查看源文件时，看不到脚本注释。脚本注释要在标记<%…%>内使用，使用格式如下。

(1) //注释内容

"//"后到本行结束的内容，都是注释内容。例如，例 7.1 中的语句：

//输出 3 行文字

(2) /* 注释内容 */

"/*"到"*/"之间是注释内容，可占多行。

(3) /** 注释内容 */

"/**"到"*/"之间是注释内容，可占多行。

7.2.3 声明

声明语句声明 JSP 文件中将要用到的变量和方法，变量类型包括 Java 的基本类型和类对象。在"<%!"和"%>"标记之间声明变量和方法，在这两个标记之间声明的变量在整个 JSP 页面有效。当 JSP 引擎将 JSP 页面转译成 Java 文件时，整个页面被编译为一个类，这些变量生成为 JSP 页面的成员变量，它们的内存空间在服务器关闭后才被释放。当多个用户请求同一个 JSP 页面时，JSP 引擎为每个用户启动一个线程，线程由 JSP 引擎管理。多个用户共享 JSP 页面的成员变量，任何一个用户对成员变量的修改，都会改变变量的原来状况，影响到其他用户。利用用户共享成员变量的特点，可以制作计数器等应用。

1. 声明的语法规则

声明的语法规则如下：

```
<%!声明;[声明;]…%>
```

例如：

```
<%!int i=6;%>                                    //声明变量
<%!int a,b,c;double d;%>                         //声明多个变量
<%!Circle a=new Circle(6.0);%>                   //声明对象
<%!String getDate();%>                           //声明方法
```

2. 使用注意事项

使用时需要注意：

(1) 可以一次声明多个变量和方法，必须以“，”分开，以“;”号结尾。

(2) 一个声明只在一个页面有效。最好把每个页面都要用到的声明，写成一个单独的文件，然后用<%@ include %>指令或<jsp:include>动作包含进来。

(3) 可以直接使用在<%@ page %>中包含进来的已经声明了的变量和方法，不需要对它们重新声明。

3. 应用示例

(1) 声明变量和对象

例 7.2 利用多个客户共享成员变量的特性，制作一个计数器，统计网页访问人数。ex7-02.jsp 声明了一个 int 类型的变量 num，用来统计访客人数；2 个 String 变量和一个时间对象。时间对象存储第一位客人的访问时间，也由多个客户共享，在不同客户的页面上输出相同的时间。当有多个用户访问该页面时，所有用户共享变量 num 和对象 MyDate，读者可以在多个浏览器窗口打开该页面观察共享现象。ex7-02.jsp 源代码如下：

```
<%@page  import="java.util.* " %>
<%@page contentType="text/html; charset=GB2312"%>
<html><head><title>JSP声明应用案例</title></head>
<body><center>
  <%="<font size=5 color=blue>声明的应用</font>"%></center><hr>
      <%!int num=0; %>                              //声明计数变量 num
  <%!String str1,str2; %>
  <%str1="你好!你是第 "; str2=" 位访问客人。";%>
  <%num++; %>
      <%!Date MyDate=new Date();%>                  //声明时间对象 MyDate
  <div align="center"><font size="4" color=blue><b>
    <%=str1%><%=num%><%=str2%></font><p>
    <font color=green>
      第一位客人访问时间是：<%=MyDate.toLocaleString()%>
    </font></b></div>
</body></html>
```

ex7-02.jsp 在浏览器中的显示如图 7-3 所示。

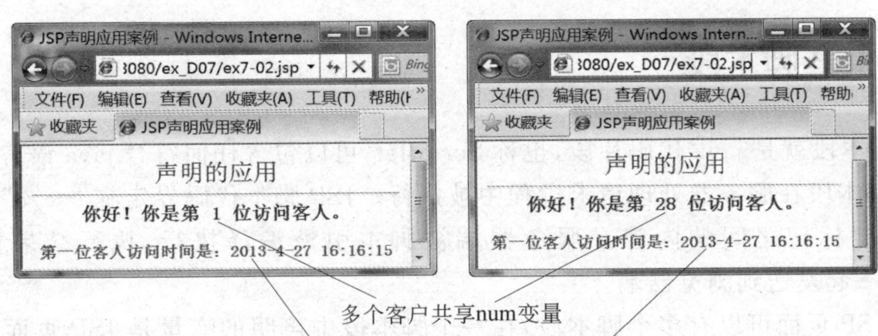

图 7-3 声明的应用

7.2.4 表达式

使用JSP表达式向页面输出信息。JSP表达式就是java表达式，是由变量、常量组成的算式，表达式必须能够求值。在“<%=”和“%>”之间插入JSP表达式，由服务器计算表达式的值，并将计算结果以字符串形式送到客户端浏览器显示。如果表达式的值是字符串，表达式的值将直接显示在页面上，否则将表达式的值转换为字符串，在页面上显示。由于表达式已经被转化为字符串，所以可以在一行文本中插入表达式。表达式可以访问request、response、out、session、application、config和PageContext等JSP内部对象。

1. 表达式的语法规则

语法：

```
<%=表达式 %>
```

例如ex7-01.jsp中的<%="<font size=4 color=red>字体由小变大显示</font>"%>。

2. 使用注意事项

使用时需注意以下几点：

(1) 不能用“;”号作为表达式的结束标志，但是同样的表达式在Scriptlet中需要用分号作为结束符。

(2) “<%=”是一个完整的标记，中间不能有空格。

(3) 表达式元素包括任何在Java语言规范中有效的表达式。

(4) 表达式可以成为其他JSP元素的属性值。一个表达式可以由一个或多个表达式组成，按从左到右的顺序求值。

应用示例见例7.2，代码ex7-02.jsp中的语句：

```
<%=str1%><%=num%><%=str2%>
<%=MyDate.toLocaleString()%>
```

7.2.5 JSP 脚本段

JSP 脚本段就是 java 代码片段，也称 Scriptlet，可以包含任何符合 java 语言规范的语法成分。脚本段在服务器处理请求过程中被执行。JSP 脚本代码界定在“<%”和“%>”之间，在界定标记之间的内容在服务器端被脚本引擎编译执行，执行结果重新嵌入 HTML 后一起发送到浏览器端。

一个 JSP 页面可以有多个脚本段，在一个脚本段中声明的变量是 JSP 页面的局部变量，它们在后续的 JSP 页面的所有脚本段和表达式部分有效。当 JSP 引擎把 JSP 页面转译成 Java 文件时，把脚本段的变量生成为某个类的方法中的变量，也就是局部变量。当脚本段被调用时，局部变量被分配内存空间；调用结束后，局部变量占有的内存空间被释放。在多个用户请求同一个页面时，JSP 引擎为每个用户启动一个线程，为不同用户的局部变量分配不同的内存空间，所以某个用户对局部变量的操作，不会影响另一个用户的局部变量。

1. JSP 脚本元素语法规则

语法：

```
<%代码片段 %>
```

例如，例 7.1 的代码 ex7-01.jsp 中的语句：

```
<%
  for( int i=4; i>1; i--) //输出 3 行文字
    out.println( "<h"+i+">Web 技术应用基础</h"+i+">" );
%>
```

就是一个脚本段。变量 i 为局部变量，用来控制字体显示的大小。

2. 脚本元素的功能

脚本元素可以和页面的静态元素（例如 HTML）组合在一起生成动态页面。一个 Scriptlet 能够包含多个 JSP 语句、方法、变量和表达式。脚本段的主要功能如下：

(1) 声明将要用到的方法和变量。

(2) 编写 JSP 表达式。

(3) 编写 JSP 语句，如果使用 Java 语言，这些语句必须遵从 Java 语言规范。

(4) 使用任何隐含的对象和任何用<jsp:useBean>声明过的对象。

(5) 填写任何文本和 HTML 标记。

如果脚本段有需要显示的内容，则把这些内容存放在 out 对象中，输出到页面上显示。例如，ex7-01.jsp 中的语句：

```
out.println( "<h"+i+">Web 技术应用基础</h"+i+">" )
```

当 i 等于 2 时，相当于 out.println("<h2>Web 技术应用基础</h2>")，把文字“Web 技术应用基础”输出到页面上。

7.2.6 JSP基本语法应用案例

例 7.3 根据 Web 服务器系统的时间，显示不同时间段的问候。ex7-03.jsp 代码清单如下：

```
<%@page contentType="text/html;charset=gb2312" import="java.util.*" %>
<html>
<head><title>jsp基本语法应用案例 </title></head>
<body><center><font color=blue size=6 face="隶书">
<%
    Date today=new Date();
    int hours=today.getHours();
    int minute=today.getMinutes();
    if(hours>=0 && hours<12){
      out.println("朋友们,早上好!");
    }
    else if(hours>=12 && hours<19){
      out.println("朋友们,下午好!");
    }
    else
      out.println("朋友们,晚上好!");
%></font></center>
</body></html>
```

ex7-03.jsp 使用 new 关键字创建了一个日期对象，把系统的时间赋予 today 变量，根据不同的时间段，输出不同的问候语发送到浏览器。

在浏览器中显示的结果如图 7-4 所示。

图 7-4 显示不同时间的问候

7.3 JSP 指令标记

JSP 标记有指令标记、动作标记和自定义标记。指令标记在 JSP 页面处理的翻译阶段提供全局信息或静态引入资源，动作标记在执行阶段为页面提供插件或动态引入资源。

7.3.1 JSP 指令标记的功能

JSP 指令标记在翻译阶段提供全局信息，所有的指令元素在整个 JSP 页面都有效。指令标记通知 JSP 引擎如何处理 JSP 页面。例如，设置全局变量的值和输出内容的类型，提供缓冲器和线程信息、错误处理信息，指定脚本语言以及所有的扩展，指明页面包含的外部文件，指出页面可以调用的标记库等。JSP 指令标记不在客户端直接产生可见输出。

JSP 指令标记从“<%@”开始，以“%>”结束。例如，<%@ page language=“java” %>。3 个常用的 JSP 指令标记是 include、page 和 Taglib。应用举例如下：

<%@ include file="filename.jsp" %>，指出被包含的文件。

<%@ page import ="java.util.Date" %>，导入类。

<%@ page errorPage="errorPage.jsp" %>，如果发生异常事件，将信息发送到 errorPage.jsp 异常处理页面。

<%@ page session="true" %>，指示是否需要为使用者管理会话期的信息。

7.3.2 include 指令标记

1. include 指令标记的功能

include 指令称为文件加载指令，在该指令出现的位置静态嵌入一个文件，加载需要嵌入的文本或代码。它把文件静态嵌入指令出现的位置，然后后合并成一个新的 JSP 文件，再由 JSP 引擎转译成 Java 文件。被嵌入的文件可以是 JSP 文件、HTML 文件或其他文本文件，被嵌入的文件必须是可访问和使用的。在开发 Web 应用时，如果有多个页面含有相同的功能，例如，登录验证功能、导航条等，可以把这些相同功能的内容放在一个文件中，然后由需要这些功能的页面使用 include 指令包含进来，从而可使 JSP 页面开发模块化，减少代码冗余，提高页面管理与维护效率。

2. include 指令标记的语法规则

```
<%@include file="文件 URL"%>
```

文件 URL”是要嵌入文件的 URL，一般是指相对路径，不需要指明端口、协议和域名。如果被嵌入的文件与当前 JSP 页面位于同一个 Web 服务目录，“文件 URL”以文件名或路径名开始。嵌入新文件后，必须保证合并成的新 JSP 文件符合 JSP 页面的语法规则。例如，JSP 页面不允许使用 page 指令对除 import 指令外的一个属性多次赋值；如果有两个文件的 page 指令对同一个属性赋值，那么在使用 include 指令时就会出错。

3. include 指令标记应用案例

例 7.4 文件 ex7-04_1.jsp 输出系统的日期和时间，并用 include 指令把它嵌入 ex7-04.jsp 文件，在页面上显示。

ex7-04.jsp 代码清单如下：

```
<%@page contentType="text/html; charset=gb2312"%>
<html><head><title>include 指令应用</title></head>
<body><center><font size=5 face="隶书" color=blue>include 指令应用</font><br
><hr>
  <font size="4" color=red><b>
  现在的日期和时间是:<br>
  <%@include file="ex7-04_1.jsp"%>
  </font></center>
```

```
</body></html>
```

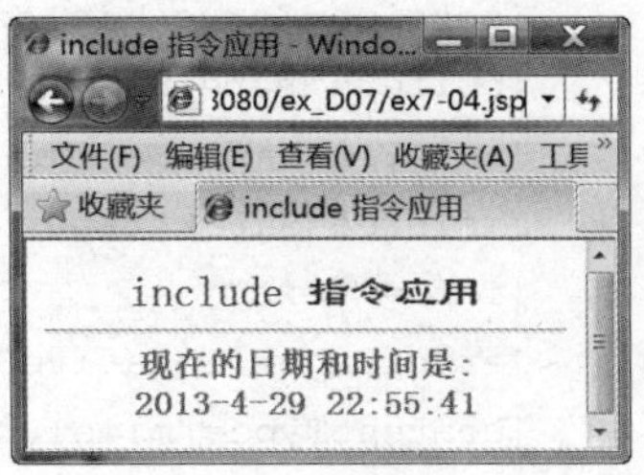

图 7-5　include 指令应用

ex7-04_1.jsp 代码清单如下：

```
<%@page language="java" import="java.util.*" %>
<%=(new Date()).toLocaleString()%>
```

运行程序 ex7-04.jsp 在浏览器中的显示如图 7-5 所示。

在客户端见到的源文件如下：

```
<html>
<head><title>include 指令应用</title></head>
<body><center><font size=5 face="隶书" color=blue>include 指令应用</font><br
><hr>
<font size="4" color=red><b>
现在的日期和时间是:<br>

2013-4-29 22:55:41

</font></center>
</body></html>
```

在客户端的源文件中，见不到 ex7-04_1.jsp 源代码，在 ex7-04.jsp 文件的<%@ include file="ex7-04_1.jsp"%>位置，嵌入了 ex7-04_1.jsp 文件的执行结果：2013-4-29 22:55:41。

7.3.3　page 指令标记

1. page 指令标记的功能

page 称为页面指令，是应用于当前页面的指令，用来定义 JSP 页面的全局属性并设置属性值。page 指令指定页面使用的脚本语言、JSP 代表的 Servlet 实现的接口、导入指定的类及软件包等。一个 page 指令可以定义多个属性，也可以使用多个 page 指令分别定义每个属性。每个页面都有自己的 page 指令，page 指令对整个当前 JSP 页面有效，与在页面中书写位置无关，一般习惯把 page 指令写在页面的开始。page 指令区分大小写，属性是可选项。除 import 属性外，其他属性最多只出现一次。

2. page 指令标记的语法规则

```
<%@page 属性 1="属性值 1"属性 2="属性值 2"… %>
```

或

```
<%@page
  [language="java"]
  [import="{package.class |package.*}, "]
  [extends="package.class"]
```

```
    [session="true | false"]
    [buffer="none|8kb |sizekb"]
    [autoFlush="true |false"]
    [isThreadSafe="true |false"]
    [info="text"]
    [errorPage="relativeURL"]
    [contentType="mimeType [;charset=characterSet ] "|"text/html;charset=ISO-
    8859-1"]
    [isErrorPage="true |false"]
%>
```

Page 指令标记的属性见表 7-1。

表 7-1　page 指令标记的属性

属　性　名	使 用 说 明	范　　例
language	定义要使用的脚本语言，默认值是 java，是目前唯一有效的设定值	language="java"
import	在 JSP 页面中导入需要使用的 java 包和类，可以是 JDK 中的类，也可以是用户自定义的类。只有 import 可以在同一页面指定多个属性值，多个属性值用“，”号分开。默认属性值有：java. lang. *、javax. servlet. jsp. *、javax. servlet. *、javax. servlet. http. *	import="java. util. * ", " java. . io. * ", "java. awt. * "
extends	定义 JSP 编译时需要继承的 java 父类	extends="package. class"
session	当前页是否允许使用内置的会话(session)对象，默认值是 true，允许使用 session 对象；默认值为 false 不能使用 session 对象	session="true"
errorPage	指定当前页面抛出异常时，所要调用页面的 URL	errorPage="relativeURL"
isErrorPage	设置当前页是否是其他 JSP 页面的异常处理页面，如果设为 true，就能使用内置 exception 对象，默认值是 false	isErrorPage="true"
contentType	指定页面输出内容的 MIME 类型和 JSP 文件的字符编码，默认值是 text/html，默认字符集是 ISO-8859-1。如果需要输出汉字，则将字符集设为 GBK 或 GB2313	contentType="text/html; charset=gb2312"
isThreadSafe	设置 JSP 是否支持多线程。取值为 true，JSP 能够同时处理多个用户的请求；设为 false，不支持多线程，JSP 只能一次处理一个请求。默认值是 true	isThreadSafe="true"
buffer	控制内置输出流对象 out(JspWriter 类对象)缓冲区的大小。取值 buffer="none| 8kb| sizekb"，none 则没有缓冲区。默认为 8kb	buffer="none"
autoFlush	设置缓冲区被填满时是否自动刷新，取值为 autoFlush="true|false"，默认值 true。如果取值 true，在缓冲区溢出时，自动输出；如果取值 false，在缓冲区溢出时，抛出一个异常。一般不设为 false	autoFlush= "true"
info	设置页面说明信息，定义一个将加入到已编译成功的页面中的字符串	info="text"

page 指令实例如下：

```
<%@page language="java"%>                                    //使用的脚本语言是 Java
<%@page import="java.util.* " %>                             //导入 java.util 包
<%@page session="true" %>                                    //当前页可以使用内置的会话对象
<%@page contentType="text/html ; charset=gb2312" %>          //输出中文
<%@page buffer="16kb"  autoFlash="false" %>                  //缓冲区 16k,溢出时抛出异常
<%@page errorPage="error.jsp" %>                             //定义当前未捕获的异常处理页面
```

7.3.4 taglib 指令标记

1. taglib 指令标记的功能

为简化 JSP 页面的开发，使用 taglib 指令引入定制的标记库。taglib 指令为 JSP 页面引入标记库，标记库可以是 JSP 标准标记库，也可以是用户自定义标记。一个 Web 应用中的多个 JSP 页面，也许要使用一些相同信息或功能，开发人员可以把这些信息或功能制成特定文件，需要使用这些功能的 JSP 页面只需使用 taglib 指令引入自定义标记即可。自定义标记减少了代码冗余，提高了代码的可重用性和系统的维护效率。

2. taglib 指令标记的语法规则

为使用定制的标记库，需要有 3 个步骤：

- 自定义标记，放入标记库中。
- 通过 taglib 指令指定需要使用的标记库。
- 调用标记库中的所需标记。

(1) 自定义标记

在 JSP 文件能够引用自定义标记之前，开发者需要自定义标记。自定义标记是扩展名为.tag 的文本文件，它的结构与 JSP 文件几乎相同，包含 HTML 标记、Java 表达式、Java 程序片等。开发人员自定义一个标记后，标记文件名就可以当新标记使用，一般称为 tag 标记。一个 tag 文件对应一个 tag 标记，多个 tag 标记形成一个标记库。

tag 文件存放在 Tomcat 指定目录“Web 服务目录\WEN-INF\tags”中，本章使用的 tag 文件存放在 D:\Tomcat 7.0\webapps\ex_D07\WEB-INF\tags 下。一般称 tags 或 tags 下的一个子目录为一个标记库。

(2) taglib 指令指定需要使用的标记库

taglib 指令使用格式：

```
<%@taglib tagdir="标记资源位置 prefix="前缀" "%>
```

taglib 指令声明该 JSP 文件使用了自定义标记。一个 JSP 页面可以使用多个 taglib 指令引入多个标记库，由前缀区分不同标记库，不同的库可以有相同名字的标记文件，但是同一个库中不可以有相同名字的标记文件。tagdir 属性指明 tag 文件的位置，prefix 属性指定了库中标记的前缀，不同的库使用不同的前缀，不能使用 jsp、jspx、java、javax、servlet、sun 和 sunw 作为前缀，这些前缀已经被声明保留。

(3) 调用标记库中所需标记

客户不能通过浏览器请求一个 tag 文件,要通过 JSP 页面来引用,即 tag 标记只由 JSP 页面引用。语法格式如下:

```
<前缀: tag 文件名/>
```

或

```
<前缀: tag 文件名>…</前缀: tag 文件名>
```

3. taglib 指令标记应用案例

例 7.5 把求阶乘的功能定义为 multTag 标记,multTag. tag 文件存放在 D:\Tomcat 7.0\webapps\ex_D07\WEB-INF\tags 目录下。

标记文件 multTag. tag 代码清单如下:

```
<!--multTag.tag-->
<%
  int mult=1;
  for(int i=1;i<=10;i++){
    mult=mult * i;}
  out.print("10!="+mult);
%>
```

文件 ex7-05. jsp 使用 taglib 指令引入 multTag. 标记。ex7-05. jsp 代码清单如下:

```
<%@page contentType="text/html; charset=gb2312"%>
<%@taglib tagdir="/WEB-INF/tags" prefix="mult" %>
<html>          标记库位置          tags库的前缀名mult
<head><title>taglib 标记应用</title></head>
<body>
 调用求阶乘标记 multTag 计算 10 的阶乘:<p>
 <mult:multTag/>
</body></html>
```

图 7-6 引用自定义标记

运行程序 ex7-05. jsp 在浏览器中的显示如图 7-6 所示。

7.3.5 JSP 指令标记应用案例

例 7.6 使用 page 指令的 session 属性,在页面上输出一个 sessionID。

ex7-06. jsp 代码清单如下:

```
<%@page contentType="text/html;charset=GBK"%>
<%@page session="true"%>
<%@page import="java.util.Date"%>
<%@page import="java.io.*"%>
<%@page info="你好!现在是:"%>
```

```
<html><head><title>page 指令应用</title></head>
<body><center><font size=4 face="隶书" color=blue>获得的 sessionID 是<br>
  <%=session.getId()%>
  <%!Date MyDate=new Date();%><hr>
  <%=getServletInfo()%>
  <%=MyDate.toLocaleString()%></font>
  </center>
</body></html>
```

图 7-7 page 指令标记的应用

ex7-06.jsp 在浏览器中显示的结果如图 7-7 所示。

7.4 JSP 动作标记

JSP 动作标记在执行阶段为页面提供插件或动态引入资源。在页面请求处理阶段按照动作标记在页面上出现的顺序，按序执行。

7.4.1 JSP 动作标记的功能

JSP 动作用来控制 JSP 引擎的行为，执行一些标准常用的 JSP 页面的动作，例如动态插入文件，重用 JavaBeans 控件，设置 JavaBeans 的属性，导向另一个页面，为 Java 插件(Plugin)生成 HTML 代码等。JSP 动作包含以下内容。

jsp:include：在页面运行时动态插入一个文件。

jsp:useBean：使用 JavaBean 控件。

jsp:setProperty：设置 JavaBrean 属性。

jsp:getProperty：把 JavaBrean 的属性插入到输出中。

jsp:forward：引导请求者进入新的页面。

jsp:plugin：插入一个 applet 或 Bean。

7.4.2 jsp:include 动作标记

1. jsp:include 动作功能

jsp:include 动作在即将生成的页面上动态地插入文件，它在页面运行时才将文件插入，对被插入的文件进行处理。如果被插入的文件是文本文件，则直接把文件内容发送到客户端浏览器显示；如果被插入的是 JSP 文件，则 JSP 引擎执行该文件，然后把执行结果送客户端浏览器显示。如果被插入文件被修改过，则 include 动作可以判断出来，并对被插入文件重新编译。

jsp:include 动作中被引用的文件不能包含某些 JSP 代码，例如不能设置 HTTP 头等。通过包含 JSP 代码，也预包含了需要链接的 JSP 页面，使得应用开发比较灵活。

include 动作标记与 include 指令标记是有区别的，它们的区别如下。

(1) include 动作是动态的，而 include 指令是静态的，见图 7-8。include 动作在执行阶段插入文件，把被插入文件包含进来。而 include 指令是静态的，它把被嵌入文件插到当前位置后再进行翻译。

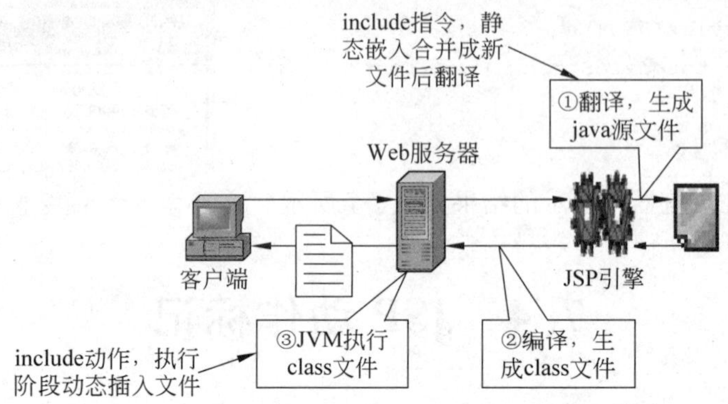

图 7-8　include 动作和 include 指令的区别

(2) include 动作在执行时对被包含的文件进行编译处理。在页面执行到该动作指令时，页面转至被包含的页面，执行完毕后返回调用处，继续执行以后的代码。包含页面和被包含页面是两个文件，JSP 编译器分别对这两个文件进行编译，生成两个 class 文件。所以 JSP 页面与被包含的文件在逻辑和语法上是独立的。而 include 指令的 JSP 页面和被嵌入文件在翻译前形成一个文件，然后被编译成一个 class 文件，所以这两个文件在语法上不独立，合并后的新文件要符合 JSP 页面的语法规则。

(3) include 指令在编译阶段处理嵌入文件，页面执行速度快。Include 动作在执行阶段才处理被插入的文件，可动态传递参数，处理灵活，但是运行速度稍慢。

2. jsp:include 动作的语法规则

```
<jsp:include page="文件的 URL" flush="true|false"/>
```

若向被包含文件传递参数，则使用以下格式：

```
<jsp:include page="文件的 URL " flush="true|false ">
  <jsp:param name="参数名 1"   value="参数值 1"/>
  <jsp:param name="参数名 2"   value="参数值 2"/>
  …
</jsp:include>
```

参数说明

(1) page＝"文件的 URL "

设置需要插入文件的 URL，该参数是一个相对路径或代表相对路径的表达式。

(2) flush＝"true|false

true 刷新当前页面的缓冲区，false 不刷新。

(3) <jsp:param>

<jsp:param>子句可以把一个或多个参数传送到被包含的文件中去，一个页面可以

使用多个<jsp:param>传递多个参数。传递参数时，被包含文件用以下语句获取传入的参数：

```
request.getParameter("参数名")
```

3. 应用举例

例 7.7 网上书店的新书展示栏目，可以为每一本新书制作一个文件，每个文件是一本新书介绍，在 ex7-07.jsp 代码中插入了 4 个文件。如果新书书目改变，只需要改变相关文件中的内容就可以了，而 ex7-07.jsp 页面可以不做改动。ex7-07.jsp 代码清单如下：

```
<%@page language="java" %>
<%@page contentType="text/html; charset=GB2312"%>
<html><head><title>jsp:include 动作</title></head>
<body>
<div align="center"><font size="6" face="隶书" color=blue><b>
新书展示<br></font>
    <table border="3">
        <tr>
          <td ><jsp:include page="newbook1.html"/></td>
          <td><jsp:include page="newbook2.html"/></td>
        </tr>
        <tr>
          <td><jsp:include page="newbook3.html"/></td>
          <td><jsp:include page="newbook4.html"/></td>
        </tr>
    </table></font>
</div>
</body></html>
```

其中一本新书的内容介绍文件 newbook1.html 代码清单如下：

```
<html>
<head><title>Windows 驱动开发技术详解</title></head>
<body>
    <table width="100%" border="0" >
        <tr>
          <td width="40%" rowspan="8"><img src="20302264.jpg" height="106"
          width="75" ></td>
          <td colspan="1"><font size="1">大数据时代</font></td>
        </tr>
        <tr>
          <td colspan="1"><font size="1">维克托·迈尔-舍恩伯格、肯尼思·库克耶、
              盛杨燕、周涛</font></td>
        </tr>
        <tr>
```

```
      <td colspan="1"><font size="1">浙江人民出版社</font></td>
    </tr>
    <tr>
      <td colspan="1"><font size="1">2012-12-01</font></td>
    </tr>
    <tr>
      <td><font size="1">定 价:49.90</font></td>
    </tr>
  </table></font>
</body></html>
```

文件 ex7-07.jsp 在浏览器中的显示结果如图 7-9 所示。

图 7-9 jsp:include 动作应用

例 7.8 ex7-08.jsp 文件使用<jsp:include>动作插入求阶乘的文件 ex7-08_1.jsp，并把求阶乘所需要的参数传递给 ex7-08_1.jsp 文件。

ex7-08.jsp 文件代码清单如下：

```
<%@page contentType="text/html; charset=GB2312"%>
<html><head><title>jsp:include 动作</title></head>
<body>
<div align="center"><font size="5" face="隶书" color=blue><b>
    求一个数的阶乘<br></font>
    <jsp:include page="ex7-08_1.jsp">
         <jsp:param name="num" value="8"/>
    </jsp:include>
</div>
</body></html>
```

ex7-08_1.jsp 文件代码清单如下：

```
<%@page contentType="text/html; charset=GB2312"%>
<html><head><title>jsp:include 动作</title></head>
```

```
<body>
  <%String str=request.getParameter("num");
      if(str==null){
        str="1";
      }
      int n=Integer.parseInt(str);
      double s=1;
      for(int i=1;i<=n;i++)
         s*=i;
  %>
  <div align="center"><font size="5" face="隶书"
  color=green><b>
    <%=n%>!=<%=s%></font>
  </div>
</body></html>
```

运行 ex7-08.jsp 文件，效果如图 7-10 所示。

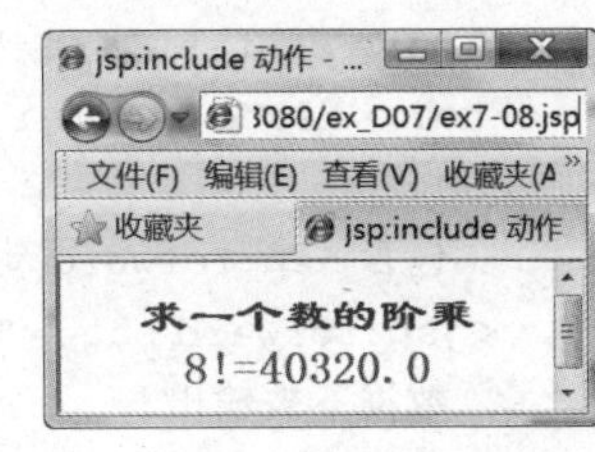

图 7-10　param 动作传递参数

7.4.3　jsp:forward 动作

1. jsp:forward 动作标记的功能

forward 动作标记把当前的 JSP 页面转到另一个页面，在 forward 动作标记出现处，停止当前页面的执行，转到另一个新页面，并在页面转向时清空缓冲区，页面中所有数据都不会发送到客户端，JSP 引擎也不再处理当前页面剩下的内容。在客户端看到的是原页面的地址，而实际显示的是另一个页面的内容。forward 动作在控制型的 JSP 页面中经常使用。

2. jsp:forward 动作标记的语法规则

```
<jsp:forward page="要转向页面 URL|<%=表达式%>"/>
```

若向转向页面传递参数，则使用以下格式：

```
<jsp:forward page="要转向页面 URL|<%=表达式%>">
    <jsp:param name="参数名 1" value="参数值 1"/>
    <jsp:param name="参数名 2" value="参数值 2"/>
    ...
</jsp:forward>
```

jsp:forward 动作只有一个 page 属性，指定目标文件的相对 URL。page 属性值可以是静态值，也可由 JSP 动态产生。

属性说明如下：

(1) page="要转向页面的 URL"

用来指明要转向的文件或 URL。这个文件可以是 JSP 代码片段，也可以是其他能够处理 request 对象的文件(如 asp、cgi 和 php 等)。

(2) <jsp:param name="参数名" value="参数值">

向一个动态文件发送一个或多个参数及参数的值。name 指定参数名,value 设置参数值。如果要传递多个参数,可以在一个 JSP 文件中使用多个<jsp:param>标记。注意:如果使用了<jsp:param>标记,目标文件一定要是动态文件,这样才能够处理参数。

3. 应用举例

例 7.9 将文件 ex7-09.jsp 页面从重新导向到 ex7-09_1.jsp 页面。

文件 ex7-09.jsp 代码清单如下:

```
<%@page contentType="text/html; charset=GB2312"%>
<html><head><title>jsp:forward 动作</title></head>
<body>
    包含 jsp:forward 动作的 JSP 文件,文件中的数据不被输出。
  <jsp:forward page="ex7-09_1.jsp"/>
    数据不被输出。
</div>
</body></html>
```

文件 ex7-09_1.jsp 代码清单如下:

```
<%@page contentType="text/html; charset=GB2312"%>
<html><head><title>jsp:forward 动作</title></head>
<body>
  <div align="center"><font size="5" face="隶书" color=blue><b>
    页面重新定向<br></font>
     <%out.println("forward 动作重新导向的第二个页面");%>
  </div>
</body></html>
```

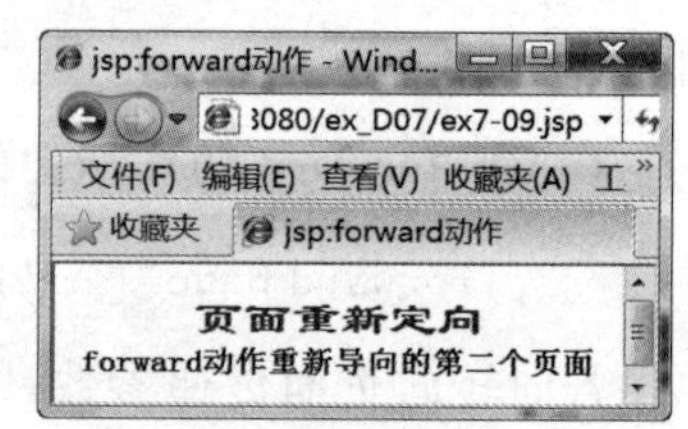

图 7-11 页面重新定向

ex7-09.jsp 代码在浏览器中的运行结果如图 7-11 所示。

读者可以注意到在文件 ex7-09.jsp 中的两行文字没有在浏览器中显示,浏览器地址栏目中显示的是文件 ex7-09.jsp 的 URL,而页面显示的是 ex7-09_1.jsp 文件的内容。

例 7.10 jsp:forward 动作在控制型的页面中特别有用。本例的任务是:输入图书信息后,可以有两个选择。如果选择"详细信息"单选钮,单击"确定"按钮后页面转向详细信息页面;如果选择"图书购买"单选钮,则转到图书购买页面。它由四个程序组成。

ex7-10.html:图书检索界面,见图 7-12。读者在界面中可以选择重新定向的不同页面。

ex7-10_1.jsp:判断读者选择的页面,根据读者的选择确定目标页面。

ex7-10_2.jsp 和 ex7-10_3.jsp:目标页面。

为使程序简单易读,对实际的源代码做了部分简化。

图书检索界面 ex7-10.html 将表单上读者选择的信息传递给 ex7-10_1.jsp。

ex7-10.html 源代码清单如下：

```
<html><head><title>jsp:forward 动作</title></head>
<body><center><b><font size="5" face="隶书" color
=blue>图 书 检 索</font></b><p>
<form method="post" action="ex7-10_1.jsp">
    <font size="3" face="楷体">
    书名  :<input type="text" name="bookname"
    size="20"><p>
    作者  :<input type="text" name="authname"
    size="20"><p>
    出版社:<input type="text" name="pubname" size="
    20"><br><p>
    <input type="radio" name="select" value="book" checked>详细信息
    <input type="radio" name="select" value="statistic">购买图书<p>
    <input type="submit" value="确定" name="B1">
    <input type="reset" value="清除" name="B2"></font></center>
</form>
</body></html>
```

图 7-12　图书检索界面

ex7-10_1.jsp 页面判断读者的选择，接收 ex7-10.html 发来的信息，根据读者在单选钮中的选择，转向目标页。

ex7-10_1.jsp 代码清单如下：

```
<%@page contentType="text/html; charset=GB2312"%>
<%request.setCharacterEncoding("GB2312"); %>
<html><head><title>jsp:forward 动作</title></head>
<body>
<%
  String getBook,getAuth,getPub,getselect;
  getBook=request.getParameter("bookname");
    //使用 request 对象的 getParameter 方法获取 ex7-10.html 页面的参数
  getAuth=request.getParameter("authname");
  getPub=request.getParameter("pubname");
  getselect=request.getParameter("select");
  if(getselect.equals("book")){
%>
    <jsp:forward page="ex7-10_2.jsp">
                                    //如果用户选择"详细信息"转向 ex7-10_2.jsp 页面
    <jsp:param name="bookname" value="<%=getBook%>"/>
    <jsp:param name="authname" value="<%=getAuth%>"/>
    <jsp:param name="pubname" value="<%=getPub%>"/>
    </jsp:forward>
<%
```

```
  }else{
%>
    <jsp:forward page="ex7-10_3.jsp">  //选择"购买图书"转向 ex7-10_3.jsp 页面
    <jsp:param name="bookname" value="<%=getBook%>"/>
    <jsp:param name="authname" value="<%=getAuth%>"/>
    <jsp:param name="pubname" value="<%=getPub%>"/>
    </jsp:forward>
<%
  }
%>
</body></html>
```

ex7-10_2.jsp 显示图书详细信息的页面代码清单如下：

```
<%@page contentType="text/html; charset=GB2312"%>
<%request.setCharacterEncoding("GB2312"); %>
<html><head><title>jsp:forward 动作</title></head>
<body>图书详细信息
<%
  String getBook,getAuth,getPub;
  getBook=request.getParameter("bookname");
  getAuth=request.getParameter("authname");
  getPub=request.getParameter("pubname");
%>
<hr>
  书名  : <%=getBook%><br>
  作者  :<%=getAuth%><br>
  出版社:<%=getPub%>
</body></html>
```

ex7-10_3.jsp 显示购买图书页面的代码清单如下：

```
<%@page contentType="text/html; charset=GB2312"%>
<%request.setCharacterEncoding("GB2312"); %>
<html><head><title>jsp:forward 动作</title></head>
<body>购买图书信息
<%
  String getBook,getAuth,getPub;
  getBook=request.getParameter("bookname");
  getAuth=request.getParameter("authname");
  getPub=request.getParameter("pubname");
%>
<hr>
  书名  : <%=getBook%><br>
  作者  :<%=getAuth%><br>
  出版社:<%=getPub%><br>
```

```
</body></html>
```

浏览器中的显示结果见图 7-13。

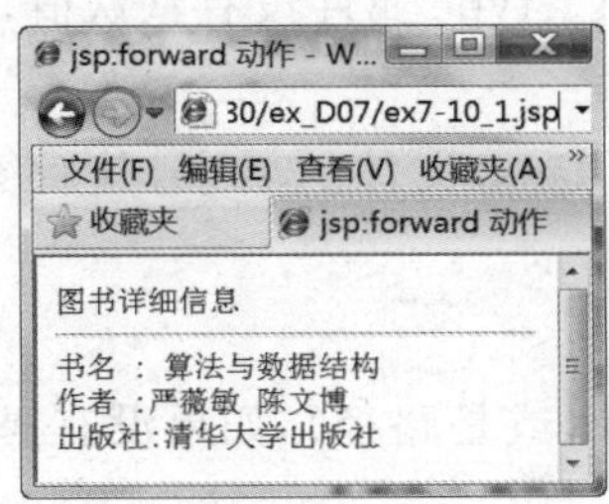

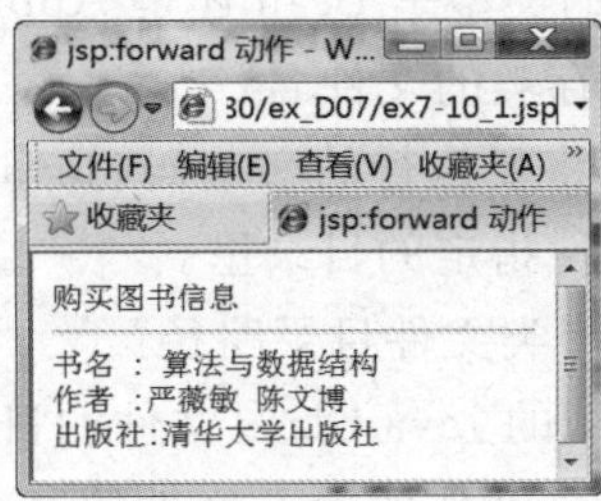

图 7-13 根据用户选择页面定向

7.4.4 jsp:plugin 动作标记

1. jsp:plugin 动作标记功能

jsp:plugin 动作的功能是将服务器端的 Java 小应用程序(Applet)或 JavaBean 组件下载到浏览器端去执行，相当于在客户端浏览器插入 Java 插件。

当 JSP 文件被编译，传输到浏览器时，<jsp:plugin>动作将动态产生<object>或<embed>元素标记，以使浏览器的 Java 插件运行 Applet。

一般来说 jsp:plugin 动作会指定对象是 applet 还是 Bean，同时也会指定字节码文件(.class)的名称与位置，另外还会指定从哪里下载 Java 插件。

2. jsp:plugin 动作标记的语法规则

```
<jsp:plugin type="bean | applet" code="保存类的文件名" codebase="类文件目录路径"
    [name="对象名"]
    [archive="相关文件路径"]
    [align="bottom | top | middle | left | right"]      //对齐方式
    [height="displayPixels"]                            //高度
    [width="displayPixels"]                             //宽度
    [hspace="leftRightPixels"]                          //水平间距
    [vspace="topBottomPixels"]                          //垂直间距
    [jreversion="Java 环境版本"]
    [nspluginurl="供 NC 使用的 plugin 加载位置"]
    [iepluginurl="供 IE 使用的 plugin 加载位置"]>
    <jsp:params>
        <jsp:param name="参数名 1"  value="参数值 1"/>
        <jsp:param name="参数名 2"  value="参数值 2"/>
        …
    </jsp:params>
    [<jsp:fallback>错误信息</jsp:fallback>]
    </jsp:plugin>
```

plugin 指令属性说明如下。

(1) type="bean | applet"

指定插件对象的类型是 Bean 还是 Applet。type 属性没有默认值,必须指定一个。

(2) code="保存类的文件名"

指定 Java 插件将要执行的字节码(Java Class)文件的名字,其后缀是.class,必须保存在由 codebase 属性指定的目录里。

(3) codebase="类文件目录路径"

说明将要被下载的 Java Class 文件的目录(或是路径),如果没有提供该项属性,默认为使用<jsp:plugin>动作的 JSP 文件的路径。

(4) name="对象名"

Bean 或 Bpplet 实例的名字。

(5) archive="相关文件路径"

一些由逗号分开的路径名,预装一些将要使用的 class,用来提高 Applet 的性能。

(6) align="bottom | top | middle | left | right"

对象对齐方式。

(7) height="displayPixels" width="displayPixels"

将要显示的 Applet 或 Bean 的长与宽,以像素为单位。

(8) hspace="leftrightPixels" vspace="topbottomPixels"

Applet 或 Bean 显示时在屏幕左、右、上、下需要留下的空间,以像素为单位。

(9) jreversion="Java 环境版本"

运行 Applet 或 Bean 所需要的 Jave Runtime Environment(JRE)的版本,默认值是 1.1。

(10) nspluginurl="供 NC 使用的 plugin 加载位置"

Netscape Navigator 能够使用的 JRE 的下载地址,它是一个标准的 URL。

(11) iepluginurl="供 IE 使用的 plugin 加载位置"

IE 用户能够使用的 JRE 的下载地址,它也是一个标准的 URL。

(12) <jsp:params>

需要向 Applet 或 Bean 传送的参数或参数值。

(13) <jsp:fallback>错误信息</jsp:fallback>

一段文字,当 Jave 插件不能启动时,这段文字向用户显示;如果插件能够启动而 Applet 或 Bean 不能执行,那么浏览器弹出一个错误信息。

3. 应用举例

例 7.11 使用 jsp:plugin 动作下载名为 RollingMessage.java 的 Java 小程序,并在 applet 中输出一行滚动显示的文字"欢迎学习“Web 技术应用基础”!"。

ex7-11.jsp 代码清单如下:

```
<%@page contentType="text/html; charset=GB2312"%>
<html><head><title>用 &ltjsp:plugin&gt 加载 Applet</title></head>
```

```
<body><center><font size=3 face="隶书" color=blue>用 &ltjsp:plugin&gt 加载
Applet</font>
<!--用 plugin 加载 applet-->
  <jsp:plugin type="applet" code="RollingMessage.class" height="60" width="
  550" >
  </jsp:plugin></center>
</body></html>
```

RollingMessage.java 程序要先编译，形成字节码文件 RollingMessage.class，与 ex7-11.jsp 文件存放在同一目录中。

RollingMessage.java 程序清单如下：

```
import java.awt.*;
import java.awt.Color;
import java.awt.Font;
import java.awt.Graphics;
public class RollingMessage extends java.applet.Applet implements Runnable {
  Thread runThread;
  String s="欢迎学习"Web 技术应用基础"!";
  int s_length=s.length();
  int x_character=0;
  Font wordFont=new Font("楷体_GB2312" , Font.BOLD ,30);
  public void start() {
    if(runThread==null){
      runThread=new Thread(this);
      runThread.start();
    }
}
  public void stop(){
    if(runThread!=null){
      runThread.stop();
      runThread=null;
    }
  }
  public void run(){
    while(true) {
      if(x_character++>s_length)
    x_character=0;
      repaint ();
      try {
        Thread.sleep(300);
      }
      catch (InterruptedException e) {}
    }
```

```
    }
    public void paint (Graphics g) {
      g.setFont (wordFont);
      g.setColor (Color.blue);
      g.drawString (s.substring(0,x_character), 8, 50);
    }
    public static void main(String args[]) {       //Application 程序入口
      Frame f=new Frame("动画程序");              //创建 Application 程序框架
      RollingMessage drawTest=new RollingMessage();
      drawTest.init();
      drawTest.start();
      f.add("Center",drawTest);
      f.resize(400, 100);
      f.show();
    }
}
```

ex7-11.jsp 代码的运行结果如图 7-14 所示，图中的文字"欢迎学习"Web 技术应用基础"!"水平滚动。

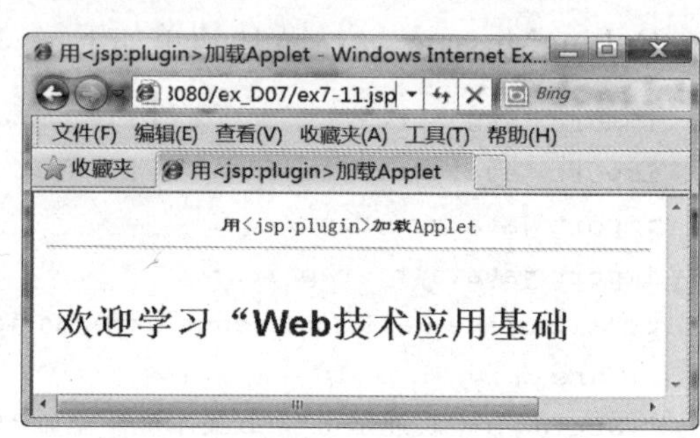

图 7-14　jsp:plugin 动作应用

7.5　jsp:useBean 动作标记

为提高开发效率，Web 应用系统常采用模块化开发方法，分为数据层、业务逻辑层和表示层。JavaBean 是具有某种功能的可以重用的软件组件，负责业务逻辑处理。使用 JavaBean 可以使 Web 应用系统的开发分工明确，结构清晰，并简化了 JSP 页面中的 Java 编码工作。

7.5.1　jsp:useBean 动作标记的功能

JavaBean 是一种可以重复使用的软件组件，是用 Java 语言编写的一种类。类的一个实例称为一个 JavaBean，简称 bean，通过封装属性和方法成为具有某种功能或处理某种业务的对象。一个 Web 应用往往包括：数据层、业务逻辑层和表示层，见图 7-15。在 JSP 页面使用 HTML 标记制作用户界面，即数据表示，是页面的静态部分，不需要服务器进行处理，由网页设计人员开发。页面动态部分的业务逻辑处理，由 Java 代码片段、表达式和变量声明等组成，需要服务器进行处理，由 Java 程序员开发。在 JSP 页面使用 JSP 标记实现连接，完成复杂应用的开发。读者可以把 JavaBean 理解为一个黑箱，只要知道它的功能和接口，就可使用。

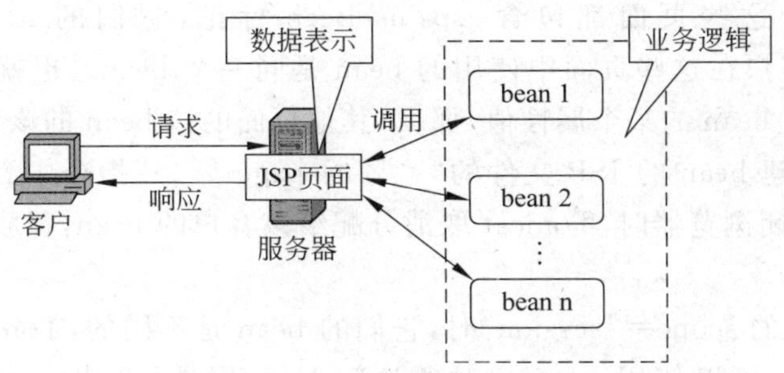

图 7-15　JSP 页面与 JavaBean

7.5.2　jsp:useBean 语法规则

jsp:useBean 语法格式如下：

```
<jsp:useBean id="bean实例名" class="bean完整类名"
  scope="page |request |session | application">
</jsp:useBean>
```

jsp:useBean 动作用来装载一个将要在 JSP 页面中使用的 JavaBean。它创建一个 beans 实例并指定其名字和作用范围。

属性说明：

(1) id＝"bean 实例名"

定义 beans 组件实例的名字，便于 JSP 页面的 Java 代码使用该名字访问，分辨不同的 beans。命名必须符合所使用的脚本语言的规定，区分大小写。

(2) class＝"bean 完整类名"

使用 new 关键字以及类构造函数从一个类中实例化一个 beans。这个 class 不能是抽象的，必须有一个公用的没有参数的构造函数。bean 完整类名区分大小写。

(3) scope＝"page |request |session | application"

该属性指定了 JavaBean 的作用域，或称生命周期。JavaBean 只有在指定的作用域内有效。默认值是 page，以下是它的详细说明。

① page：当 scope＝"page"时，bean 作用域是当前页，只被当前页面访问。JSP 页面执行完毕后，Java 的垃圾回收机制将回收该 bean，取消分配给该用户的 bean，释放 bean 占据的内存空间。Tomcat 为不同的客户分配不同的 bean。尽管不同用户的 bean 功能一样，但是它们占有不同的内存空间。

② request：bean 的有效范围是客户请求期间。在任何执行相同请求的 JSP 文件中使用该 bean，直到页面执行完毕向客户端发回响应或转到另一个文件为止。可以使用 request 对象访问该 bean 属性，例如，request. setAttributes(name, value)、request. getAttributes(name)。

③ session：bean 的有效范围是客户的会话期间。如果在一个 session 期，某个客户

访问了多个页面，这些页面都包含 jsp：useBean 标记，它们的 id 值一样，scope＝"session"，那么，客户在这些页面中使用的 bean 是同一个 bean。也就是说，如果客户在某个页面中改变了 bean 的某个属性值，那么，其他页面的该 bean 的该属性值也发生相同的变化。注意，创建 bean 的 JSP 文件的"<%@ page %>"指令中必须指定 session＝"true"。在客户关闭浏览器时，Tomcat 取消分配给该客户的 bean，释放 bean 占据的内存空间。

当有多个客户的 scope＝"session"时，它们的 bean 是不同的，Tomcat 为不同的客户分配不同的 bean。可以使用 session 对象访问 bean 属性，例如，session. setAttributes(name，value)、session. getAttributes(name)。

④ application：bean 的有效范围是整个 application 生存期，任何 scope＝"application"的 JSP 页面都使用同一 bean，即所有的客户共享一个 bean。如果有某个客户更改了该 bean 的某个属性值，那么所有客户的该 bean 的该属性值都发生相同的变化，该 bean 一直到服务器关闭时才被取消。

7.5.3 jsp:useBean 工作过程

当一个包含 useBean 标记的 JSP 页面在服务器端加载运行时，JSP 引擎根据 useBean 中 id 属性指定的名字，在一个同步块中，查找内置对象 pageContent 中是否包含该 id 指定的名字和 scope 指定的作用域的对象。如果该对象存在，JSP 引擎把这样一个对象分配给用户，用户则获得一个 id 属性指定名字、scope 属性指定作用域的 beans。

7.5.4 jsp:useBean 应用实例

例 7.12 本例说明了 jsp:useBean 具有不同的 scope 属性值的应用。

1. 任务要求

制作一个简单的 beans，用 Java 编写的 Box 类，可以设置长方体的长、宽、高，并求长方体的表面积和体积。在 JSP 页面中使用 beans，并显示不同 scope 属性值 JavaBean 的使用范围。

2. 字节码文件的存放目录

在 Web 服务目录下建立字节码文件的存放目录 WEB-INF\classes\bean，由于本章例题存放在 D:\Tomcat 7.0\webapps\ex_D07 目录下，所以本章字节码的存放目录是 D:\Tomcat 7.0\webapps\ex_D07\WEB-INF\classes\bean。用 Java 编写的立方体类 Box.java 编译生成的字节码文件 Box.class 存放在该目录下。

3. Box.java

Box.java 代码清单如下：

```
package bean;
import java.io.*;
```

```
public class Box{
  int length,width,height;
  public Box(){
    length=1;
    width=1;
    height=1;
  }
  public void setlength(int newlength){
    length=newlength;
  }
  public void setwidth(int newwidth){
    width=newwidth;
  }
  public void setheight(int newheight){
    height=newheight;
  }
  public int getlength(){
    return length;
  }
  public int getwidth(){
    return width;
  }
  public int getheight(){
    return height;
  }
  public int BoxVolume(){
    return length * width * height;
  }
  public double BoxArea(){
    return 2 * (length * width+width * height+length * height);
  }
}
```

Box.java 编译通过后生成字节码文件 Box.class,将该字节码文件存放在 Tomcat 7.0\webapps\ex_D07\WEB－INF\classes\bean 目录下。

4. scope＝"page",beans 的有效范围是当前页

在 ex7-12.jsp 页面中,获得一个 id 为 MyBox,作用域是 page 的 beans,该 beans 的生命期为当前页。ex7-12.jsp 代码清单如下:

```
<%@page contentType="text/html; charset=GB2312" %>
<%@page import="bean.Box" %>
<html>
<body>
  <jsp:useBean id="MyBox" scope="page" class="bean.Box" >
```

```
  </jsp:useBean>
  <%MyBox.setlength(20); %>
  Box 的长是:
  <%=MyBox.getlength() %>
  <%MyBox.setwidth(10); %><br>
  Box 的宽是:
  <%=MyBox.getwidth() %>
  <%MyBox.setheight(5); %><br>
  Box 的高是:
  <%=MyBox.getheight() %><br>
  Box 的体积是:
  <%=MyBox.BoxVolume() %><br>
  Box 的表面积是:
  <%=MyBox.BoxArea() %>
</body></html>
```

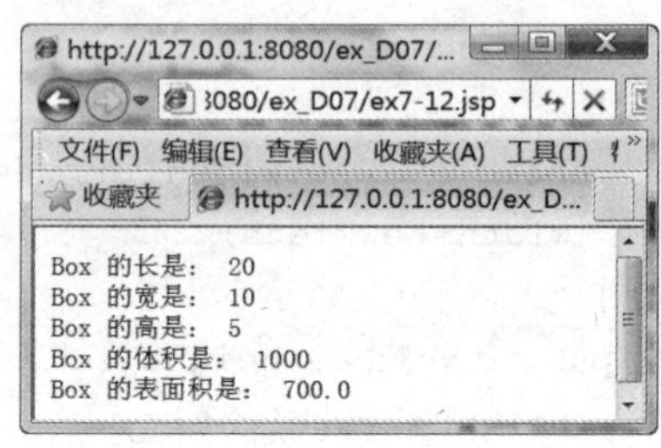

图 7-16 作用域为 page 的 beansJSP 页面

在浏览器中的显示效果如图 7-16 所示。

5. scope="session",用户在不同页面共享 beans

一个用户可以在不同页面共享一个 beans,其作用域是 session 的 beans。本案例设计是:用户在 ex7-12_1.jsp 和 ex7-12_2.jsp 页面间,共享同一个立方体 beans。如果用户在其中一个页面中更新了长方体的数据,那么刷新另一个页面,即可见到更新后的数据。

(1) ex7-12_1.jsp 代码清单

```
<%@page contentType="text/html; charset=GB2312" %>
<%@page import="bean.Box" %>
<html><body>
  <jsp:useBean id="MyBox"  class="bean.Box" scope="session"  >
  </jsp:useBean>
  Box 的长是:
  <%=MyBox.getlength() %><br>
  Box 的宽是:
  <%=MyBox.getwidth() %><br>
  Box 的高是:
  <%=MyBox.getheight() %><br>
  Box 的体积是:
  <%=MyBox.BoxVolume() %><br>
  Box 的表面积是:
  <%=MyBox.BoxArea() %><br>
  <a href=ex7-12_2.jsp>ex7-12_2.jsp</a>
</body></html>
```

(2) ex7-12_2.jsp 代码清单

```
<%@page contentType="text/html; charset=GB2312" %>
<%@page import="bean.Box" %>
```

```
<html><body>
  <jsp:useBean id="MyBox" scope="session" class="bean.Box" >
  </jsp:useBean>
  Box 的长是：
  <%=MyBox.getlength() %><br>
  Box 的宽是：
  <%=MyBox.getwidth() %><br>
  Box 的高是：
  <%=MyBox.getheight() %><br>
  Box 的体积是：
  <%=MyBox.BoxVolume() %><br>
  Box 的表面积是：
  <%=MyBox.BoxArea() %><p>
  <%MyBox.setlength(30); %>
  修改后 Box 的长是：
  <%=MyBox.getlength() %>
  <%MyBox.setwidth(20); %><br>
  修改后 Box 的宽是：
  <%=MyBox.getwidth() %>
  <%MyBox.setheight(10); %><br>
  修改后 Box 的高是：
  <%=MyBox.getheight() %><br>
  修改后 Box 的体积是：
  <%=MyBox.BoxVolume() %><br>
  修改后 Box 的表面积是：
  <%=MyBox.BoxArea() %><br>
  <a href=ex7-12_1.jsp>ex7-12_1.jsp</a>
</body></html>
```

(3) 代码在浏览器中的显示效果

ex7-12_1.jsp 在浏览器中的显示效果如图 7-17(a)所示。单击此图中超链接，页面转跳至 ex7-12_2.jsp，显示长方体的数据并将其数值更新，显示效果如图 7-17(b)所示。单击此图中的超链接，页面又跳回 ex7-12_1.jsp 页面，如图 7-17(c)所示，但长方体的数值已被更新。说明用户在 ex7-12_1.jsp 和 ex7-12_2.jsp 页面间共享一个 beans。

6. scope="application"，不同用户共享 beans

在 ex7-12_3.jsp 代码中创建了一个 id 为 MyBox，作用域是 application 的 beans。该 beans 由所有用户共享，直到服务器被关闭为止。ex7-12_3.jsp 代码清单如下：

```
<%@page contentType="text/html; charset=GB2312" %>
<%@page import="bean.Box" %>
<html><body>
  <jsp:useBean id="MyBox" scope="application" class="bean.Box" >
  </jsp:useBean>
```

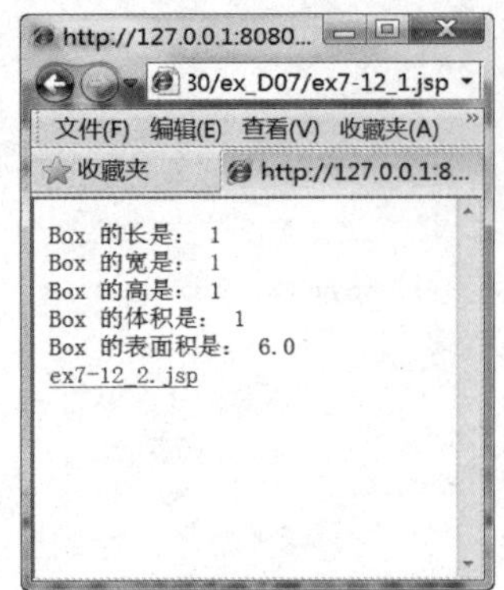

(a) ex7-12_1.jsp运行效果

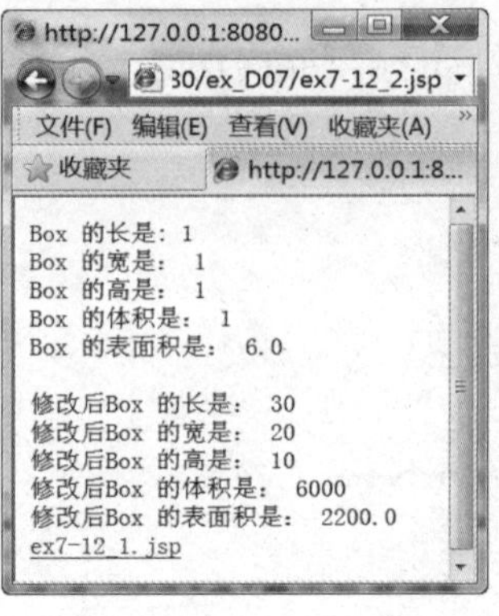

(b) ex7-12_2.jsp运行效果

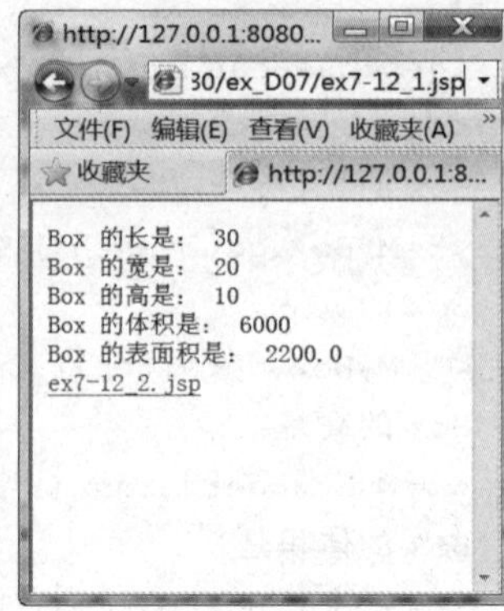

(c) 再次运行ex7-12_2.jsp

图 7-17 页面共享 beansex

```
  Box 的长是：
  <%=MyBox.getlength() %><br>
  <%MyBox.setlength(40); %>
  修改后 Box 的长是：
  <%=MyBox.getlength() %><p>

  Box 的宽是：
  <%=MyBox.getwidth() %>
  <%MyBox.setwidth(30); %><br>
  修改后 Box 的宽是：
  <%=MyBox.getwidth() %><p>

  Box 的高是：
  <%=MyBox.getheight() %>
  <%MyBox.setheight(20); %><br>
  修改后 Box 的高是：
  <%=MyBox.getheight() %><p>

  修改后 Box 的体积是：
  <%=MyBox.BoxVolume() %><br>
  修改后 Box 的表面积是：
  <%=MyBox.BoxArea() %>
</body></html>
```

第一个用户运行 7-12_3.jsp 显示长方体的数据，然后更新这些数据并显示，效果如图 7-18(a)所示。其他后续用户运行 7-12_3.jsp 显示长方体更新后的数据，如图 7-18(b)所示。

7. 创建类实例应用 beans

例 7.13 本例(ex7-13.jsp)的运行效果与 ex7-12.jsp 的运行效果是一样的。

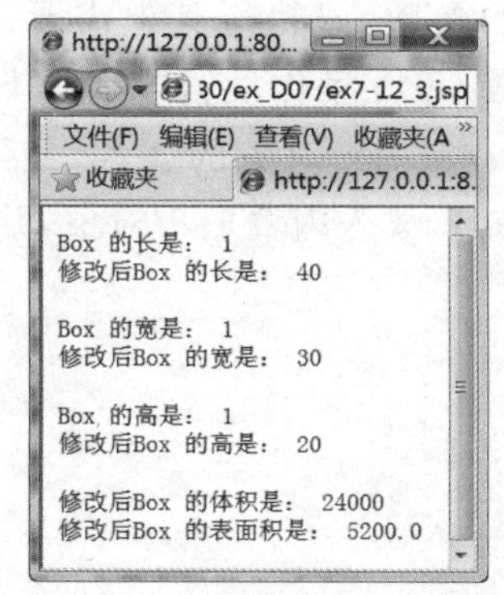

(a) 第一个用户访问ex7-12_3.jsp

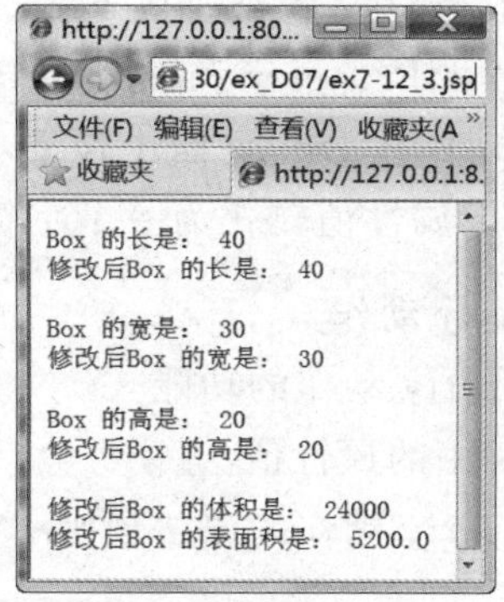

(b) 第二个用户访问ex7-12_3.jsp

图 7-18 不同用户共享 beans

在 ex7-12.jsp 页面中，使用以下语句创建名为 MyBox 的 beans：

```
<jsp:useBean id="MyBox" scope="page" class="bean.Box" >
</jsp:useBean>
```

在 ex7-13.jsp 代码中使用语句：<% Box MyBox=new Box();%>，创建名为 MyBox 的 beans。

ex7-13.jsp 代码清单如下：

```
<%@page contentType="text/html; charset=GB2312"%>
<%@page import="bean.*" %>
<html><body>
  <%Box MyBox=new Box();%>
  <%MyBox.setlength(20); %>
  Box 的长是：
  <%=MyBox.getlength() %>
  <%MyBox.setwidth(10); %><br>
  Box 的宽是：
  <%=MyBox.getwidth() %>
  <%MyBox.setheight(5); %><br>
  Box 的高是：
  <%=MyBox.getheight() %><br>
  Box 的体积是：
  <%=MyBox.BoxVolume() %><br>
  Box 的表面积是：
  <%=MyBox.BoxArea() %>
</body></html>
```

7.5.5 设置和获取 beans 属性值

在 JSP 页面使用 jsp:useBean 动作或 new 关键字创建 JavaBean 的实例后，该实例就可以调用 bean 中的方法，设置或获得 bean 的参数，或执行其他需要的操作。也可以在 JSP 页面中使用 jsp:setProperty 和 jsp:getProperty 动作设置或获得 bean 的属性值。使用 jsp:setProperty 动作在 JSP 页面中设置 JavaBean 对象的属性，使用 jsp:getProperty 动作将 JavaBean 对象属性值转化为一个字符串，放入内置输出对象，并输出显示。

1. jsp:setProperty 动作

(1) jsp:setProperty 动作的功能

用来设置 beans 中的属性值。

(2) jsp:setProperty 动作的语法规则

```
<jsp: setProperty name="beans 的名字"property="beans 的属性"value="<%=
expression%>"/>
```

或

```
<jsp:setProperty name="bean 的名字" property="bean 的属性" param="请求参数名"/>
```

或

```
<jsp:setProperty name="bean 的名字" property="bean 的属性" param="*"/>
```

(3) 属性说明

① name="beans 的名字"：指定设置哪个 bean 的属性值，是在"<jsp:useBean>"中创建的 bean 实例名，<jsp:setProperty>中的 name 的值应当和<jsp:useBean>中 id 的值相同。

② property="beans 的属性"：是要设置的 bean 属性名。

③ value="<%=expression%>"：储存用户在 JSP 中输入的属性值，可以是表达式，也可以是字符串。

④ param="请求参数名"：用请求参数设置 bean 属性值。

⑤ param="*"：把所有请求参数赋给 bean 实例中对应的同名属性。

(4) 使用说明

<jsp:setProperty>使用 beans 给定的 set XXX()方法，在 beans 中设置一个或多个属性值，在使用该动作前必须使用<jsp:useBean>声明此 beans。<jsp:useBean>和<jsp:setProperty>是相互关联的，<jsp:setProperty>中的 name 的值应当和<jsp:useBean>中 id 的值相同。

使用"<jsp:setProperty>"来设定属性值时，可以使用多种不同的方法。例如：

① 在运行时使用表达式或字符串设置 bean 的属性值。

② 通过客户表单输入，使用 param="请求参数名"设置 bean 的属性值。

③ 通过客户表单输入，使用 param="*"设置 bean 的属性值。

2. jsp:getProperty 动作

(1) jsp:getProperty 动作的功能

使用 jsp:getProperty 获取 beans 的属性值，并把它们在 JSP 页面中显示出来。

(2) jsp:getProperty 动作的语法规则

```
<jsp:getProperty  name="beans 的名字" property="beans 的属性"/>
```

或

```
<jsp:getProperty name="bean 的名字" property="bean 的属性">
</jsp:getProperty>
```

① name="bean 的名字"：指定获得哪个 bean 的属性值。

② property="bean 的属性"：指定要获得哪个属性的属性值。

例如，语句<jsp:getProperty name="Cbookbean" property="bookName" />，获得了 bean 名为"Cbookbean"的、属性名为"bookName"的属性值。

注意：要先使用 jsp:useBean 动作或 new 关键字创建 JavaBean 实例，然后方可使用 jsp:setProperty 动作或 jsp:getProperty 动作设置或获得 bean 的属性值。

7.6 JSP 中文乱码现象处理

使用 JSP 技术开发应用程序时常会遇到中文乱码的麻烦。这是由于 Java 平台运行时使用 Unicode 编码，对接受到的任何字符数据，都按 Unicode 编码转换。在实际应用中，如果浏览器和服务器运行在不同编码方式上，浏览器发送请求时，没有指明字符所用的编码，按系统默认编码方式发送数据，而服务器解释字符时也按系统默认方式去转换，双方编码方式不一致，就容易发生乱码现象。所以，乱码与浏览器的编码设置、使用的操作系统及 Java 内部的编码机制都有关。一般可以从以下四个方面来解决乱码问题。

7.6.1 指定 page 指令的 contentType 值

在 JSP 文件的开始把指令标记 page 属性 contentType 的值设为 contentType="text/html; charset=GB2312"，语句如下：

```
<%@page contentType="text/html; charset=GB2312"%>
```

或

```
<%@page contentType="text/html; charset=GBK"%>
```

GBK 是“国家标准编码扩展”(Guo Biao Kuo Zhan)汉语拼音的缩写，是 GB2312(简体中文字符编码)的扩展，它包含简体中文、繁体中文、日文、韩文等字符。本章许多程序都指定了 page 指令的 contentType 值，读者可以试试删除 contentType 属性值，查看乱码现象。

7.6.2 输入文字采用 ISO-8859-1 编码

在计算机内每 8 位(bit)组成 1 个字节(byte)，字节是计算机处理的基本单元。Java

内部字符采用16位的(2字节)Unicode码。在Windows平台上,Java读入字符串时,把字符串中的每个字节转换成Unicode码表示,1个字节变成了2个字节,所以一个2字节的汉字,就变成了2个Unicode字符(4字节)。如果把读入的数据再写入另一个文件,Java就会把每个Unicode字符转换成单字节字符,2字节变成了1个字节,乱码就出现了。在读入时单字节字符变成2字节Unicode字符时,加了一个高字节;在输出时Unicode字符要删除高字节,变成单字节字符,非常容易引起混乱。ISO-8859-1编码对ASCII进行了扩展,使用8位二进制表示一个字符,正好一个字节,每个字节解释为一个字符,所以只要把输入的文字转换成ISO-8859-1编码就可以解决问题。这也是比较彻底的解决方法。

具体解决方法是,输入字符串采用ISO-8859-1编码,并把编码存入一个byte型数组中,再把数组转化成字符串对象。使用格式如下。

```
<%@page contentType="text/html; charset=GB2312"%>
…
<%String str=request.getParameter("myName");
  byte a[]=strt.getBytes("ISO-8859-1");
  str=new String(a);
%>
```

例7.14 采用ISO-8859-1编码使表单输入的汉字正确显示。本例包含两个程序ex7-14.html和ex7-14.jsp。ex7-14.html页面上有一个表单,包含两个控件,输入姓名文本框和提交按钮。客户输入姓名后,提交表单,表单信息交ex7-14.jsp程序处理。ex7-14.jsp显示客户输入信息。ex7-14.html代码清单如下:

```
<html><head><title>乱码处理</title></head>
<body>
<form action="ex7-14.jsp" method=post name=myForm>
  <font size=4 face="楷体">输入姓名:</font>
  <input type="text" name="myName"><p>
  <input type=submit value=" 提交姓名 " name="mySub">
</form>
</body></html>
```

ex7-14.jsp代码清单如下:

```
<%@page contentType="text/html; charset=GB2312"%>
<html><head><title>乱码处理</title></head>
<body>
<%String namContent=request.getParameter("myName");
  byte a[]=namContent.getBytes("ISO-8859-1");
  namContent=new String(a);
%>
<%=namContent%>
<font size=4 face="楷体">你好!</font><p>
```

```
<%String subValue=request.getParameter("mySub");
   byte b[]=subValue.getBytes("ISO-8859-1");
   subValue=new String(b);
%>
<font size=4 face="楷体">提交按钮面值：</font>
<%=subValue%>
</body></html>
```

ex7-14.html 和 ex7-14.jsp 在浏览器中的显示效果如图 7-19(a)和图 7-19(b)所示。删除 ex7-14.jsp 程序中的乱码处理语句后，显示如图 7-19(c)所示。

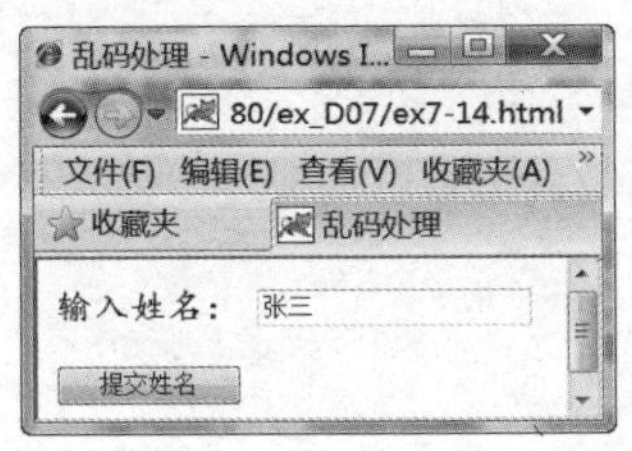

(a) ex7-14.html

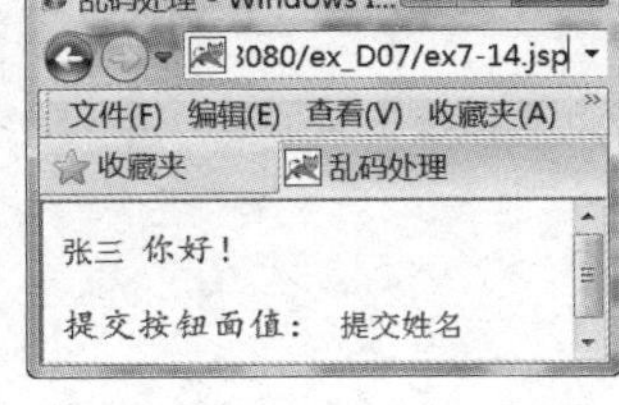

(b) ex7-14.jsp

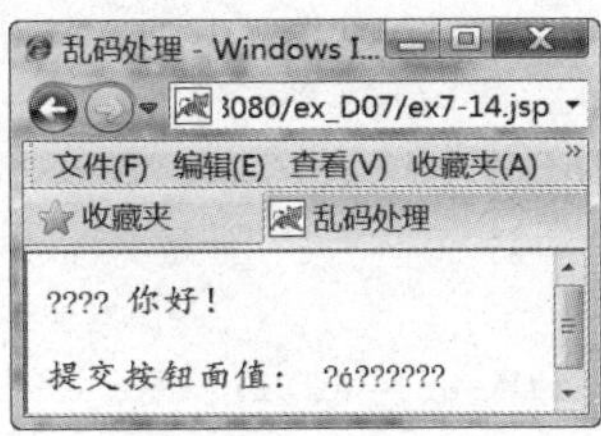

(c) 删除乱码处理语句后

图 7-19　ISO-8859-1 编码处理中文

7.6.3　接收和响应请求前指定编码 GB2312

1. 在接收表单数据前指定编码

设置接收表单数据的编码格式为 GB2312，防止数据读入中文乱码，可使用语句：

```
request.setCharacterEncoding("GB2312");
```

如例 7-10 中程序 ex7-10_1.jsp、ex7-10_2.jsp 和 ex7-10_3.jsp 中的第 2 行语句：

```
<%request.setCharacterEncoding("GB2312");%>
```

如果读者删除这三个程序中的该条语句，就会出现乱码现象。

2. 在响应输出前指定编码

设置响应输出的编码格式为 GB2312，防止输出中文的乱码，可使用语句：

```
response.setContentType("text/html;charset=GB2312");
```

7.6.4　修改 Tomcat 配置文件

当表单以 get 方式传递中文信息时，除了在接收数据前指定编码为 GB2312 外，还需要修改 Tomcat 的配置文件 server.xml。在 Tomcat 目录的 conf 文件夹下找到并打开 server.xml 配置文件，在 Connector 标记中加入如下属性：

```
useBodyEncodingforURI="true" URIEncoding="GB2312"
```

在 server. xml 文件中代码段如下：

```
<Connector  port="8080"  protocol="HTTP/1.1"  connectionTimeout="20000"
  redirectPort="8443"  useBodyEncodingforURI="true"  URIEncoding="GB2312"/>
```

例 7.15 程序 ex7-15. jsp 在地址栏目中输入中文名字，使用 get 方法传输并显示出来。ex7-15. jsp 代码清单如下：

```
<%@page import="java.unit.*" contentType="text/html; charset=GBK" %>
<%request.setCharacterEncoding("GB2312");
  String str;
  str=request.getParameter("name");
%>
<html><head>  <title>get方式传输中文信息</title></head>
<body>
<%
  if(str!=null){
%>
<center><font face="楷体"  size=5 color=blue>你好!我是: <%=str%></font></
center>
<%
  }else{
%>
请在地址栏目输入姓名:?name=
<%}%>
</body></html>
```

ex7-15. jsp 在浏览器中显示效果如图 7-20(a)所示。如果没有修改配置文件 server. xml，提交数据后显示如图 7-20(b)所示，会出现乱码。修改配置文件 server. xml，提交数据后，正确显示中文，如图 7-20(c)所示。

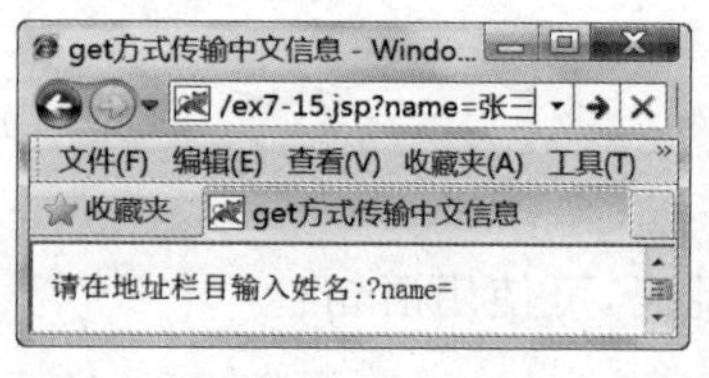

(a) 以get方式传输中文

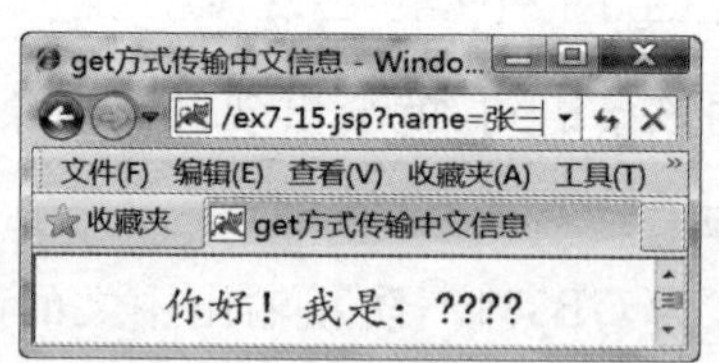

(b) 没有修改配置文件会出现乱码

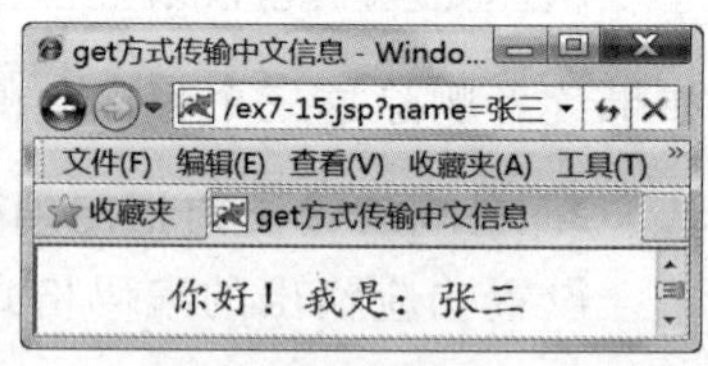

(c) 修改配置文件后正确显示中文

图 7-20 修改 Server. xml 文件正确显示中文

7.7 JSP 中变量作用域

JSP 以多线程方式工作，变量的作用域与线程有关。在 JSP 可以有三种方法声明变量：在方法内部声明，在标记<%…%>之间声明（即 Java 代码片段）和在标记<%!

…%>之间声明。它们的作用域是不同的。

1. 方法内的局部变量

在方法内声明的变量,只在该方法的后续部分有效。调用方法时为它分配内存空间,调用完毕,即释放该内存。

2. Java 代码片段内局部变量

在标记<%…%>之间声明的变量是 Java 程序片局部变量或 JSP 页面局部变量。该局部变量的生存期是一个线程。当多个客户请求同一个 JSP 页面时,JSP 引擎为每个客户启动一个线程,并为每个客户的代码片段局部变量分配各自的内存空间。如果某个客户关闭请求,该客户的线程就停止了,它的代码片段局部变量内存空间也释放了。

3. JSP 页面全局变量

在标记<%! …%>之间声明的变量是 JSP 页面的全局变量,生存期是整个 JSP 页面。所有的客户共享全局变量,服务器关闭后才释放全局变量的内存空间。

4. 变量作用域使用案例

例 7.16 在程序 ex7-16.jsp 中,变量 num 和时间对象 MyDate 在<%! …%>之间声明,是全局变量。num 用以统计页面访问人数,MyDate 对象存储第一位客人的访问时间,生存期是整个 JSP 页面。变量 str 在 Java 代码片段中声明,是局部变量,用来保存客户姓名,生存期是一个线程。当客户王五访问页面时,JSP 引擎为王五启动一个线程,并为变量 str 开辟内存空间存放姓名王五,同时全局变量 num 加 1。如果客户李四访问同一页面,JSP 引擎为李四再启动一个线程,并为李四的 str 变量开辟另一空间存放姓名李四,同时全局变量 num 再加 1,如图 7-21 所示。

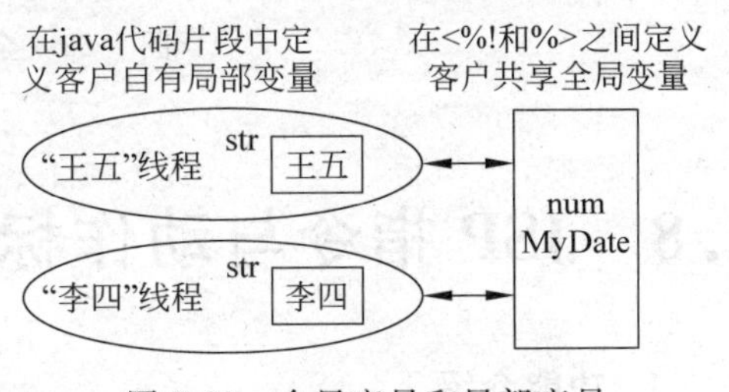

图 7-21 全局变量和局部变量

ex7-16.jsp 程序清单如下:

```
<%@page import="java.util.*" contentType="text/html;Charset=GBK"%>
<html><head><title>JSP 变量作用域</title></head>
<body>
<%String str;                              //java 代码片段内局部变量 str
  str=request.getParameter("name");
%>
<%
  if(str!=null){
%>
<%!int num=0;String str1,str2; %>          //全局变量 num
<%str1=str+": 你好!你是第 "; str2=" 位访问本站点的客人。";
   num++;
%>
  <font size="4" color=blue>
```

```
<%=str1%><%=num%><%=str2%>
    </font><p>
    <%!Date MyDate=new Date();%>       //全局变量 MyDate
<font size="4" color=blue>
第一位客人访问时间是：<%=MyDate.toLocaleString()%></font>
<%
 }else{
%>
 请在地址栏目输入姓名：? name=
<%}%>
</body></html>
```

ex7-16.jsp 程序的显示效果如图 7-22 所示。

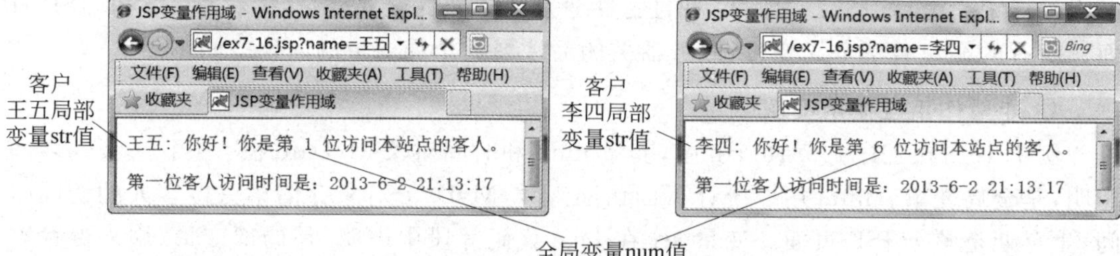

图 7-22 全局变量与局部变量

7.8 JSP 指令与动作标记的应用——读者选购图书

1. 功能介绍

例 7.17 读者选购图书的应用，其中包含了三个程序。

ex7-17.html：读者选择图书的界面，见图 7-23，读者在界面内选择需要的图书和数量，单击确定按钮后，将信息发送给 ex7-17.jsp。

ex7-17.jsp：接收 ex7-17.html 的信息，使用 jsp:useBean 动作创建名为 book 的 beans 组件。ex7-17.jsp 使用 jsp:setProperty 动作在 beans 中设置属性值。

BookBean.java：是 JavaBean，将它编译成字节码文件 BookBean.class 存放在 Tomcat 7.0\webapps\ex_D07\WEB－INF\classes\bean 目录下。

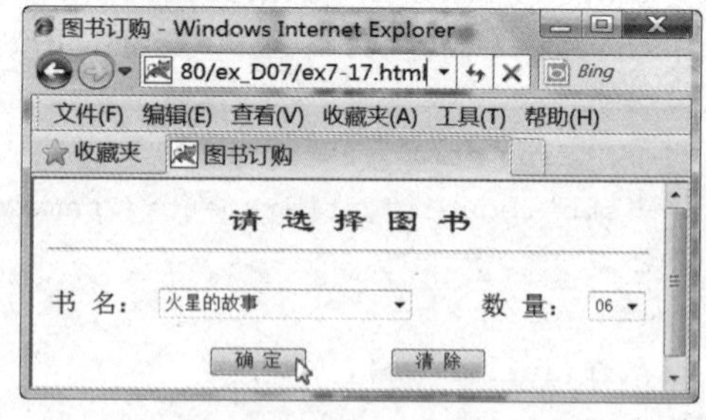

图 7-23 读者选择图书

2. ex7-17.html 代码清单

```
<html><head><title>图书订购</title></head>
```

```
<body><center>
<font size="5" face="隶书" color="#0000ff">请 选 择 图 书 </font></center><hr>
<form method="post" action="ex7-17.jsp">
  <div align="center"><font size=4>
    书 名:
     <select name="bookName">
       <option value="C++语言程序设计" selected>C++语言程序设计</option>
       <option value="Google搜索从入门到精通">Google搜索从入门到精通</option>
       <option value="现代英语教程学习辅导(2)">现代英语教程学习辅导(2)</option>
       <option value="火星的故事">火星的故事</option>
       <option value="考研英语听力模拟试题">考研英语听力模拟试题</option>
       <option value="WTO与中国基础教育发展">WTO与中国基础教育发展</option>
     </select>
     数 量:
     <select name="bookNum">
       <option value="1"selected>01</option>
       <option value="2">02</option>
       <option value="3">03</option>
       <option value="4">04</option>
       <option value="5">05</option>
       <option value="6">06</option>
     </select><p>
     <input type="submit" value=" 确 定 " name="submit">
     <input type="reset" value=" 清 除 " name="reset">
  </div>
</form>
</body></html>
```

3. ex7-17.jsp 代码清单

```
<%@page contentType="text/html; charset=GB2312" %>
<%request.setCharacterEncoding("GB2312"); %>
<%@page import="bean.BookBean" %>
<jsp:useBean id="book" class="bean.BookBean" scope="request" >
    <jsp:setProperty name="book" property="bookName" />
    <jsp:setProperty name="book" property="bookNum" />
</jsp:useBean>
<html><head><title>图书订购</title></head>
<body><center><font size="5" face="隶书" color="#0000ff">订 购 图 书 清 单 </
font></center><br>
<div align="center"><font size="4">
  书 名:<%=book.getBookName()%><BR>
  数 量:<%=book.getBookNum()%><BR>
  </font>
</div>
```

```
</body></html>
```

4. BookBean.java 代码清单

```
package bean;
import java.io.*;
public class BookBean{
    private String BookName="";
    private int BookNum=1;
    public BookBean(){
    }
    public void setBookName(String BookName){
     this.BookName=BookName;
    }
    public String getBookName(){
        return this.BookName;
    }
    public void setBookNum(int BookNum){
        this.BookNum=BookNum;
    }
    public int getBookNum(){
        return this.BookNum;
    }
}
```

5. 运行结果

在浏览器中运行 ex7-17.html，在表单中输入数据，单击“确定”按钮，信息处理后在浏览器中显示运行结果如图 7-24 所示。

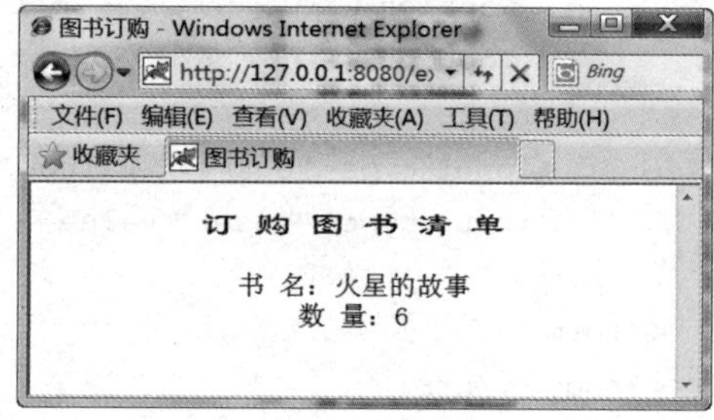

图 7-24　运行结果

小　　结

1. JSP 页面是在服务器端运行的，必须以发布方式浏览的动态网页。第一次运行 JSP 页面，需要要经过翻译、编译和执行三个阶段。通过翻译 JSP 代码转换为 Servlet 代码，然后编译生成字节码文件，最后执行字节码文件；以后再运行时直接运行字节码文件就可以了，所以具有较高的运行效率。

2. JSP 页面的主要元素有：HTML 标记、JSP 标记、Java 程序片、表达式、声明和注释。JSP 标记界定在“<%”和“%>”之间。

在“<%!”和“%>”之间声明的变量是成员变量，也称全局变量。在“<%”和“%>”Java 代码片段中声明的变量是局部变量。

3. JSP 页面常使用三种 JSP 标记：JSP 指令标记、动作标记和自定义标记。JSP 指令在翻译阶段提供全局变量或静态引入资源，JSP 动作在执行阶段为页面提供插件或动态引入资源。

4. page 指令具有多个属性。属性定义 JSP 页面的全局变量，除 import 外其他属性只能赋值一次。import 属性导入 Java 类和包，导入多个类或包时用逗号分开。include 指令在翻译阶段静态嵌入文件，合并后新文件要符合 JSP 页面的语法规则，页面运行速度较快。为提高代码重用性，开发人员可自定义标记，做成 tag 文件，由 taglib 指令标记调用。

5. include 动作在执行时动态插入资源，处理灵活。forward 动作实现请求转发。param 把参数传递到插入或转发的文件中。plugin 动作插入 Java 小应用程序（Applet）或 JavaBean 组件。

6. 在 JSP 页面中，可能发生中文乱码现象。正确应用＜％@ page contentType＝"text/html; charset＝GB2312"％＞语句，输入文字采用 ISO-8859-1 编码，接收数据前指定编码为 GB2312，当表单以 get 方式传递中文信息时修改配置文件 Server. xml，就可以解决中文乱码的问题。

习题、上机练习与实训 7

一、选择题

1. 文件 book. jsp 的位置是 D:\Tomcat 7. 0\webapps\bookshop\book. jsp，在浏览器地址栏目输入以下（　　）内容可以浏览该网页。

A. http://localhost:8080/ book. jsp

B. http://localhost:8080/bookshop/book. jsp

C. D:\Tomcat 7. 0\webapps\bookshop\book. jsp

D. http://localhost:8080/ROOT/book. jsp

2. 有一段代码如下：

```
<%
  for( int i=4; i>1; i--)
    out.println( "<h"+i+">你好!</h"+i+">" );
%>
```

在客户端浏览器源文件见到的代码段是（　　）。

A. ＜h2＞你好!＜/h2＞

＜h3＞你好!＜/h3＞

＜h4＞你好!＜/h4＞

B. for(int i＝4; i＞1; i--)

out. println("你好!");

C. ＜h4＞你好! ＜/h4＞

＜h3＞你好! ＜/h3＞

<h2>你好！</h2>

D. 你好！
你好！
你好！

3. 以下四行注释代码运行后，在客户段浏览器查看源文件时能见到的注释是(　　)。

A. <!--今天是：<%=(new java. util. Date()). toLocaleString()%>-->

B. <%--今天是：<%=(new java. util. Date()). toLocaleString()%>--%>

C. <% //for 循环 %>

D. <% /* * for 循环 */ %>

4. JSP 页面上有语句，<% String str=" 你好!"; %>，语句是(　　)。

A. 表达式　　B. 注释　　C. 指令　　D. 脚本元素

5. 以下叙述(　　)是正确的。

A. JSP 动作标记为 JSP 页面提供全局变量。

B. JSP 指令标记在执行阶段插入文件。

C. JSP 动作标记动态插入文件。

D. JSP 指令标记动态嵌入文件。

6. 以下正确的代码段是(　　)。

A.
```
<%@ page contentType="text/html;charset=GBK"%>
<%@ page info="欢迎登录本系统!"%>
<%@ page import="java. util. Date"%>
<%@ page import="java. io. * "%>
<%@ page info="客户登录页面"%>
```

B.
```
<%@ page contentType = " text/html ,application/msword; charset = GBK"%>
<%@ page import="java. util. Date"%>
<%@ page info="客户登录页面"%>
```

C.
```
<%@ page contentType="text/html, charset=GBK"%>
<%@ page import="java. util. Date"%>
<%@ page import="java. io. * "%>
<%@ page info="客户登录页面"%>
```

D.
```
<%@ page contentType="text/html;charset=GBK"%>
<%@ page import="java. util. Date"%>
<%@ page import="java. io. * "%>
<%@ page info="客户登录页面"%>
```

7. test. jsp 文件和当前页面在同一目录下，并且是可用的。以下正确的代码段是(　　)。

A.
```
<%@ page contentType="text/html;charset=GBK"%>
<%@ page Import="java. util. Date"%>
```

＜％@ page Import="java.io.*"％＞
＜％@ include file="test.jsp"％＞

B. ＜％@ page contentType="text/html;charset=GBK"％＞
＜％@ page import="java.util.Date"％＞
＜％@ page import="java.io.*"％＞
＜％@ include file="test.jsp"％＞

C. ＜％@ page contentType="text/html;charset=GBK"％＞
＜％@ page import="java.util.Date"％＞
＜％@ page import="java.io.*"％＞
＜％ include file="test.jsp"％＞

D. ＜％@ page contentType="text/html;charset=GBK"％＞
＜％@ page import="java.util.Date;java.io.*"％＞
＜％@ include file="test.jsp"％＞

8. 自定义标记 tag 文件 top.tag 存放在"Web 服务目录\WEN-INF\tags"目录下，调用 top 标记的当前页面 test.jsp 存放在 Web 服务目录下，以下正确的代码段是(　　)。

A. ＜％@ taglib tagdir="/WEB-INF/tags" prefix="bookTop" ％＞
＜ bookTop：top/＞

B. ＜％@ taglib tagdir="/WEB-INF/tags" prefix="bookTop" ％＞
＜ tags：top/＞

C. ＜％@ taglib tagdir="/WEB-INF/tags" prefix="bookTop" ％＞
＜ bookTop：top.tag/＞

D. ＜％@ taglib tagdir="/tags" prefix="bookTop" ％＞
＜ bookTop：top/＞

9. 自定义标记 tag 文件 top.tag 存放在"D:\Tomcat 7.0\webapps\ex_D07\WEB-INF\tags"目录下，ex_D07 是 Web 发布目录，调用 top 标记的当前页面 test.jsp 存放在 ex_D07 目录下，在浏览器中可以访问 tag 标记的地址是(　　)。

A. http://localhost:8080/ ex_D07/WEN-INF/tags/top.tag

B. D:\Tomcat 7.0\webapps\ ex_D07\WEB-INF\tags\ top.tag

C. http://localhost:8080/ ex_D07/test.jsp

D. http://localhost:8080/ ex_D07/ top.tag

10. 编制好的 bean 文件名的后缀是(　　)。

A. .java　　B. .jsp　　C. .html　　D. .class

11. 有一个加法 bean

```
package bean;
public class AddBean{
  int addNum1, addNum2;
  …
  public int add(int addNum1, int addNum2){
```

```
    return  addNum1+addNum2;
  }
}
```

以下(　　)可以正确设置 addNum1 的值。

A. public int setAddNum1(int a){
addNum1=a;
}

B. public void setaddNum1(int a){
addNum1=a;
}

C. void setaddNum1(int a){
addNum1=a;
}

D. public void setAddNum1(int a){
addNum1=a;
}

12. 加法 bean 如题 11,以下(　　)可以正确获得 addNum1 的值。

A. public void getAddNum1( ){
return addNum1;
}

B. public int getAddNum1( ){
return addNum1;
}

C. void getaddNum1(){
return addNum1;
}

D. public int getAddNum1(int a){
return addNum1;
}

13. 在 JSP 页面使用(　　)动作创建 bean 实例。

A. jsp:setProperty　　B. jsp:getProperty

C. jsp:useBean　　D. jsp:param

14. 当 jsp:useBean 动作属性 scope="(　　)"时,创建的 bean 实例的生命周期是会话期的。

A. page　　B. request　　C. session　　D. application

二、简答题

1. 简述 JSP 的主要特点。

2. 组成 JSP 页面的主要元素有哪些?

3. JSP 文件名的后缀是什么？JSP 代码的定界符是什么？

4. 简述 JSP 的运行过程及各阶段的主要作用。

5. JSP 页面运行较快的原因是什么？

6. JSP 页面的源代码与在客户端看到的代码是否一致？

7. 什么是 HTML 注释、隐藏注释、脚本注释？在客户端的“查看源文件”中能见到哪个注释？

8. 在<%…%>标记之间和<%!…%>标记之间都可以声明变量，它们的区别是什么？

9. 如何声明方法？如何调用方法？举例说明。

10. 在什么标记之间可插入表达式？使用时应注意什么？

11. 简述脚本元素的功能。

12. JSP 指令标记和 JSP 动作标记的功能有何区别？

13. 简述 page 指令标记的功能，并举出其中 3 种属性的应用。

14. 简述 include 指令标记的功能，使用时的注意事项是什么？

15. 简述 taglib 指令标记的功能，如何自定义标记？tag 文件如何存放？如何调用自定义标记？

16. 简述 param 动作标记的功能，它通常是哪些标记的子标记？

17. 简述 include 动作标记的功能。

18. include 动作标记与 include 指令标记的区别是什么？

19. 简述 forward 动作标记的功能。

20. 简述 plugin 动作标记的功能。

21. 什么是 JavaBean？在什么情况下使用 JavaBean 比较有利？使用 JavaBean 的优点是什么？

22. 如果在 Web 服务目录 person 中有一个 JSP 页面，要使用一个 bean，该 bean 的前三行语句为：

```
package student;
public class StudentBean{
  String studentName, studentNum;
  …
```

请问：

(1) 该 bean 的文件名。

(2) 该 bean 的 class 文件的存放目录。

(3) 使用该 bean 的 JSP 文件的<jsp:useBean…/>动作属性 class 的值是什么？

23. jsp:useBean 动作属性 scope 的功能是什么？写出其默认值和另外 3 种属性值。

24. jsp:setProperty 和 jsp:getProperty 动作的功能是什么？简述使用时的注意事项。

25. JSP 页面中为什么会出现中文乱码？

三、上机练习

1. 使用 JSP 技术在浏览器中输出四行由大变小的文字。

2. 使用 Date 函数读取系统的当前时间，根据不同的时间段，在浏览器输出不同的问候语。例如 0～12 点之间输出“早上好”，同时把系统的时间年、月、日、小时、分、秒和星期输出到用户的浏览器。

3. 加载静态文件。制作一个文件，在页面上输出一行文字，例如“include 指令的使用。”等。然后制作一个 JSP 文件，应用 include 指令加载刚制作的文件，在客户端显示出来，并在客户端的“查看源文件”中观察源文件。

4. 加载动态文件，制作一个 JSP 文件，计算一个数的平方根。然后再制作一个 JSP 文件，应用<jsp:include>动作加载刚制作的 JSP 文件，在客户端显示出来，并在客户端的“查看源文件”中观察源文件。

5. 使用 jsp:include 动作制作一个班级的 JSP 页面，显示班上每个同学的信息。每个同学都有自己的页面，由本人定期更新。要求班级的 JSP 页面是稳定的，看谁的页面最有特色。

6. 设计表单，制作读者选购图书的界面。当读者选中一本图书后，单击“确定”按钮，页面转跳到介绍该图书信息页面，请使用“jsp:forward page=”语句。

7. 制作一个页面，页面的背景颜色及文字的大小、字体和颜色可以根据用户的选择来实施。界面如图 7-25 所示，要求使用 Java Bean 完成。

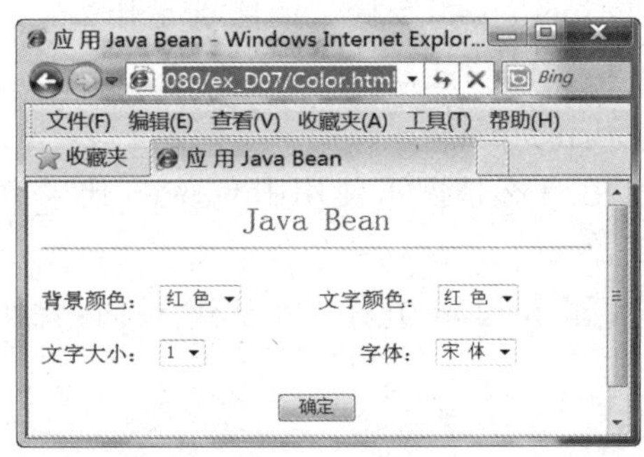

图 7-25 界面

四、实训课题

1. 应用 JavaBean 完成一个计算器的制作。

2. 应用 JavaBean 完成一个计数器的制作，计数器 beans 的范围是 application 的，由不同用户共享。

3. 制作一个购物车 beans，要求具有选择商品、添加商品到购物车、查看购物车和从购物车中删除商品等功能。

第8章 JSP内置对象

为了简化JSP的应用,JSP提供了9个内置对象,其中常用的是request、response、out、session、application等5个对象。这些内置对象可以直接引用,不需要显式声明,也不需要实例化,使用起来十分方便。

学习要点:

(1) 理解JSP 9个内置对象的主要功能。

(2) 熟练掌握5个主要内置对象的功能和使用方法。

(3) 重点掌握request对象的getParameter()方法,用以获取客户端表单提交信息。

(4) 重点掌握response对象的sendRedirect()方法,根据客户需求重新定向页面。

(5) 掌握session和application对象的不同点,能够使用session对象存储和输出客户在一个会话期的变量,使用application对象存储和输出在服务器运行期所有客户共享的变量。

8.1 JSP内置对象概述

在JSP中预先定义好一些常用的对象,在Web应用中可以直接使用这些对象。内置对象的构建基础是HTTP协议,可以使用这些对象完成收集浏览器请求发出的信息、响应浏览器以及存储用户信息等工作,内置对象的应用大大简化了Web开发工作。JSP提供了9个内置对象 它们是request、response、out、session、application、config、pageContext、page和exception,最常用的是前5个对象。JSP常用内置对象及它们的作用见表8-1。

表8-1 JSP内置对象

内置对象名称	功　能	作用域	类　型
request	得到客户端的信息,例如在form表单中输入的信息。该请求包含来自get/post请求的参数。	request	javax.servlet.http.HttpServletRequest
response	服务器对客户请求的响应。	page	javax.servlet.http.HttpServletResponse

续表

内置对象名称	功　能	作用域	类　型
out	向客户端发送信息，传送回应的输出信息流。	page	javax. servlet. jsp. JspWriter
session	客户端与服务器端建立的会话对象，存储客户访问信息。	session	javax. servlet. http. HttpSession
application	保存服务器运行时的全局变量。	application	javax. servlet. ServletContext
config	脚本段配置对象，提供配置信息。	page	javax. servlet. ServletCofig
pageContext	管理网页的上下文属性，当前页面运行时的一些属性。	page	javax. servlet. jsp. PageContext
page	正在运行的由 JSP 文件产生的类对象。	page	java. lang. Object
exception	JSP 运行时抛出的异常对象。	page	java. lang. Throwable

注意：因为 Java 是区分大小写的，所以在 JSP 中对象名的书写一定要准确，特别要注意字母的大小写。在 JSP 页面中，除<%@指令%>和<%! 声明%>外，其他位置都可以使用 JSP 内置对象。

8.2　request 对象

request 对象和 response 对象是 JSP 中应用较多的两个对象，request 对象可得到用户提交的信息，response 对象可向用户发送响应信息，两者结合起来完成动态页面的交互功能。

8.2.1　request 和 response 对象

使用 request 对象得到客户提交的请求信息，并把信息封装在对象内。使用 response 对象内封装服务器的响应信息，并发送给客户。request 对象和 response 对象结合起来完成动态页面的交互功能。图 8-1 示意了 JSP 页面中 request 对象和 response 对象协同工作的状况。

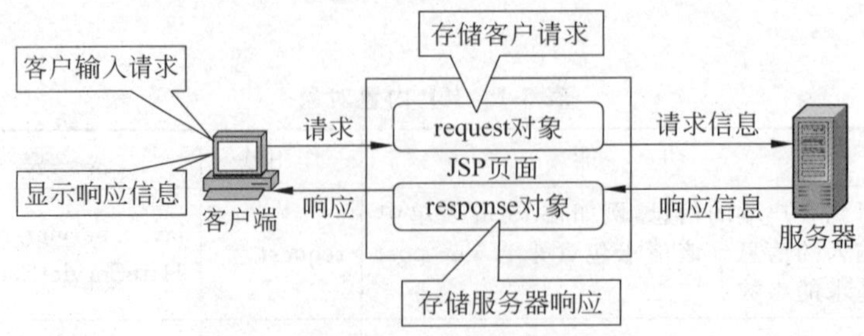

图 8-1　request 对象和 response 对象

HTTP是客户与服务器之间请求(request)信息和响应(response)信息的通信协议，也称“请求和响应”协议。客户在浏览器地址栏目中输入一个页面请求，浏览器把请求发送给服务器。请求具有一定的格式，包含一个请求行、头和表单提交的信息等。例如：

```
post/ex8-01.jsp/HTTP1.1
                      //请求行,请求提交方法 post,资源 ex8-01.jsp,使用协议 HTTP/1.1
host:local:8080       //头,头名字 host,头的值 local:8080
```

服务器根据浏览器发来的信息做出响应，把响应信息返回到客户端浏览器。响应也有一定的格式。响应由状态行开始，包含几个头和在客户端浏览器中展示的信息。

在JSP中request对象被包装成javax. servlet. http. HttpServletRequest接口。客户请求经Servlet容器处理后，由request对象进行封装，作为jspService()方法的一个参数传递给JSP页面。JSP页面通过getXxx()方法得到request的请求参数和HTTP请求头的信息。在JSP中response对象被包装成javax. servlet. http. HttpServletResponse接口，接口封装了JSP服务器的响应，由Servlet容器生成，作为jspService()方法的一个参数由容器传递给JSP页面，被发送到客户端响应客户请求。

8.2.2 rcquest对象的功能

JSP的内置对象request封装了用户提交的信息，使用request对象调用相应的方法可以获得所需要的封装信息。例如，使用表单向Web服务器提交信息：

```
<form methed=get|post action="服务器端应用程序 URL">
```

用post或get方法提交HTML表单信息。使用post方法提交的数据不被显示，比较安全。使用get方法提交的数据会附加到请求的URL之后，将在地址栏目中显示出来，存在不安全因素。例如，在表单中向服务器端的plugin. jsp文件提交表单信息，表单信息将附在plugin. jsp文件的URL后面发送到服务器端。如果有多个字段信息，则由“&”分开。举例如下：

```
http://127.0.0.1 :8080/plugin.jsp?txtName="……"& txtNum="……"
```

服务器端应用request对象的方法来接收或处理这些信息。request对象用得比较多的是：getParameter方法。

8.2.3 getParameter方法

1. getParameter方法的作用

request对象的getParameter方法根据指定的参数，获取客户端信息。

2. getParameter方法的语法规则

```
<%String name[] %>
…
```

```
<%name=request.getParameter("txtName ")%>
```

name 是一个声明过的字符串变量。txtName 是客户端提交信息中的一个字段名。

8.2.4 获取客户提交信息案例

例 8.1 要求在页面上有两个文本框。在文本框中输入姓名和电话号码,单击"提交"按钮后,由服务器应用程序接收并处理用户信息。例 8.1 中 ex8-01.html 通过表单向 ex8-01.jsp 提交信息。

ex8-01.html 代码清单如下:

```
<html><head><title>获取客户提交信息案例</title></head>
<body>
  <div align="center">
   <form action="ex8-01.jsp" method=post>
      <font size=4 color=blue>
      姓名:<input name=RdName><p>
      电话:<input name=PhName><p>
    <input type="submit" value=" 提 交 " name="submit"></font>
   </form>
  </div>
</body></html>
```

ex8-01.jsp 代码清单如下:

```
<%@page contentType="text/html;Charset=GB2312"%>
<html><body>
  <%request.setCharacterEncoding("GBK");%>
  <%String str1=request.getParameter("RdName");%>
  <%String str2=request.getParameter("PhName");%>
  <%String str3=request.getParameter("submit");%>
  <font face="楷体" size=4 color=blue>
  姓名文本框信息:<%=str1%><p>
  电话文本框信息:<%=str2%><p>
  提交按钮的面值:<%=str3%>
  </font>
</body></html>
```

例 8.1 的运行结果如图 8-2 所示。

8.2.5 request 对象常用方法

上载的表单信息是用 getParameter 方法获得的(见例 8.1)。request 对象也提供了一些其他方法,用来获得客户传来的信息,具体如下。

(1) getAttribute(String name):获得 name 属性指定的属性值。若属性值不存在,

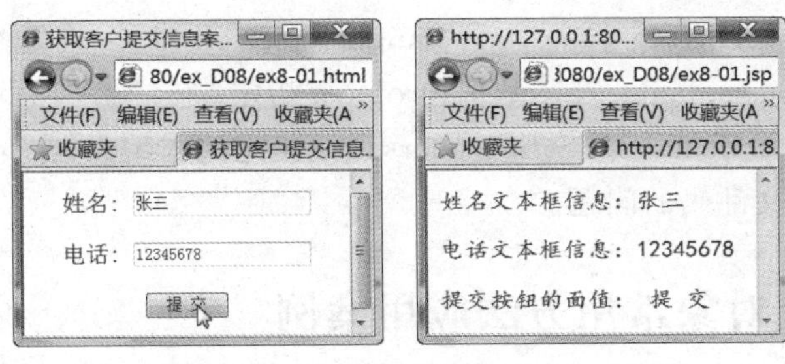

图 8-2 获取客户提交信息案例

返回 null。

(2) getAttributeNames()：获得 request 对象的所有属性名。如果请求中不包含有效属性，则返回一个空的枚举对象。

(3) getCharacterEncoding()：获得请求中的字符编码方式。如果没有使用编码方式，则返回空值。

(4) getContentLength()：获得请求正文的长度，以字节为单位。如果不能确定长度，则返回－1。

(5) getCookies()：获得客户端所有的 Cookies 对象，结果是一个 Cookies 数组。如果浏览器没有发送 Cookies，则返回空值。

(6) getHeader(String name)：获得请求中由 name 指定名字的文件头信息。

(7) getHeaderNames()：获得请求中所有请求头的名字。

(8) getMethod()：获得表单提交信息的方式，例如 get、post 或 put 等。

(9) getParameter(String name)：获得客户表单提交给服务器的由 name 指定的参数值。

(10) getParameterNames()：获得客户提交给服务器的所有的参数名。

(11) getParameterValues(String name)：当客户提交表单的 name 控件具有多个参数值时，获得 name 的所有参数值。

(12) getProtocol()：获得请求所使用的通信协议和版本号。

(13) getQueryString()：获得请求使用 get 方式提交的表单数据。

(14) getRequestURI()：获得客户端地址。

(15) getRemoteAddr()：获得客户端的 IP 地址。

(16) getRemoteHost()：获得客户端主机全名。如果不能获取，则获得客户机的 IP 地址。

(17) getSession([Boolean create])：获得和请求相关的 session，create 参数是可选项。

(18) getServerName()：获得接受请求的服务器主机名。

(19) getServletPath()：获得客户请求 JSP 页面的文件目录。

(20) getServerPort()：获得服务器主机的端口号。

(21) getPathInfo()：获得请求时关联到 URL 的附加路径信息。若没有此信息，则返回空值。

(22) removeAttribute(String name)：删除请求中由 name 指定的属性。

(23) setAttribute(String name,java.lang.Object object)：设置参数名为 name 的参数值，参数值类型为 java.lang.Object，值由 object 指定。

(24) setCharacterEncoding(String charset)：指定请求编码，在 getParameter()方法前使用，可以解决中文乱码的问题。

8.2.6 request 对象常用方法应用案例

例 8.2 使用 request 对象的常用方法，获取客户端提交的各种信息。例 8.2 把例 8.1 的文件 ex8-01.html 的 form 的 action 属性，改为 ex8-02.jsp 即可，更改如下：

```
<form method="post" action="ex8-02.jsp">
```

ex8-02.jsp 代码获取了客户端的信息，并把它们显示出来，代码清单如下：

```
<%@page contentType="text/html;Charset=GB2312"%>
<html><head><title>request 对象常用方法应用案例</title></head>
<body>
<%
  request.setCharacterEncoding("GBK");
  out.println("姓名文本框提交信息："+request.getParameter("RdName")+"<br>");
  out.println("电话文本框提交信息："+request.getParameter("PhName")+"<br>");
  out.println("客户端协议名和版本号："+request.getProtocol()+"<br>");
  out.println("客户机名："+request.getRemoteHost()+"<br>");
  out.println("客户机的 IP 地址："+request.getRemoteAddr()+"<br>");
  out.println("客户提交信息的长度："+request.getContentLength()+"<br>");
  out.println("客户提交信息的方式："+request.getMethod()+"<br>");
  out.println("HTTP 头文件中 Host 值："+request.getHeader("Host")+"<br>");
  out.println("服务器名："+request.getServerName()+"<br>");
  out.println("服务器端口号："+request.getServerPort()+"<br>");
  out.println("客户请求页面的文件目录："+request.getServletPath()+"<br>");
%>
</body></html>
```

运行结果如图 8-3 所示。

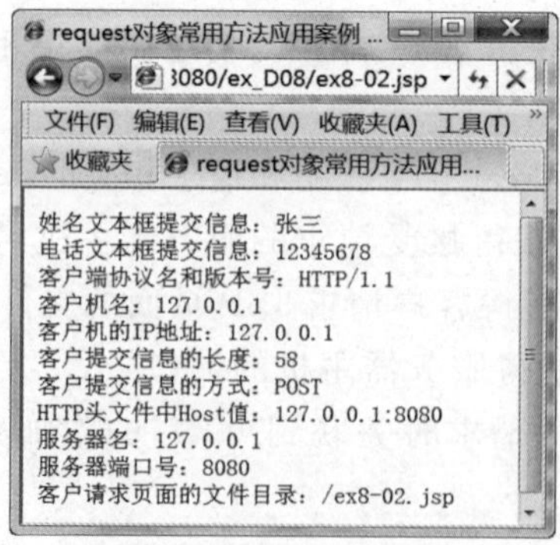

图 8-3 request 方法的输出

8.3 response 对象

8.3.1 response 对象的功能

response 对象把服务器端的数据以 HTTP 的格式发送到客户端浏览器。response 对象提供了几种输出结果的方法，例如：页面重新定向（sendRedirect）方法、设置状态行（setStatus）方法和设置文本类型（setContentType）等方法。

8.3.2 sendRedirect 方法

1. sendRedirect 功能

使用 sendRedirect()方法可以根据用户的不同要求转向不同的页面。服务器对客户浏览器做出响应后，浏览器根据客户要求发出一个新的请求，转向 sendRedirect("URL")指定的新页面。浏览器地址栏目也改变为新页面的地址，原页面中重定向语句后的代码不再被执行。

注意：*forward 动作标记和 response 对象的 sendRedirect()方法都可以使页面重新定向，但是它们是有区别的。<jsp:forward>动作只能在本网站内转向，而 response 对象的 sendRedirect()方法可以转跳到任何页面。*

2. 应用举例

例 8.3 显示用户登录界面，并验证登录者输入的姓名和密码是否完整。如果不完整，则转向新的页面请用户重新输入；如果输入完整，则显示输入的姓名和密码。例 8.3 由三个程序组成。

- ex8-03.html：登录界面，见图 8-4(a)，登录者输入姓名和密码。
- ex8-03.jsp：接收表单 ex8-03.html 的信息，判断输入是否完整。若输入完整，则显示登录成功界面（如图 8-4（b）所示）；如果输入不完整，则由 response.sendRedirect("ex8-03_1.html")语句将页面重新定向到异常处理页面 ex8-0 3_1.html，要求读者重新输入。
- ex8-03_1.html：输入数据不完整，提示读者重新输入，异常处理界面见图 8-4(c)。

(1) ex8-03.html 代码清单

```
<html><head><title>sendRedirect 方法应用案例</title></head>
<body><center><font size="5" face="隶书" color="#ff0000">欢 迎 登 录 </font><hr>
<form action="ex8-03.jsp" method=post><font size=4>
   姓 名：<input name=RdName size=20><br>
   密 码：<input type="password" name=RdPasswd size=21><p>
   <input type="submit" value=" 确 定 " name="submit">
   <input type="reset" value=" 清 除 " name="reset"></font>
```

(a) 登录界面

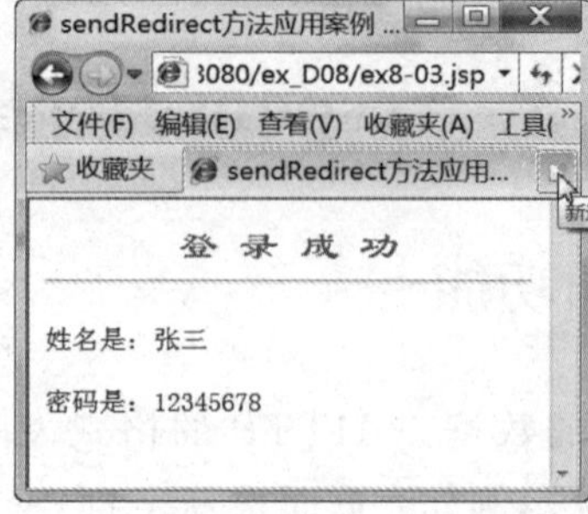

(b) 登录成功界面

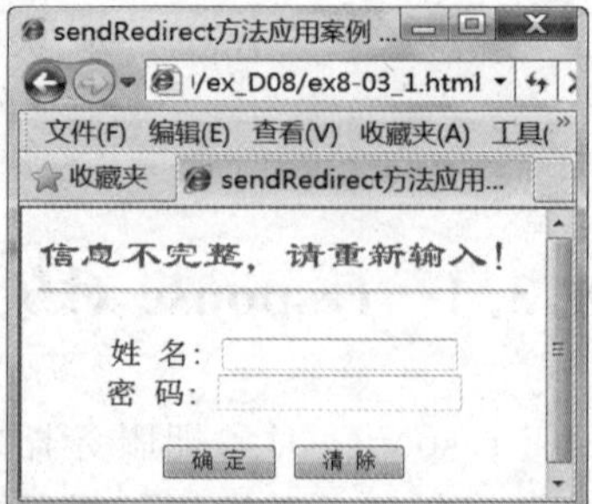

(c) 异常处理界面

图 8-4 页面重新定向

```
</form></center>
</body></html>
```

(2) ex8-03.jsp 代码清单

```
<%@page contentType="text/html;charset=GB2312"%>
<%
  request.setCharacterEncoding("GBK");
  String Name=request.getParameter("RdName");
  String Passwd=request.getParameter("RdPasswd");
  if(Name.equals("") ||Passwd.equals(""))
    response.sendRedirect("ex8-03_1.html");
%>
<html><head><title>sendRedirect 方法应用案例</title></head>
<body><center><font size="5" face="隶书" color="#ff0000">登录成功</font></
center><hr><P>
  姓名是：<%=Name %><P>
  密码是：<%=Passwd%>
</body></html>
```

(3) ex8-03_1.html 代码清单

```
<html><head><title>sendRedirect 方法应用案例</title></head>
<body><center><font size="5" face="隶书" color="#ff0000">信息不完整,请重新输
入!</font><hr>
<form action="ex8-03.jsp" method=post><font size=4>
  姓 名：<input name="RdName" size=20><br>
  密 码：<input type="password" name=RdPasswd size=21><p>
  <input type="submit" value=" 确 定 " name="submit">
  <input type="reset" value=" 清 除 " name="reset"></font>
</form></center>
</body></html>
```

8.3.3 response的状态行

1. 状态行的作用

服务器响应客户请求时首先发送状态行,然后发送 HTTP 头和信息体。一般不需要修改状态行。当页面出现错误时,服务器会自动响应,并发送相应的状态码提示客户。开发人员也可以使用 response 对象的 setStatus()方法设置状态行的状态码。如果状态行的值已存在,新设的值将覆盖旧值。状态行包含 3 位数字的状态代码,代表错误的性质和处理方法。共有 5 类状态码。

(1) 1XX(1 开头的 3 位数):主要是实验性质的。例如 101 表示服务器正在升级协议。

(2) 2XX:表示请求成功。如 200 表示请求成功。

(3) 3XX:表示在请求满足之前应采取的进一步行动。如 305 表示请求必须通过代理来访问。

(4) 4XX:浏览器不能满足请求时,返回的状态码。如 404 表示请求的页面不存在。

(5) 5XX:服务器执行出现错误时,返回的状态码。如 500 表示服务器内部发生错误,不能服务。

2. setStatus()方法

使用 response. setStatus(int n)方法设置状态行。例如 response. setStatus(501)取得错误信息为 501 的出错信息,返回该出错页面到客户端。如果状态代码为出错码,页面中 response. setStatus()后面的语句将不被执行。

3. 状态行应用案例

例 8.4 本例包含 4 个文件,ex8-04. html、ex8-04_1. jsp、ex8-04_2. jsp 和 ex8-04_3. jsp。在 ex8-04. html 页面单击不同的超链接,将显示不同的状态码状态。

(1) ex8-04. html 代码清单

```
<html><head><title>responde对象状态行应用案例</title></head>
<body><center>  <font size="5" face="隶书" color=blue>显示不同的状态行</font
><hr>
  <font size="3" face="楷体" color=green>
    <a href="ex8-04_1.jsp" >200 请求成功信息</a><p>
    <a href="ex8-04_2.jsp" >404 请求资源不可用信息</a><p>
    <a href="ex8-04_3.jsp" >501 不支持请求的部分功能</a><p>
  </font></center>
</body></html>
```

(2) ex8-04_1. jsp 代码清单

```
<%@page contentType="text/html;charset=GB2312"%>
<html><head><title>responde对象状态行应用案例</title></head>
<body><center><font size="5" face="隶书" color=blue>200 请求成功信息</font>
```

```
<br><hr>
  <%response.setStatus(200);
    out.println("一切正常");
  %></center>
</body></html>
```

(3) ex8-04_2.jsp 代码清单

```
<%@page contentType="text/html;charset=GB2312"%>
<html><head><title>responde 对象状态行应用案例</title></head>
<body><center><font size="5" face="隶书" color=blue>404 请求资源不可用信息
</font><br><hr>
  <%response.setStatus(404);
    out.println("不能显示");
  %></center>
</body></html>
```

(4) ex8-04_3.jsp 代码清单

```
<%@page contentType="text/html;charset=GB2312"%>
<html><head><title>responde 对象状态行应用案例</title></head>
<body><center><font size="5" face="隶书" color=blue>501 不支持请求的部分功能
</font><br><hr>
  <%response.setStatus(501);
    out.println("不能显示");
  %></center>
</body></html>
```

(5) ex8-04.html 的显示结果如图 8-5(a)所示。如果在页面中单击“200 请求成功”超链接,页面将转跳到 ex8-04_1.jsp 请求成功页面,见图 8-5(b)。如果在页面中单击“501 不支持请求的部分功能”超链接,页面将转跳到 ex8-04_3.jsp 页面,显示 501 状态码的提示,见图 8-5 (d)。

8.3.4 setContentType 方法

1. setContentType 方法功能

服务器响应客户请求页面时,可以使用 page 指令的 ContentType 属性设置页面的显示类型,但是 page 指令只能为 ContentType 属性指定一个值,不能动态改变页面的显示方式。使用 response 对象的 setContentType()方法可以在程序运行过程中,根据需要动态设置响应的 MIME 类型。

2. setContentType 语法格式

语法:

```
response.setContentType(String s);
```

(a) 显示结果

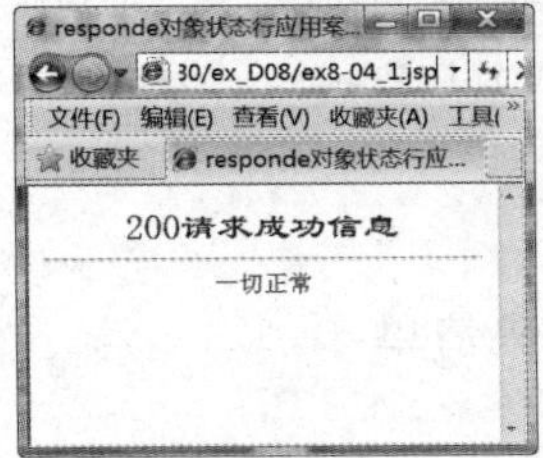

(b) 请求成功

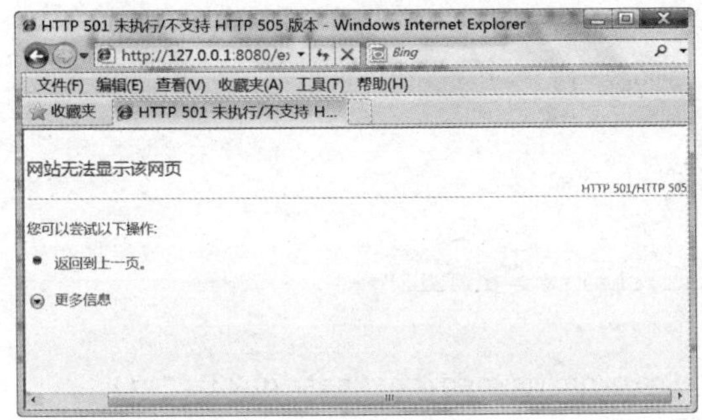

(c) 找不到文件

(d) 501状态码提示

图 8-5　状态码应用案例

使用 setContentType(String s)方法动态设置 MIME 类型,参数 s 可以取以下值。

(1) text/html：HTML 超文本文件,后缀为“.html”。

(2) text/plain：plain 文本文件,后缀为“.txt”。

(3) application/msword：Word 文档文件,后缀为“.doc”。

(4) application/x－msexcel：Excel 表格文件,后缀为“.xls”。

(5) application/ x－mspowerpoint：PowerPoint 格式文件,后缀为“.ppt”

(6) image/jpeg：jpeg 图像,后缀为“.jpeg”。

(7) image/gif：gif 图像,后缀为“.gif”。

(8) application/x－shockwave－flash：flash 动画。

3. setContentType 方法应用案例

例 8.5　根据要求选择使用 HTML 类型、word 类型或 excel 类型,显示同一个 dataTxt.txt 文件。在 ex8-05.html 页面上选择不同按钮,然后单击提交按钮,由 ex8-05.jsp 文件进行选择显示类型。

(1) ex8-05.html 代码清单

```
<html><head><title>setContentType 方法应用案例</title></head>
<body>
<form action="ex8-05.jsp" method="get">
  <font size="5" face="隶书" color=blue>请选择文件显示类型</font><hr>
  <input type="radio" name="showType" value="0">HTML 类型显示<br>
  <input type="radio" name="showType" value="1">word 类型显示<br>
```

```
  <input type="radio" name="showType" value="2">excel类型显示<br>
  <input type="submit" name="submit" value=" 提 交 ">
</form>
</body></html>
```

(2) ex8-05.jsp代码清单

```
<%@page contentType="text/html;charset=gb2312"%>
<html><head><title>setContentType方法应用案例</title></head>
<body>
<%String str=request.getParameter("showType");
  if(str==null){str="";}
  else{
    if(str.equals("0")){
      response.setContentType("text/html;charset=gb2312");}
    else if(str.equals("1")){
          response.setContentType("application/msword;charset=gb2312");}
        else{
          response.setContentType("application/x-msexcel;charset=gb2312");}
    }
%>
<jsp:include page="dataTxt.txt" flush="true"/>
</body></html>
```

(3) dataTxt.txt文件

```
11          12          13          14<br>
15          16          17          18<br>
19          20          21          22<br>
```

注意：因为浏览器视半角输入的多个空格为一个空格，所以如果希望用excel显示该文件，输入dataTxt.txt文件中的空格时，需要把输入法切换到全角。

(4) ex8-05.html在浏览器中的显示结果如图8-6(a)所示。在页面中选择HTML类型显示，显示如图8-6(b)所示；选择word类型显示，如图8-6(c)所示；选择excel类型显示，如图8-6(d)所示。

8.3.5 response对象的其他方法

response对象的其他常用方法如下。

(1) getCharacterEncoding()方法：返回服务器响应客户所使用的编码属性。

(2) getWriter()方法：获得一个打印输出对象，向客户发送文本。

(3) setContentLength()方法：设置服务器发送给客户端内容的长度。

(4) setHeader()方法：动态添加新的响应头和头的值。

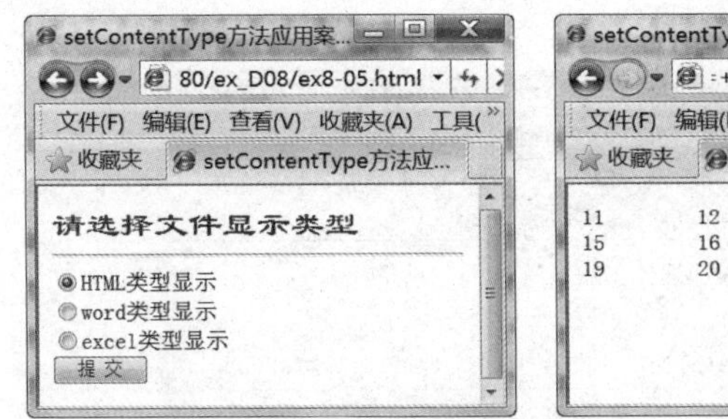

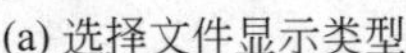

(a) 选择文件显示类型

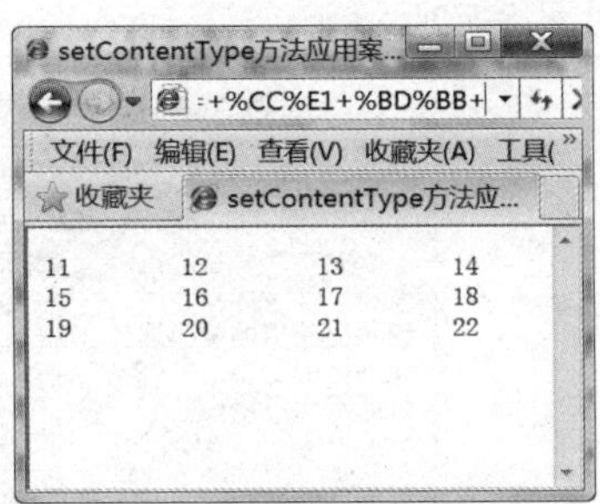

(b) HTML类型显示

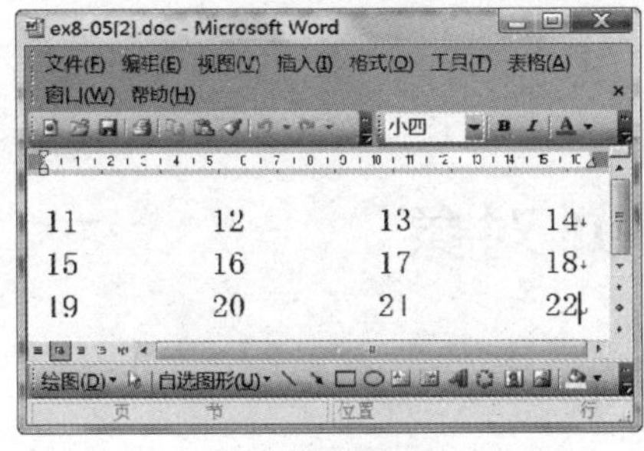

(c) Word类型显示

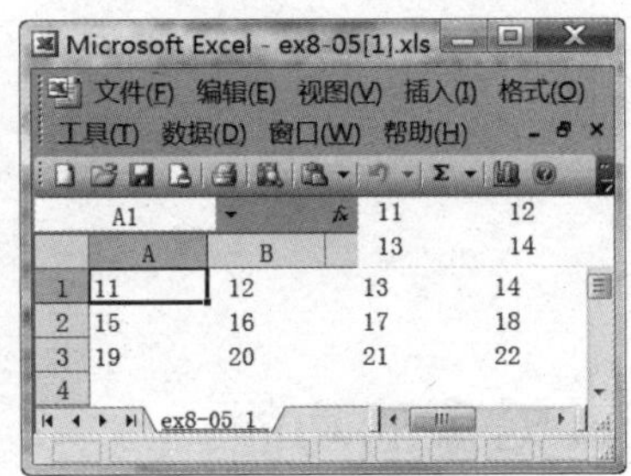

(d) Excel类型显示

图 8-6 动态设置响应的 MIME 类型

8.3.6 response 方法应用案例

例 8.6 代码 ex8-06.jsp 用 response 的方法返回服务器的编码属性、缓冲区大小和一个打印输出对象,并显示系统时间,每 8 秒钟刷新一次页面。代码清单如下:

```
<%@page contentType="text/html; charset=GB2312"%>
<%@page import="java.util.* " %>
<html><head><title>response 对象常用方法应用案例</title></head>
<body><font face="楷体" size=3 color=blue>
<%
  out.println("服务器使用的编码属性:"+response.getCharacterEncoding()+
  "<br>");
  out.println("打印输出对象: "+response.getWriter()+"<br>");
%><hr>
  页面每 8 秒钟刷新一次
  现在的时间是: <br>
<%
  out.println(" "+new Date());
  response.setHeader("Refresh","8");
%></font>
</body></html>
```

运行结果如图 8-7 所示。

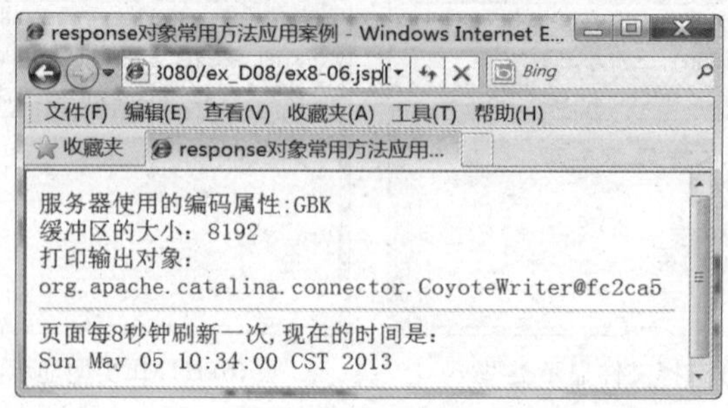

图 8-7 刷新页面

8.4 out 对象

8.4.1 out 对象的功能

JSP 的内置对象 out 被包装为 javax. servlet. JspWiter 接口，是一个为客户打开的输出流，指向客户端浏览器的缓冲区，用来向客户端发送数据。它的生存期是当前页面。每个 JSP 页面都有一个 out 对象，out 对象发送的内容具有文本的性质。可以通过 out 对象直接向客户端发送一个由程序动态生成的 HTML 文件，常用的方法有 print 和 println。由于 out 对象内部包含了一个缓冲区，所以需要使用对缓冲区进行操作的方法，例如 clear、cleaBuffer、flush、getBufferSize 和 getRemaining 等方法。

8.4.2 out 对象中预定义的常量和变量

在某些 out 对象中需要使用常量和变量，变量在使用时需要赋值。out 对象常用属性如下。

(1) NO_BUFFER：表示非缓冲区输出。

(2) DEFAULT_BUFFER：缓冲区输出，使用默认的缓冲区大小。

(3) UNBOUNDED_BUFFER：是否限制缓冲区大小。

(4) bufferSize：缓冲区大小，以字节为单位的整型数。

(5) autoFlush：是否自动清空缓冲区。

8.4.3 out 对象的主要方法

out 对象的主要方法和它们的功能如下。

(1) print()方法：输出数据，输出数据类型可以是 int、long、float、double、string、char、char[]、boolean、object 等。

(2) println()方法：输出数据，并换行。输出数据类型同 print()方法。

(3) clear()方法：清除缓冲区中的内容。如果缓冲区被清除过(flush)，则抛出一个 IO 异常，表示数据已经写到客户响应流中。

(4) clearBuffer()方法：清除缓冲区当前的内容。与 clear()方法不同，如果缓冲区被清除过(flush)，则不抛出 IO 异常。

(5) flush()方法：把缓冲区的内容写入输出流，输出到客户端显示，并清空缓冲区。

(6) close()方法：关闭输出流，并在关闭之前进行 flush 操作。一旦流被关闭，就不能再使用 flush()方法。

(7) getBufferSize()方法：返回以字节为单位的缓冲区大小，无缓冲区时返回 0。

(8) getRemaining()方法：返回以字节为单位的未使用的缓冲区大小。

(9) isAutoFlush()：判断是否自动刷新缓冲区。是，返回 true；否，返回 false。

8.4.4 out 对象应用案例

1. out 对象常用方法的应用案例

例 8.7 本例说明 out 对象 print/println 方法的应用。ex8-07.jsp 代码清单如下：

```
<%@page contentType="text/html; charset=GB2312"%>
<%@page language="java" autoFlush="false"%>
<html><head><title>out 对象 print/println 方法应用案例</title></head>
<body><center><font size=5 color=blue>print/println 方法应用</font></center
><hr><br>
<%
  out.println("你好!");
  out.clear();
  out.println("after clear:<br>");
  char a='h';
  int m=8;
  double f=3.1415926;
  out.print("a="+a+" ");
  out.print("m="+m+" ");
  out.print("f="+f+"<br>");
  out.print("BufferSize: "+out.getBufferSize()+"<br>");
  out.print("Remaining: "+out.getRemaining()+"<br>");
%>
</body></html>
```

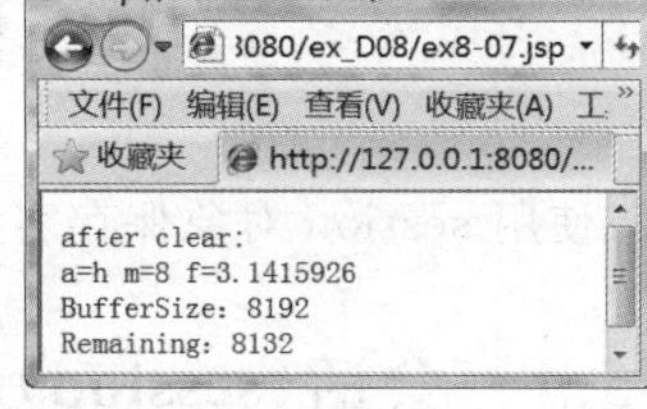

图 8-8 out 对象的 print/println 方法的应用

代码 ex8-07.jsp 运行结果见图 8-8。由于使用了 clear()方法，在语句“out.clear();”之前的输出从缓冲区中清除掉了，所以没有在浏览器中显示。

2. flush()方法的应用

例 8.8 代码 ex8-08.jsp 应用 for 循环延迟文字的输出，并使用 flush()方法把缓冲区的内容输出到页面，使输出的文字逐行显示出来。ex8-08.jsp 代码清单如下：

```
<%@page contentType="text/html; charset=GB2312"%>
<html><head><title>out 对象 flush()方法的应用</title></head>
<body><center><font size=4 color=blue>逐行显示文字</font></center><hr>
<%
   String strShow="Web 技术应用基础!";   //设定输出的文字
%>
<center><font size=3  face="楷体" color=red>
<%
for(int i=0; i <=6; i++)                   //通过 for 循环,输出 6 行文字于页面中
{
   for(int j=0; j <1600000000; j++)        //利用 for 循环延迟文字的输出
   {  }
   out.println(strShow+"<BR>");
                         //将字串输出至缓冲区
   out.flush();          //将缓冲区的文字输出至网页
}
%>
</font></center>
</body></html>
```

代码 ex8-08.jsp 的运行结果见图 8-9,文字正在被逐行显示。

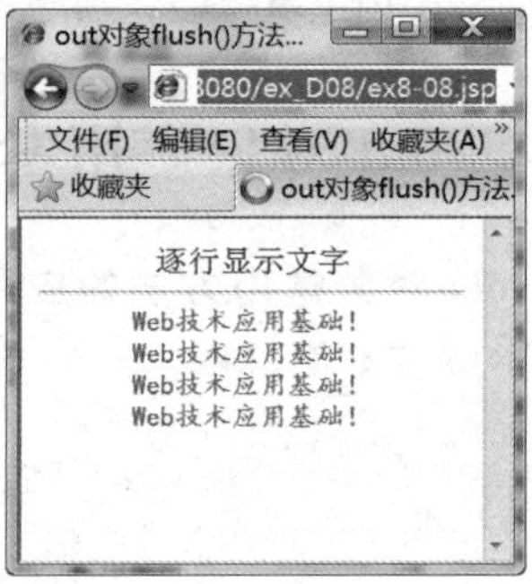

图 8-9 out 对象的 flush()方法的应用

8.5 session 对象

使用 session 对象保存客户访问网站期间,在多个页面之间跳转浏览的信息。

8.5.1 会话(session)和会话 ID

从客户打开浏览器并连接到服务器开始,到客户关闭浏览器离开服务器为止,称为一个会话(session)。会话对象保存浏览器和服务器之间多次请求和响应的过程。HTTP 协议是一种无状态协议。客户向服务器发出请求,服务器响应请求后,连接就被关闭了。服务器不再保留有关连接的信息,所以当客户下一次请求并连接时,服务器无法判断本次连接和以前的连接是否是同一个客户。但是在很多情况下,需要服务器在客户访问的一个会话期跟踪客户,记住客户信息,为客户提供连续服务。例如,网上书店应当允许客户在不同位置挑选不同的书籍,放入购书车,最后再一次性付款。在购书的过程中,服务器应当记住客户的个人信息和已选择的图书,这就需要有在会话过程中一直有效的变量,即会话级变量,记录客户在这段时间内逻辑上相关联的不同请求。

JSP 的内置对象 session 被包装为 javax.servlet.http.HttpSession 接口。它提供一个在多个请求之间持续有效的对象,这个对象允许客户存储和提取会话状态信息,可用于

具有多个页面的事务处理。

客户的会话过程见图 8-10。客户 1 第一次打开浏览器访问服务器上的某个 JSP 页面时,JSP 引擎为客户 1 创建一个 session 对象,并为该 session 对象分配一个 String 类型的 ID 号。该 session 对象保存在服务器端,用来存储客户 1 在访问各个页面期间提交的各种信息。同时,JSP 引擎在响应客户请求的同时,把 ID 号发到客户端,并写入客户端的 cookie 中。如此,session 对象和客户之间建立起一一对应的关系。每个客户都有一个自己的 session 对象,不同的客户有不同的 session 对象和不同的 ID,服务器可以通过不同的 ID 号识别不同的客户。当客户关闭浏览器后,一个会话结束,服务器端该客户的 session 对象被取消。当客户重新打开浏览器建立新连接时,JSP 引擎为该客户再创建一个新的 session 对象。session 对象具有一些方法,用来在会话期间传递信息。

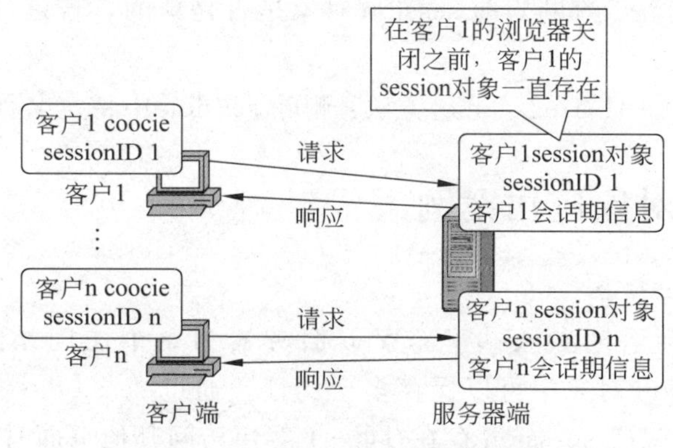

图 8-10　session 对象的运行机制

注意:同一个客户在同一个 Web 服务目录中不同页面的 session 对象是同一个,即使客户从该服务目录链接到其他服务器后,再返回该目录,其 session 对象仍然不变。但是,同一个客户在不同 Web 服务目录中的 session 对象是不同的。

8.5.2　session 对象常用方法

服务器端的 session 对象保存了客户在会话期间的数据,调用 session 对象的方法可以保存或读取客户存储的数据。session 对象常用方法如下。

(1) setAttribute(String name,java.lang.Object value):把属性 name 的属性值设为 value,保存在 session 对象中。

(2) getAttribute(String name):从 session 对象中获得由 name 指定名字的属性值。若该属性不存在,则返回 null。

(3) getAttributeNames():获得一个枚举对象,该对象调用 nextElements()方法遍历 session 对象中的所有对象。

(4) removeAttribute(String name):删除在 session 对象中由 name 指定名字的属性。

(5) getCreationTime():获得 session 对象创建的时间,以 ms 为单位,从 1970 年 1

月1日午夜开始计时。

(6) getLastAccessedTime()：获得 session 对象最后一次被访问的时间，单位是 ms。

(7) getId()：获得 session 对象的标识 ID。

(8) getMaxInactiveInterval()：获得 session 对象的生存时间，单位是 s。

(9) setMaxInactiveInterval()：设置 session 对象的生存时间，单位是 s。

(10) getValue(String name)：从 session 对象中获得名为 name 的属性值。

(11) getValueNames ()方法：获得存储在 session 对象中的所有对象名。

(12) putValue (String name, java.lang.Object value)方法：存储由 name 指定名字的属性值 value 到 session 对象中。

(13) invalidate ()方法：删除会话，并清除存储在该对象中的所有对象。

(14) isNew ()方法：判断当前 session 对象是否是新的。若是，返回 true，否则返回 false。

(15) removeValue (String name)方法：删除 session 中特定名称的对象。

8.5.3 session 对象应用案例

1. 一次会话

例 8.9 客户会话期参数共享。Web 服务器为每个访问站点的用户创建一个 session 对象，在 session 对象中可以保存多个属性。通过 session.setAttribute()方法设置对象中的属性值。只要 sesssion 存在，同一个客户访问其他页面时，该属性的值仍然可以使用。例如，使用 session.getAttribute("Name")语句，取出 Name 属性量中的值。

本例由5个页面组成，ex8-09.html、ex8-09.jsp、ex8-09_1.jsp、ex8-09_2.jsp 和 ex8-09_3.jsp。客户在 ex8-09.html 页面输入姓名例如，“张三”，见图 8-11(a)，单击提交按钮后信息交 ex8-09.jsp(图 8-11(b))页面处理。ex8-09.jsp 页面把“张三”存储在 session 对象的 Name 属性中，并建立一个 count 属性记录客户访问网站的次数。当客户在 ex8-09_1.jsp、ex8-09_2.jsp 和 ex8-09_3.jsp 三个页面之间转跳时，见图 8-11(c)～(e)，只要不关闭浏览器，三个页面共享同一个 session 对象，它们的 ID 是一样的，显示的 Name 属性值“张三”也是一样的。count 属性值记录了客户张三的访问次数。

如果是客户李四访问网站，李四的 count 属性值记录李四的访问次数。李四的 count 属性值与张三的 count 属性值各不相干，读者可以试一试。

(1) ex8-09.html 代码清单

```
<%@page contentType="text/html; charset=GBK"%>
<html><head><title>session 对象 ID 和客户访问次数统计</title></head>
<body>
<form action="ex8-09.jsp" method=post>
  请输入姓名登录网站:<br>
  <input name=RdName size=20><p>
  <input type="submit" value=" 确 定 " name="submit">
```

```
  <input type="reset" value=" 清 除 " name="reset">
</form>
</body></html>
```

(2) ex8-09.jsp 代码清单

```
<%@page contentType="text/html; charset=GBK"%>
    <html><head><title>session 对象 ID 和客户访问次数统计</title></head>
    <body>
    <%!int accessCount=0;
        String userName;
    %>
    <%session.setAttribute("count",accessCount);
                                    //设置 session 对象的 count 属性值,记录客户访问次数
        String userName=request.getParameter("RdName");
        session.setAttribute("Name",userName);
                                    //设置 session 对象的 Namet 属性值,记录客户姓名
    %>
    <%=session.getAttribute("Name")%>:您好!欢迎光临网站以下页面!<p>
    <a href=ex8-09_1.jsp>第一个页面</a>  
    <a href=ex8-09_2.jsp>第二个页面</a>  
    <a href=ex8-09_3.jsp>第三个页面</a>
    </body></html>
```

(3) ex8-09_1.jsp 代码清单

```
<%@page contentType="text/html; charset=GBK"%>
    <html><head><title>session 对象 ID 和客户访问次数统计</title></head>
    <body><center>
    <font size=4 color=blue>第一个页面<br>sessionID<br>
    <%out.println(session.getId()); %></center><hr>
    <%Integer acC=(Integer)session.getAttribute("count");
        int accessCount=acC.intValue()+1;
        session.setAttribute("count",accessCount);
    %>
    <%=session.getAttribute("Name")%>:您好!您是第
    <%=session.getAttribute("count")%>次访问本网站,欢迎继续光临其他页面!<br>
    <a href=ex8-09_2.jsp>第二个页面</a>  
    <a href=ex8-09_3.jsp>第三个页面</a>
    </body></html>
```

ex8-09_2.jsp 和 ex8-09_3.jsp 代码清单与 ex8-09_1.jsp 类似,此处不再赘述。在浏览器中运行例 8.9 显示的结果如图 8-11 所示。

2. 在会话期传递参数

Web 服务器为每个访问站点的用户创建一个 session 对象,在 session 对象中可以保

(a) ex8-09.html

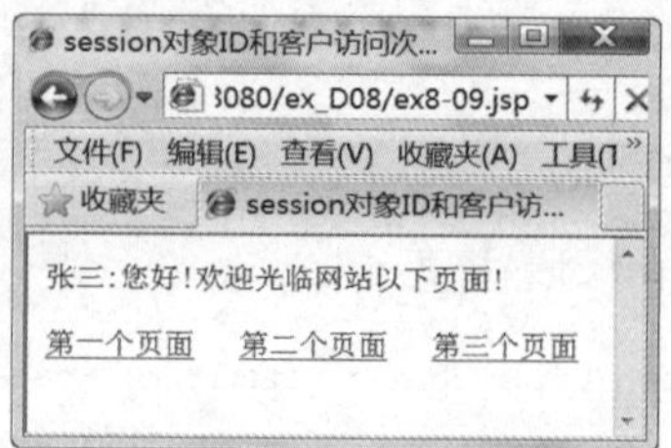

(b) ex8-09.jsp

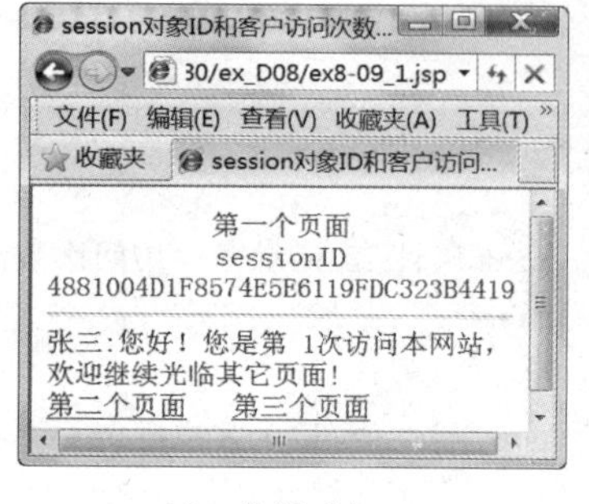

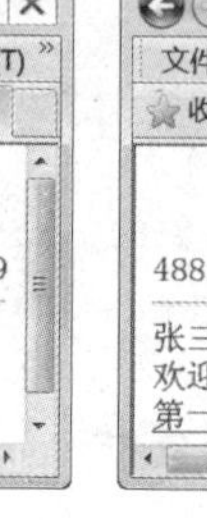

(c) ex8-09_1.jsp

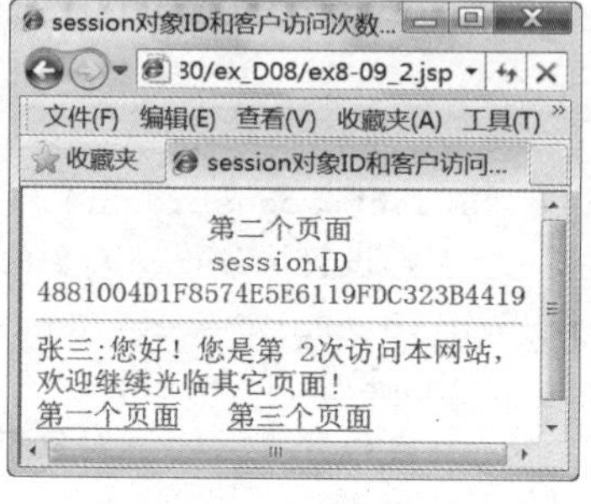

(d) ex8-09_2.jsp

(e) ex8-09_3.jsp

图 8-11　会话期参数共享

存多个变量。通过 session. putValue( )方法生成 session 中的变量。例如 session. putValue("BookName", "Web 技术应用基础!")语句在 session 中保存 BookName 变量,其值为"Web 技术应用基础!"。只要 sesssion 存在,在同一个用户的其他页面中,该 session 中的值仍然可以使用。使用 session. getValue (" BookName") 语句,取出 BookName 变量中的值。session 的保留时间由系统设置决定。

例 8.10　本例由 3 个页面组成一个多页面的 Web 应用,它们的源代码是: ex8-10. jsp、ex8-10_1. jsp 和 ex8-10_2. jsp。由于 session 对象在会话期间是一直有效的,所以在 ex8-10. jsp 中由语句session. putValue("BookName","Web 技术应用基础!");建立的 session 对象的值"Web 技术应用基础!",对后续页面 ex8-10_1. jsp 和 ex8-10_2. jsp 也有效。

ex8-10. jsp: 获取 session 对象的建立时间和最后一次使用的时间。并使用 session 对象的 putValue 方法设置一个 session 对象 BookName 的值,该值是"Web 技术应用基础!"。

ex8-10_1. jsp: 获取上一页代码即 ex10-10. jsp 中的 session 对象的 BookName 值,并把它输出到页面。同时设置另一个 session 对象的 BookInfo 值。

ex8-10_2. jsp: 显示以上两个页面的 session 对象 BookName 和 BookInfo 的值,可以看到在会话期间 session 对象是一直有效的。

(1) ex8-10. jsp 代码清单

```
<%@page contentType="text/html; charset=GB2312"%>
<%@page import="java.util.Date" %>
<html><head><title>会话期传递参数</title></head>
<body><center><font size=3 color=blue>会话期传递参数</font></center><hr>
<%
```

```
  Date startTime=new Date(session.getCreationTime());
  Date lastTime=new Date(session.getLastAccessedTime());
  session.putValue("BookName","Web 技术应用基础!");
%>
session 的 ID 是:
<%
   out.println(session.getId());
%><br>
session 建立时间:<br>
<font color=red><%=startTime %></font><br>
最后使用时间:<br>
<font color=red><%=lastTime %></font><br>
<a href='ex8-10_1.jsp'>书 名 </a>
</body></html>
```

(2) ex8-10_1.jsp 代码清单

```
<%@page contentType="text/html; charset=GB2312"%>
<html><head><title>session 对象值传递 </title></head>
<body><center><font size=3 color=blue>session 对象值传递</font></center><hr
><br>
session 的 ID 是: <br>
<%
   out.println(session.getId());
%><br>
   书 名   : <%=session.getValue("BookName")%><p>
<%session.putValue ("BookInfo","Web 站点构建技术、Web 编程技术和数据库发布技
术。");%>
<a href='ex8-10_2.jsp'>内 容 简 介 </a></center>
</body></html>
```

(3) ex8-10_2.jsp 代码清单

```
<%@page contentType="text/html; charset=GB2312"%>
<html><head><title>session 对象值传递 </title></head>
<body><center><font size=3 color=blue>session 对象值传递</font></center><hr
><br>
session 的 ID 是:
<%
   out.println(session.getId());
%><br>
   书 名   : <%=session.getValue("BookName")%><p>
内容简介: <%=session.getValue("BookInfo")%></center>
</body></html>
```

(4) 运行 ex8-10.jsp 的结果如图 8-12(a)所示。单击图 8-12(a)中“书名”超链接,页面转跳至 ex8-10_1.jsp 页面,如图 8-12(b)所示。图 8-12(a)页面的 session 值:"Web 技术应用基础!",在图 8-12(b)的页面上仍然有效。单击图 8-12(b)中的“内容简介”超链接,页面转跳至 ex8-10_2.jsp 页面,如图 8-12(c)所示。

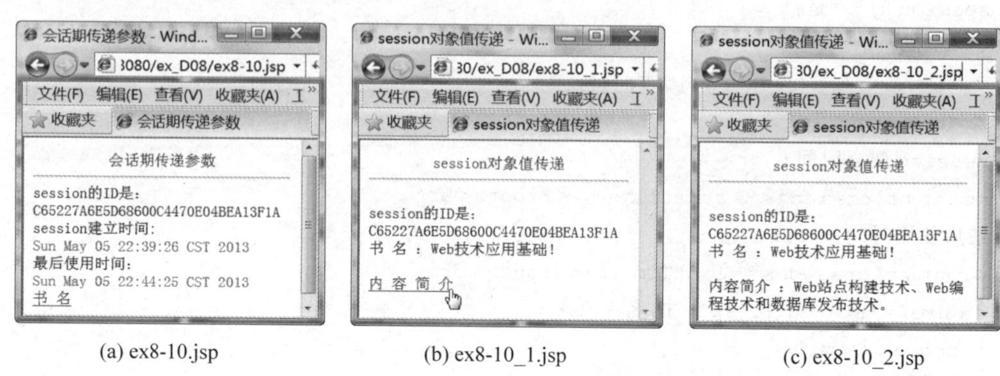

(a) ex8-10.jsp　　(b) ex8-10_1.jsp　　(c) ex8-10_2.jsp

图 8-12　session 会话期间不同页面间的值传递

8.6　application 对象

application 是服务器运行期间所有客户共享的对象。

8.6.1　application 对象的功能

application 对象是所有客户共享的对象。它用于客户之间的数据共享,类似于服务器运行期的全局变量。服务器启动后,新建一个 application 对象,在多个客户访问时,共享同一个 application 对象;服务器关闭后,释放该 application 对象。application 对象与 session 对象的不同之处如下。

(1) 每个客户拥有自己的 session 对象,保存客户自有信息。如果有 100 个访问客户,就有 100 个 session 对象。所有的客户共享同一个 application 对象,保存服务器运行期所有客户的共享信息,即使有 100 个访问客户也只有 1 个 application 对象。

(2) session 对象生命期从客户打开浏览器与服务器建立连接开始,到客户关闭浏览器为止,在客户的多个请求期间持续有效。application 对象生命期从服务器启动开始,到服务器关闭为止。

(3) 可以使用 session 对象存储某个客户在一个会话期间的数据,例如记录某个客户的姓名、密码等。使用 application 对象存储服务器运行期所有客户共享的变量,例如记录所有客户的访问次数等。

图 8-13 说明了 session 对象与 application 对象的功能与不同之处。

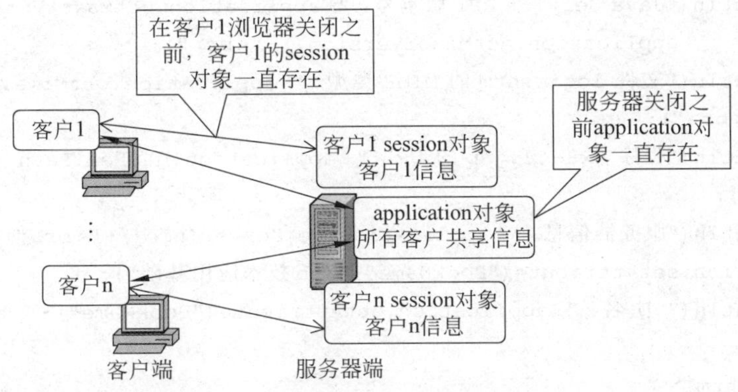

图 8-13 session 对象与 application 对象

8.6.2 application 对象常用方法

(1) getAttribute(String name)：获得 application 对象 name 属性的属性值。

(2) getAttributeNames()：获得一个枚举对象，该枚举对象调用 nextElements()方法可以获得 application 对象中的所有变量名。

(3) getInitParameter(String name)：获得 application 对象中 name 属性的初始值。

(4) getRealPath()：获得文件的实际路径。

(5) getServerInfo()：获得 Servlet 编译器的当前版本信息。

(6) removeAttribute(String name)：删除 application 中的 name 对象。

(7) setAttribute(String name,Object value)：把 application 对象中 name 属性的属性值设为 value。

(8) getMimeType ()方法：获得特定文件的 MIME 类型。如果是未知的 MIME 类型，则返回空值。常见的 MIME 类型有 txt/html 和 image/gif。

8.6.3 application 对象应用案例

1. 输出全局数据

例 8.11 本例的源代码 ex8-11. jsp 使用 application 对象输出应用程序在服务器运行期间的一些全局信息。“application. setAttribute("BookName"," Web 技术应用基础");”语句把 application 对象的 BookName 属性值设为“Web 技术应用基础”，并输出 Servlet 编译器的版本号和版本信息、应用程序的文件路径、对象属性值等信息。ex8-11. jsp 代码清单如下：

```
<%@page contentType="text/html; charset=GB2312"%>
<html><head><title>application</title></head>
<body>
<%
```

```
    out.println("Java Servlet API 版本号："+application.getMajorVersion()+"."+
                application.getMinorVersion()+"<br>");
    out.println("文件 login.htm 的 MIME 类型:"+application.getMimeType("\\login.
    htm")+"<br>");
    out.println("程序 ex8-11.jsp 的 URL:"+application.getRealPath("ex8-11.jsp")
    +"<br>");
    out.println("服务器信息："+application.getServerInfo()+"<br>");
    application.setAttribute("BookName","Web 技术应用基础");
    out.println(" 书 名："+application.getAttribute("BookName")+"<br>");
%>
</body></html>
```

代码 ex8-11.jsp 的运行结果如图 8-14 所示。

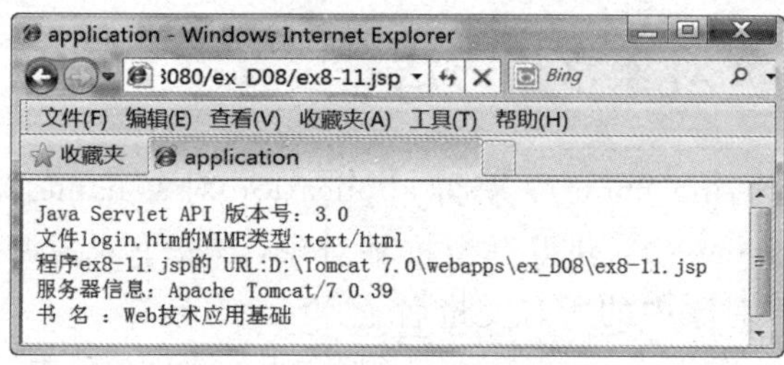

图 8-14 application 对象应用

2. 计数器

例 8.12 ex8-12.jsp 代码对用户的访问量进行统计，统计客户的访问量。使用 application 对象的 count 属性记录访客次数，如果是新客户，计数器加 1，并输出计数值，如果不是新客户，直接输出计数值。注意该例与例 8.9 的区别。例 8.9 的 session 对象统计的是某个客户访问网站的次数。而本例是 application 对象，统计的是所有客户访问网站的次数。代码清单如下：

```
<%@page contentType="text/html; charset=GBK"%>
<html><head><title>网站计数器</title></head>
<body>
<%
  if(session.isNew()){
    synchronized(application){ //同步处理
      Integer accessCount=(Integer)application.getAttribute("count");
      if (accessCount==null){
        accessCount=new Integer(1);
        application.setAttribute("count",accessCount);
      }
      else {
        accessCount=new Integer(accessCount.intValue()+1);
```

```
        //将访问量保存到内存当中
        application.setAttribute("count",accessCount);
      }
      out.print("您是本站的第"+accessCount+"位客人");
      }
    }
  else{
    Integer accessCount=(Integer)application.getAttribute("count");
    out.print("您是本站的第"+accessCount+"位客人");
  }
%>
</body></html>
```

代码 ex8-12.jsp 的运行结果如图 8-15 所示。

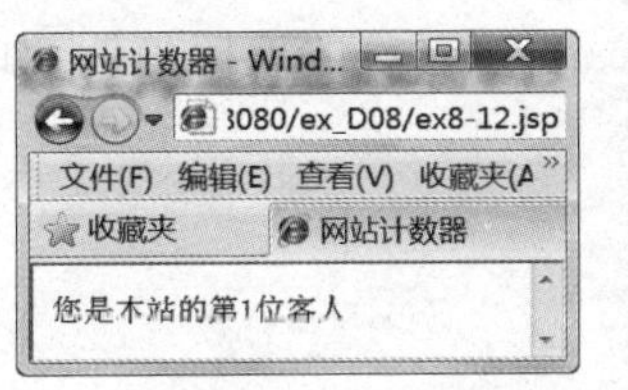

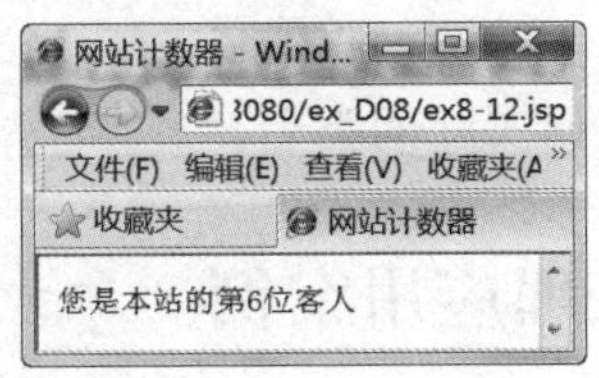

图 8-15　计数器

8.7　exception 对象

8.7.1　exception 对象的功能

exception 对象用来发现、捕获和处理异常。它是 java.lang.Throwable 类的一个实例，是 JSP 文件运行异常时产生的对象。JSP 异常处理机制见图 8-16。如果 JSP 页面在运行时有异常现象发生，则抛出一个异常。如果该页中定义了异常处理页，则由异常处理页面来处理异常（异常处理页中要包含<%@ page isErrorPage="true"%>语句）。如果没有定义异常处理页，则由服务器处理异常，也可以在 catch 程序段捕获异常。

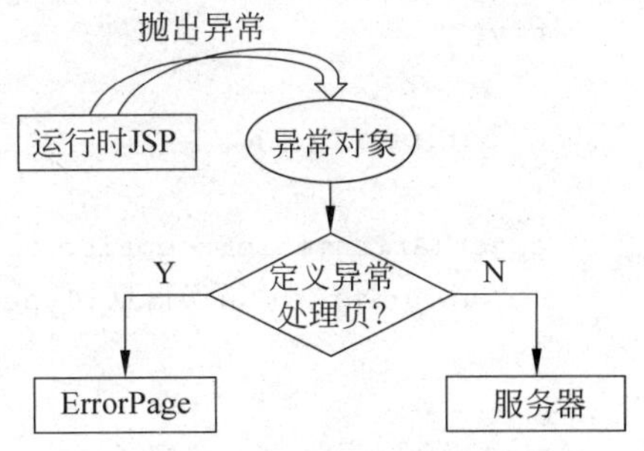

图 8-16　异常处理机制

8.7.2　JSP 异常处理语句

应用 try-catch-finally 语句进行异常处理，结构如下：

```
try{
```

```
  抛出异常模块
}
catch{
  扑获异常模块
}
finally{
  处理异常模块
}
```

8.7.3 exception 对象常用方法

(1) getMessage 方法：获取异常信息。

(2) toString 方法：获取该异常对象的简短描述。如果该对象包含异常消息字符串，则返回数据“对象的实际类名+“：”+getMessage 方法的返回值”。如果该对象不包含异常消息字符串，则返回实际的类名。

8.7.4 异常处理应用案例

1. 在 JSP 页面中处理异常

例 8.13 代码 ex8-13.jsp 中的除法用 0 作为除数，抛出一个异常，在 catch 程序段捕获，并处理了该异常。

ex8-13.jsp 代码清单如下：

```
<%@page contentType="text/html;charset=GBK" language="java" %>
<html><head><title>异 常 处 理 </title></head>
<body>
<%
  int a=10, b=0,c;
  try{
     c=a/b;
     out.print(c);
  }
  catch(ArithmeticException ae){
     out.println("错误信息:"+ae.getMessage());
  }
%>
</body></html>
```

ex8-13.jsp 运行结果如图 8-17 所示。

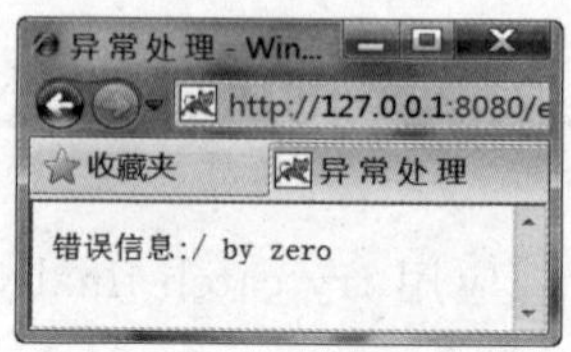

图 8-17 异常处理

2. 使用异常处理页面处理异常

例 8.14 与上例类似，除法用 0 作为除数，抛出一个异常，在 catch 程序段捕获，由异常处理页面 ex8-14_1.jsp 处理异常。

ex8-14.jsp 代码清单

```
<%@page contentType="text/html; charset=GBK"  language="java" errorPage="ex8
-14_1.jsp"%>
<html><head><title>异 常 处 理 </title></head>
<body>
<%
  int a=10, b=0,c;
  try{
     c=a/b;
     out.print(c);
  }
  catch(ArithmeticException ae){
     throw new ArithmeticException("错误信息:"+ae.getMessage());
  }
%>
</body></html>
```

ex8-14_1.jsp 代码清单

```
<%@page isErrorPage="true" contentType="text/html;charset=gb2312" language="
java" %>
<html><head><title>处理异常页面</title></head>
<body><center>
<font size=4 color=blue>处 理 异 常 页 面 </font><hr><font size=3 color=red>
<%=exception.toString()%></font></center>
</body></html>
```

ex8-14.jsp 运行结果如图 8-18 所示。

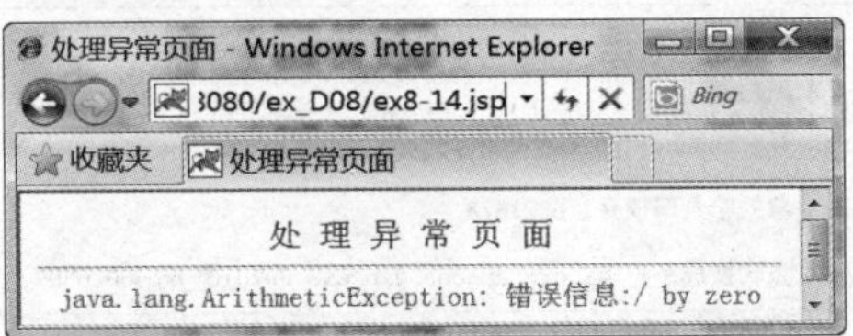

图 8-18 调用异常处理页处理异常

8.8 JSP 其他内置对象

8.8.1 page 对象

1. page 对象的功能

page 对象是 java. lang. Object 类的一个实例,表示 JSP 处理程序本身,代表编译后的

Severlet 实例。在使用 Java 作脚本语言时，可以用 this 关键字引用 page 对象。

2. page 对象的方法

(1) getClass()：获得对象运行时的类。

(2) hashCode()：获得该对象的哈希码值。

(3) equals()：用来判别其他对象是否与该对象相等。

(4) clone()：创建并返回当前对象的拷贝。

(5) toString()：取得表示该对象的字符串。

3. 应用举例

例 8.15 本例 ex8-15.jsp 的源代码说明了 page 对象部分方法的应用，代码清单如下：

```
<%@page contentType="text/html; charset=GB2312"%>
<html><head><title>page 对象应用 </title></head>
<body><center><font size=4 color=blue>page 对象应用案例</center><hr></font
>
<%
   out.println("JSP 文件的类是："+"<br>"+page.getClass()+"<p>");
   out.println("page 对象的哈希码值是："+page.hashCode()+"<p>");
   out.println("page 对象转换成字符串："+page.toString());
%>
</body></html>
```

ex8-15.jsp 的运行结果如图 8-19 所示。

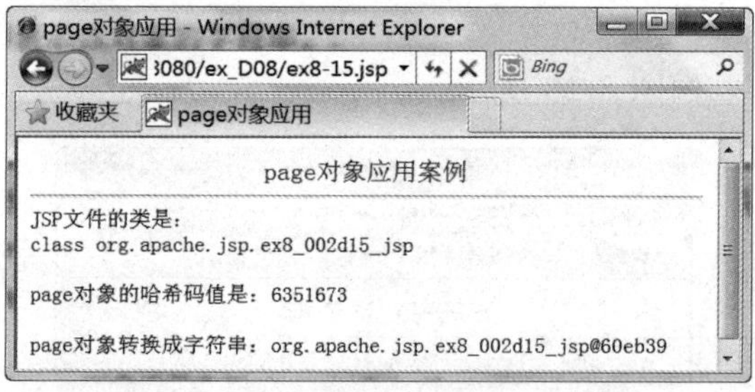

图 8-19 page 对象应用案例

8.8.2 pageContext 对象

1. pageContext 对象的功能

页面上下文对象 pageContext 被封装为 java.servlet.jsp.pageContext 接口，主要功能是存储与当前页面相关信息，例如属性、内置对象等，并通过对象的方法获取当前页面信息。使用 pageContext 对象提供的方法，可以访问本页面的其他对象，例如 request、response、session 等对象。

2. pageContext 对象方法

(1) setAttribute(String name,Object obj):由 obj 初始化 name 属性。

(2) getAttribute(String name):返回 pageContext 对象 name 属性的属性值。

(3) findAttribute(String name):按照 page、request、session 和 application 的次序查找由 name 指定名字的对象属性。

(4) removeAttribute(String name):删除特定范围内的 name 属性。

(5) getAttributesScope (String name):返回一个整型数,表示与 name 给定名字相关对象的作用范围。

(6) include(String name):将给定名字包含进来。

(7) getAttributesNamesScope(int scope):返回一个枚举对象,包含特定作用范围内所有属性名字的集合

(8) getException():返回当前页面中的 exception 对象。

(9) getRequest():返回当前页面中的 request 对象。

(10) getResponse():返回当前页面中的 response 对象。

(11) getSession():返回当前页面中的 session 对象。

(12) getServletConfig(),返回当前页面中的 servletConfig 对象。

(13) getServletContext():返回当前页面中的 servletContext 对象。

3. pageContext 对象应用案例

例 8.16 ex8-16.jsp 说明了 pageContext 对象部分方法的使用。语句 pageContext.setAttribute("文件名",filename);把"文件名"属性指定为 filename(即 ex8-16.jsp)值,保存在 pageContext 对象中。通过 getAttribute 和 findAttribute 方法都可以获得该属性。应用 removeAttribute 方法删除"文件名"属性,删除后再应用 getAttribute 方法,将得不到属性值。使用 include 方法把代码"ex8-15.jsp"包含进来,并在浏览器中输出。ex8-16.jsp 代码清单如下:

```
<%@page contentType="text/html; charset=GB2312"%>
<html><head><title>pagecotext 对象应用案例 </title></head>
<body><center><font size=3 color=blue>pageCotext 对象应用案例 </font></center
><hr>
<%
  String filename="ex8-16.jsp";
  pageContext.setAttribute("文件名",filename);
  out.println("pageContext.getAttribute(\"文件名\")="+pageContext.
  getAttribute("文件名")+"<br>");
  out.println("pageContext.findAttribute(\"文件名\")="+pageContext.
  findAttribute("文件名")+"<br>");
  out.println("pageContext.getAttributesScope(\"文件名\")=
                        "+pageContext.getAttributesScope("文件名")+"<br>");
  pageContext.removeAttribute("文件名");
  out.println("After remove,the pageContext.getAttribute(\"文件名\")=
```

```
                                "+pageContext.getAttribute("文件名")+"<p>");
  pageContext.include("ex8-15.jsp");
%>
</body></html>
```

ex8-16.jsp 的运行结果如图 8-20 所示。

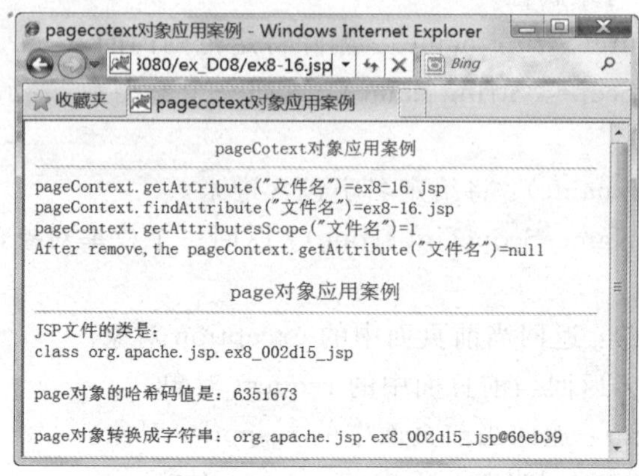

图 8-20 pageCotext 对象应用案例

8.8.3 config 对象

1. config 对象功能

config 对象保存页面初始化配置信息。

2. config 对象方法

(1) getServletContext():获得 Servlet 与服务器交互的信息。

(2) getInitParameter(String name):返回由 name 指定名字的初始参数值。如果参数不存在,则返回空值。

(3) getInitParameterNames (String name):返回所有初始参数名称的集合。如果参数不存在,则返回空值。

config 对象方法的应用与其他对象类似,此处不再赘述。

8.9 Cookie 对象

8.9.1 Cookie 对象的功能

Cookie 的英文原意是"小甜饼"的意思。当客户第一次访问服务器时,服务器在客户的硬盘上建立一个小文本文件,用来跟踪访问 Web 站点的用户。它记录了有关用户的信息,如用户的身份证号码、账号、密码、操作、购物方式、兴趣爱好、访问站点次数、访问路径、最后访问时间等。当客户下次再访问同一 Web 站点时，站点的页面会查找这个 Cookie，浏览器把它原样传送给服务器。每个 Web 站点都有自己的 Cookie，它的内容由 Web 服务器管理者决定，可以随时读取，但只能被该 Web 站点的页面读取。Cookie 文件存放在 Windows 的 Cookies 文件夹下。

Cookie 对象给用户提供了许多方便。例如，可以不用重复登录，接受网站管理者的个性化服务等。

Cookie 为网站管理者带来商业利益，管理人员可以根据 Cookie 内容为用户定制个性化的服务。例如：投发具有针对性的广告，定制页面，购物时推荐商品等。

Cookie 在为用户带来了方便，为网站的管理者带来了利益的同时，也具有一定的风险，有不良网站利用 Cookie 非法使用客户信息。为安全起见，客户可以在浏览器中对 Cookie 的级别进行设置。在 IE 浏览器的菜单栏中选择："工具(T)"→"Internet 选项(O)"，在弹出的"Internet 选项"对话框中选择"隐私"选项卡，对 Cookie 的级别进行设置。级别有：接受所有 Cookie、低、中、中上、高和制止所有 Cookie 等，默认值是"中"，客户可以根据需要自行选择。

8.9.2 Cookie 对象的属性

Cookie 对象的属性及说明见表 8-2。

表 8-2 Cookie 对象的属性及说明

属性	说明
name	Cookie 对象的名字，是每个 Cookie 对象必须有的属性。
value	Cookie 的值，是每个 Cookie 对象必须有的属性。
expires	Cookie 的过期时间。
domain	设置 Cookie 的 Web 页面所在的计算机域名。
path	可以设定一个 Cookie 只针对站点的某一层次。该项是可选项，若指定，则 Cookie 只被发送到 path 指定路径的请求中去。
secure	是一个布尔值，默认值是 false。如果设为 true，则浏览器认为该 Cookie 是安全的服务器。

8.9.3 创建 Cookie 对象

创建 Cookie 对象的语法规则如下：

```
Cookie 对象名=new Cookie("变量名",数值)
```

例如，

```
Cookie cookieBookNm=new Cookie("BookName", "Web 技术应用基础!");
```

创建了名为 cookieBookNm 的 Cookie 对象，并把数值"Web 技术应用基础!"赋给变量"BookName"。

8.9.4 Cookie 对象的方法

1. addCookie 方法

addCookie 方法向客户机添加一个 Cookie 对象。

2. getCookie 方法

getCookie 方法取得 Cookie 对象的数据。

8.9.5 Cookie 对象应用案例

例 8.17 Cookie 数据存取。代码 ex8-16.jsp 把字符串"欢迎学习 Web 技术应用基础!"赋给变量"MyString"，并保存到 Cookie 对象 cookieMyString 中，然后再从 cookieMyString 对象中把数据取出。ex8-17.jsp 代码清单如下：

```
<%@page import="java.util.Date" %>
<%@page contentType="text/html; charset=GB2312"%>
<html><head><title>Cookie 数据的存取</title></head>
<body><center><font size=4 color=blue>Cookie 数据存取案例</font></center><hr>
<%                                          //创建 Cookie 对象
  Cookie cookieMyString=new Cookie("MyString",
     java.net.URLEncoder.encode("欢迎学习 Web 技术应用基础!"));
  Cookie temp=null;
  response.addCookie(cookieMyString);
     //将 Cookie 变量的数值加入 Cookie 对象中
  Cookie[] cookies=request.getCookies();
  int cookielen=cookies.length;             //取得 Cookie 数组的长度
  if(cookielen !=0){
    for (int i=0; i<cookielen; i++){        //取得 cookies 数组中的 Cookie 变量
      temp=cookies[i];
      if (temp.getName().equals("MyString")){
%>
        Cookie 中 <font color=blue>MyString </font>变量值为：
        <center><font size=4 color=red>
        <%=java.net.URLDecoder.decode(cookieMyString.getValue())%>
        </font><BR></center>
<%
      }
    }
  }else{
```

```
%>      无法取得 Cookie<BR>
<%
    }
%>
</body></html>
```

ex8-17.jsp 的运行结果如图 8-21 所示。

图 8-21　Cookie 数据存取

8.10　JSP 内置对象在网上书店中应用案例

例 8.18　使用 JSP 内置对象制作网上书店中的订单处理模块。为了使代码易于理解，暂时去除了源代码中的数据库连接部分。数据库连接部分的内容将在下一章讲解。

1. 任务要求

要求在页面上为客户制作一个订单，接收客户的姓名、地址、联系电话和邮编等信息。订单处理界面如图 8-22 所示。

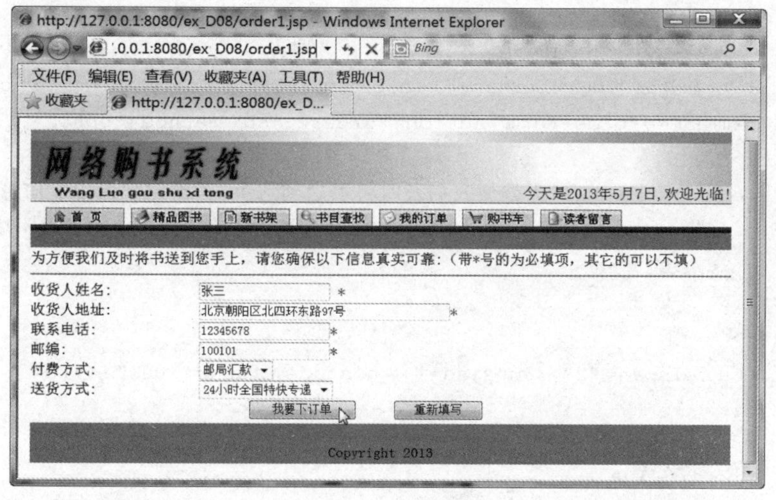

图 8-22　订单处理

客户在文本框中输入姓名、地址、联系电话和邮编，然后单击“我要下订单”按钮，将表单输入信息提交服务器应用程序来处理。应用程序接收信息后，为用户反馈必要的信息。

2. 制作表单,收集用户信息

页面 order1.jsp 代码清单如下:

```
<%@page contentType="text/html; charset=GB2312" %>
<%request.setCharacterEncoding("GB2312"); %>
<script language="javascript">
<!--
function CheckSubmit()
{
  if(document.orderform.receiver.value=="")
    {alert("请输入收货人姓名!");document.orderform.receiver.focus();return false; }
  if(document.orderform.address.value=="")
    {alert("请输入收货人地址!"); document.orderform.address.focus(); return false; }
  if(document.orderform.phone.value=="")
    {alert("请输入联系电话!"); document.orderform.phone.focus();return false; }
  if(document.orderform.postcode.value=="")
    {alert("请输入邮编!"); document.orderform.postcode.focus();return false; }
  return true;
}
</script>
<link href="maincss.css" rel="stylesheet" type="text/css">
<div align="center">
<table width="750" border="0" cellspacing="1" cellpadding="1">
  <tr>
    <td ><div align="center"><%@include file="top.jsp" %></div></td>
  </tr>
  <tr>
    <td ><div align="center">
      <table width="100%" border="0" cellpadding="0" cellspacing="0" class="td">
       <form name="orderform" action="order2.jsp" method="post">
       <tr>
         <td colspan="2">为方便我们及时将书送到您手上,请您确保以下信息真实可靠:
            (带<font color="red"> * </font>号的为必填项,其他的可以不填)</font>
            </td>
       </tr>
       <tr>
         <td colspan="2"><hr size="1" noshade width="100%"></td>
       </tr>
       <tr>
         <td>收货人姓名:</td>
         <td><input name="receiver" type="text" size="20">
           <input name="userid" type="hidden">
          <font color="red"> * </font></td>
       </tr>
```

```
    <tr>
      <td>收货人地址:</td>
    <td><input name="address" type="text" size="40">
        <font color="red"> * </font></td>
    </tr>
    <tr>
      <td>联系电话:</td>
      <td><input name="phone" type="text" size="20">
          <font color="red"> * </font></td>
    </tr>
    <tr>
      <td>邮编:</td>
  <td><input name="postcode" type="text" size="20">
      <font color="red"> * </font></td>
    </tr>
    <tr>
      <td>付费方式:</td>
  <td>
    <select name="payment">
      <option value="邮局汇款">邮局汇款</option>
      <option value="银行转账">银行转账</option>
      <option value="货到付款">货到付款</option>
    </select>
    </tr>
    <tr>
      <td>送货方式:</td>
  <td>
    <select name="deliver">
      <option value="24小时全国特快专递">24小时全国特快专递</option>
      <option value="邮局托运">邮局托运</option>
    </select>
  </td>
</tr>
<tr>
  <td colspan="2"><div align="center">
    <input type="submit" value=" 我要下订单 " onClick="return CheckSubmit();">
    <input type="reset" value=" 重新填写 ">
    </div></td>
</tr>
    </form>
  </table>
</tr>
<tr>
  <td ><div align="center"><%@ include file="bottom.jsp" %></div></td>
```

```
  </tr>
</table>
</div>
```

3. 建立服务器端应用程序

order2.jsp 清单如下：

```
<%@page contentType="text/html; charset=GB2312" %>
<%request.setCharacterEncoding("GB2312"); %>
<link href="maincss.css" rel="stylesheet" type="text/css">
<div align="center">
<table width="750" border="0" cellspacing="1" cellpadding="1">
  <tr>
    <td><div align="center"><%@include file="top.jsp" %></div></td>
  </tr>
  <tr>
    <td><div align="center">
      <table width="100%" border="0" cellpadding="1" cellspacing="1"  class="td">
        <tr>
          <td colspan="6">您已经成功下单,下面是您这次订单信息,
                          我们的工作人员会及时与您联系.</td>
        </tr>
        <tr>
          <td colspan="6"><hr size="1" noshade width="100%"></td>
        </tr>
        <tr>
          <td colspan="2">收货人:<%=request.getParameter("receiver")%></td>
        </tr>
        <tr>
          <td colspan="2">地址:<%=request.getParameter("address")%></td>
        </tr>
        <tr>
          <td colspan="2">邮编:<%=request.getParameter("postcode")%></td>
        </tr>
        <tr>
          <td colspan="2">联系电话:<%=request.getParameter("phone")%></td>
        </tr>
        <tr>
          <td colspan="7"><div align="left">谢谢您的支持!</div></td>
        </tr>
     </table>
  </tr>
  <tr>
    <td ><div align="center"><%@include file="bottom.jsp" %></div></td>
  </tr>
</table>
```

```
</div>
```

4. 代码说明

(1) order1.jsp 代码中<%=request.getParameter("receiver")%>语句的作用是：使用 request 对象接收 form 表单中的 receiver 信息，并把它输出到浏览器中。

(2) order1.jsp 和 order2.jsp 代码中的语句：

```
<link href="maincss.css" rel="stylesheet" type="text/css">
```

这两个文件都应用了样式文件"maincss.css"，使得页面具有统一的风格。

(3) order1.jsp 和 order2.jsp 代码中的语句：

```
<%@include file="top.jsp" %>
<%@include file="bottom.jsp" %>
```

使得这两个页面具有相同的顶部和底部。

5. 在浏览器中测试订单处理模块

在浏览器的 URL 栏目中输入 order1.jsp 文件的 URL 地址，显示如图 8-21 所示。如果客户填写正确，单击“我要下订单”的运行结果如图 8-23 所示。

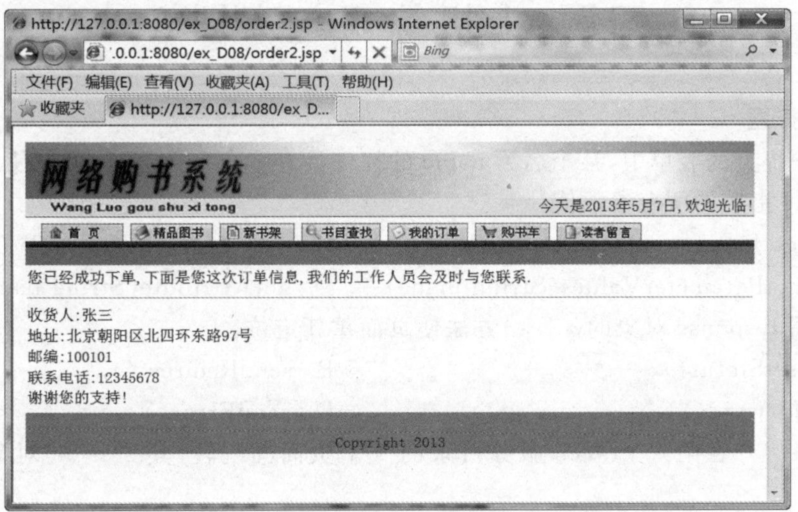

图 8-23 订单成功

如果客户填写有缺项，例如缺邮编，系统将提示重新填写，如图 8-24 所示。

图 8-24 输入不正确

小　结

(1) JSP 提供了 9 个内置对象。这些内置对象可以直接引用，合理引用内置对象可以简化 Web 应用开发工作。

(2) request 对象存储客户的请求信息，调用 request 对象的 getParameter()方法可以获得客户的请求信息。

(3) response 对象保存服务器响应信息，并把响应信息发送到客户端浏览器，调用 sendRedirect()方法可以根据客户需求重新定向页面。

(4) out 对象向客户端发送数据，调用 print()和 println()方法向客户端浏览器输出数据。

(5) session 对象跟踪客户与服务器的会话，存储会话期变量，用于具有多个页面的事务处理。

(6) application 对象是所有客户共享的对象，用于客户之间的数据共享。

习题、上机练习与实训 8

一、选择题

1. 客户提交的表单中，某个名为 name 的控件具有多个参数值时，可以使用(　　)方法获得 name 指定的所有参数值。

A. getParameter(String name)　　B. getHeader(String name)

C. getParameterValues(String name)　　D. getAttribute(String name)

2. 使用 response 对象的(　　)方法使页面重新定位。

A. setStatus()　　B. sendRedirect()

C. forward()　　D. sendError()

3. 某一客户在同一个 Web 服务目录的 4 个页面间跳转，其 session 对象有(　　)个 ID。

A. 1　　B. 2　　C. 3　　D. 4

4. 某一客户的 session 对象在(　　)一直存在。

A. 连接断开之前　　B. 客户跳转到其他页面之前

C. 客户连接到其他网站之前　　D. 客户浏览器关闭之前

5. 某一服务器有 4 个客户访问，共创建了(　　)application 对象。

A. 1　　B. 2　　C. 3　　D. 4

二、简答题

1. 为什么要设置 JSP 内置对象？列举其中 5 种内置对象的功能。

2. 简述 JSP 内置对象 request 和 response 的功能，它们是如何协同工作的？

3. 如何使用 request 对象获得客户浏览器中的表单输入信息？说明在表单中如何用语句<input name=userName>描述文本框的输入信息。

4. response 对象状态行的作用有哪些？

5. response 对象的 sendRedirect 方法的功能是什么？常在什么情况下使用？

6. out 对象的功能是什么？写出向浏览器输出数据的方法。

7. session 对象的作用是什么？它在什么范围内共享信息，列举出 session 对象常用的 3 种方法。

8. application 对象的作用是什么？它在什么范围内共享信息？

9. 简述 session 对象和 application 对象的不同之处。

10. 如何获得请求页面的目录？

11. exception 对象的作用是什么？它可以增强软件的什么性能？

12. JSP 的 Cookie 对象的作用是什么？是由谁在何处建立的什么文件？

三、上机练习

1. 在购书表单中输入用户名、密码和书名，单击“确定”按钮，将信息发往服务器端，商家根据用户的信息向用户返回应答。

2. 使用 response 对象 sendRedirect 方法，完成第 7 章上机练习 6 的应用。

3. 设计网上考试界面如图 8-25 所示，应用 session 对象存储测试数据。当考生完成试题，单击“确定”按钮后，将答案与正确答案比较，给出结果和答题所用的时间。

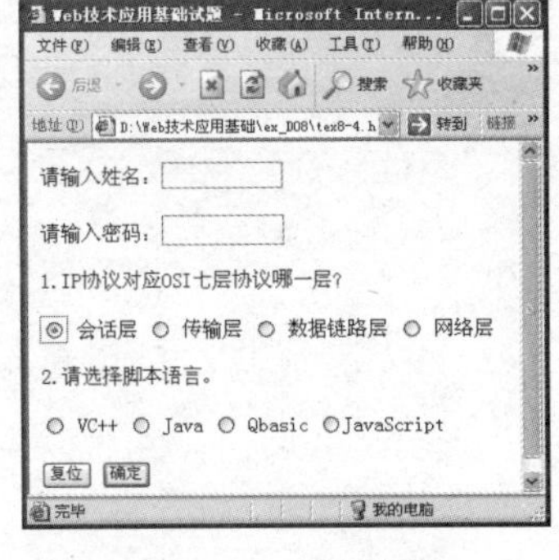

图 8-25　网上考试

4. 模拟 3 个商店(即 3 个页面，供应不同的商品)，应用 session 对象存储用户的姓名、密码和购物信息。当用户购物结束时，向用户返回其购物信息。

5. 应用 application 对象为你的网页制作一个留言板，并统计访客人数。

6. 应用 cookie 对象制作一个登录界面。如果用户没有登录过，则显示首次登录的欢迎界面。如果用户已经登录过，则显示上次登录的时间及欢迎再次登录的界面。

7. 应用 session 对象制作分页显示的调查问卷。用户在第一个页面回答需要调查的第一个问题，回答问题后，单击确定按钮，页面导向第二个页面。在第二个页面显示第一个问题的回答，并提出第二个问题；用户回答第二个问题后，单击确定按钮，导向第三个页面。第三个页面显示用户对前两个问题的回答。

8. 设计用户注册应用。用户在表单中输入需要购买图书的书号，如果输入错误，则应用异常处理页面进行异常处理。

四、实训课题

1. 应用 JSP 技术制作一个如图 8-26 所示的网上购物表单，商家根据用户信息，向用户返回表单的认定信息。

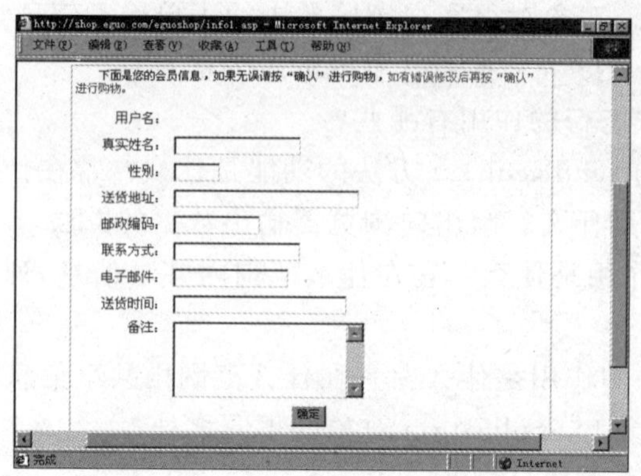

图 8-26　网上购物表单

2. 为“Web 技术应用基础”课程制作一个网上考试的应用，要求从应试者登录开始计算时间，交卷后要给出答案、分数和回答问题的时间。

3. 应用 session 对象，完成实训课题 2 的任务。

4. 制作一个计算器，要求计算器比较健壮，能够处理各种异常情况。

5. 使用存取 Cookie 数据的方法，完成实训课题 2 的任务。

6. 为网站完成一个留言板的制作。

第9章 基于JSP的数据库应用开发

数据库是存储和管理数据的计算机软件系统，网上的信息资源主要存储在数据库中。一个实时动态的Web应用系统常需要处理大量的数据库数据，因此数据库访问是Web应用开发的一项重要又关键的技术。本章重点介绍JDBC接口技术、数据库连接技术与以及数据库数据的查询、添加、更新和删除等技术。

学习要点：

(1) 了解JDBC的基本功能。

(2) 理解数据库的基本概念，掌握SQL语言使用、数据库和数据表的创建技术。

(3) 掌握JDBC连接数据库的工作原理、连接方式和连接过程。

(4) 熟练掌握使用JSP技术查询、插入、更新和删除数据库数据的技术。

9.1 数据库应用基础

网上应用系统的开发离不开数据库的应用。本节基本上不做理论上的探讨，只对数据库的基础知识和SQL应用进行简单介绍，力求使叙述简单明了，为数据库信息发布做好准备。

9.1.1 数据库基本概念

1. 基本术语

(1) 数据库系统

数据库系统是一个存储数据的计算机系统。人们到仓库存取物品，只需走到仓库，请仓库管理员帮他取出所要的物品即可，并不关心物品在仓库中是如何存放的。要建设一个好的仓库系统，仓库建设者要根据仓库的性质合理地组织仓库中的物品，规划出仓库中要有多少货架，物品如何分类，是否需要内部运输工具等。在合理规划的基础上，实施这个计划，将物品存放到仓库中，并为仓库使用者提供物品存取服务。计算机中的数据库系统与现实世界中的仓库系统类似。数据库系统包括数据仓库的规划、建设及提供货物(数据)的存取服务。数据库系统可以分为数据库和数据库管理系统两部分。

(2) 数据库

数据库是一个按数据结构来存储和管理数据的计算机软件系统。数据库概念包含两层意思：

① 数据库是一个实体，是一个能够合理保管数据的“仓库”，在该“仓库”中存放要管理的事务数据，“数据”和“库”两个概念结合成为“数据库”。

② 数据库是数据管理的方法和技术，它能够合理地组织数据、方便地维护数据、严密地控制数据和有效地利用数据。

简言之，数据库是一个合理组织的数据仓库。数据被合理地组织到数据仓库中，使用者可以方便有效地存取数据库中的数据。

(3) 数据库管理系统(Database Management System DBMS)

数据库管理系统是管理数据库的软件系统，它提供了一组建立数据库和管理数据库的工具。使用这些工具进行各种数据库操作，如数据库生成、数据表格生成、数据的输入和修改、数据的检索和使用、数据安全、数据相关关系的设定和数据访问权限的设定等。

目前市场上比较著名的数据库管理系统有 Oracle、Sybase、Informix、SQL Server 等。

2. 数据库设计与管理信息系统

管理信息系统简称为 MIS(Management Information System)，它是计算机应用领域的一个重要分支。管理信息系统帮助人们完成需要手工处理的信息处理工作，不仅能够提高工作效率，降低劳动强度，而且能够提升管理信息的质量和水平。

管理信息系统的核心是数据库。管理信息系统的数据存放在数据库中，数据库技术为管理信息系统提供了数据管理的手段，数据库管理系统为管理信息系统提供了系统设计的方法、工具和环境。管理信息系统、数据库管理系统和数据库的关系如图 9-1 所示。

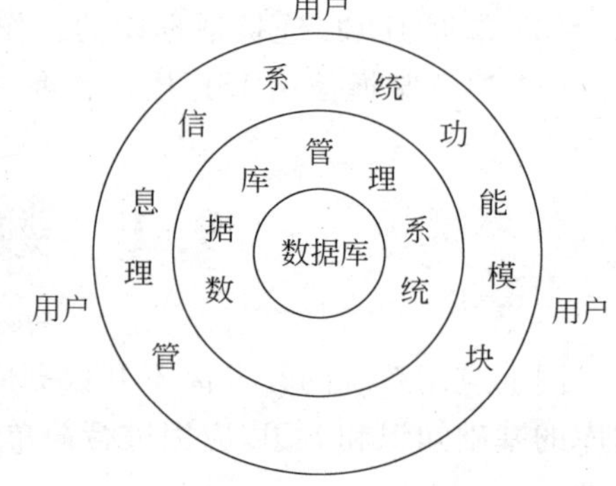

图 9-1 管理信息系统、数据库管理系统和数据库的关系

管理信息系统的各功能模块通过数据库管理系统提供的工具访问数据库，完成对数据的存取、修改和录入等操作。各种功能模块为用户提供不同的功能要求，并共享数据库中的数据资源，数据库是信息系统的核心。

3. 数据库、表、记录和字段

数据库用数据库名表示。在关系数据库中数据库是多个数据表的集合，通过数据表和表之间的关系定义数据库的结构。例如，网上书店数据库名为 bookshop，库中有 7 个表：book、userinfo、orderform、orderdetail、notes、employee 和 publisher。

表是按某种结构存储的一组数据，它是数据库的基础构件。表类似于日常生活中的表格，如火车时刻表、员工表和电话号码表等。表中数据以行、列方式将相关信息排列成逻辑组。表中每一行称为记录，每一列称为字段。例如网上书店中的 book 表，见图 9-2。

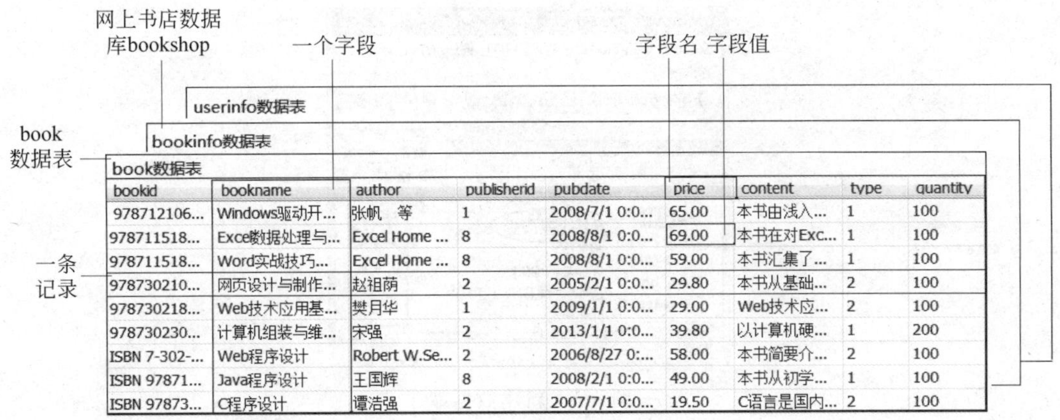

bookid	bookname	author	publisherid	pubdate	price	content	type	quantity
978712106...	Windows驱动开...	张帆 等	1	2008/7/1 0:0...	65.00	本书由浅入...	1	100
978711518...	Exce数据处理与...	Excel Home ...	8	2008/8/1 0:0...	69.00	本书在对Exc...	1	100
978711518...	Word实战技巧...	Excel Home ...	8	2008/8/1 0:0...	59.00	本书汇集了...	1	100
978730210...	网页设计与制作...	赵祖荫	2	2005/2/1 0:0...	29.80	本书从基础...	2	100
978730218...	Web技术应用基...	樊月华	1	2009/1/1 0:0...	29.00	Web技术应...	2	100
978730230...	计算机组装与维...	宋强	2	2013/1/1 0:0...	39.80	以计算机硬...	1	200
ISBN 7-302-...	Web程序设计	Robert W.Se...	2	2006/8/27 0:...	58.00	本书简要介...	2	100
ISBN 97871...	Java程序设计	王国辉	8	2008/2/1 0:0...	49.00	本书从初学...	1	100
ISBN 97873...	C程序设计	谭浩强	2	2007/7/1 0:0...	19.50	C语言是国内...	2	100

图 9-2　book 表

9.1.2　创建数据库和表

以网上书店数据库为例说明创建表和数据库的方法。

1. 创建数据库

创建数据库的操作过程如下：

(1) 启动 SQL Server 服务管理器

选择"开始"→"所有程序"→Microsoft SQL Server 2005→SQL Server Manegement Studio 命令，出现"连接到服务器"界面。单击"连接(C)"按钮，出现 Microsoft SQL Server Manegement Stidio 界面，如图 9-3 所示。

图 9-3　SQL Server 服务管理器

(2) 创建数据库

① "对象资源管理器中"鼠标右键单击"数据库"节点，然后选择"新建数据库(N)"，如图 9-4 所示。

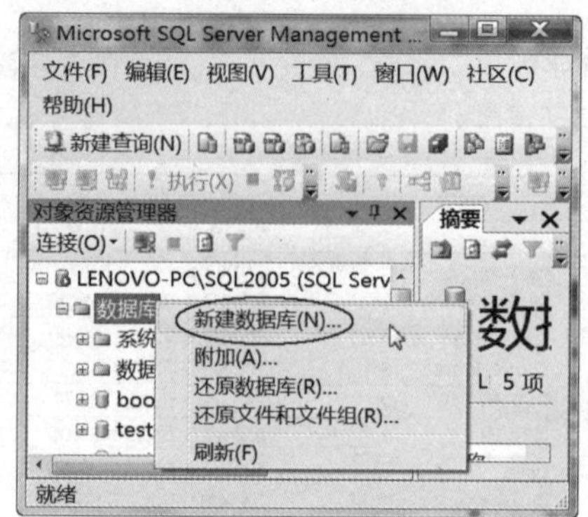

图 9-4 新建数据库

③ 出现“新建数据库”对话框，输入数据库的名称，网上书店数据库的名字定为“bookshop”，如图 9-5 所示。

图 9-5 “新建数据库”对话框

2. 创建新表

为了使读者易于练习，把网上书店实例中的 book 表做了适当的简化，起名为 booktable。下面创建 booktable 表。

(1) 在图 9-3“Microsoft SQL Server Manegement Stidio”界面，右击“数据库”→“bookshop”。

(2) 右击“表”节点，然后选择快捷菜单中的“新建表”命令。

(3) 在表设计器窗口设计 booktable 表的结构，输入相应的字段名、类型、长度、是否为空和默认值等。选择 bookid 字段，单击工具栏“设置主键”图标，将 bookid 字段设为主关键字。当字段为主关键字时，该字段不允许出现空值。booktabe 表的结构如图 9-6 所示。

(4) 设计完成后单击工具栏的“保存”图标，出现“选择名称”对话框，如图 9-7 所示。在对话框中输入表名 booktable 后，单击“确定”按钮。

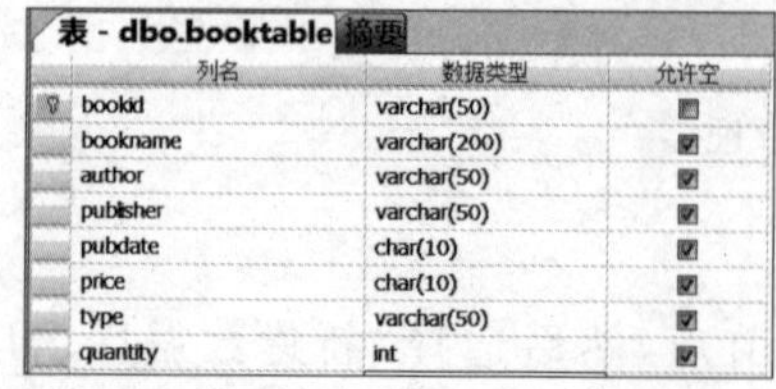
表 - dbo.booktable 摘要

列名	数据类型	允许空
bookid	varchar(50)	☐
bookname	varchar(200)	☑
author	varchar(50)	☑
publisher	varchar(50)	☑
pubdate	char(10)	☑
price	char(10)	☑
type	varchar(50)	☑
quantity	int	☑

图 9-6 booktable 表的结构

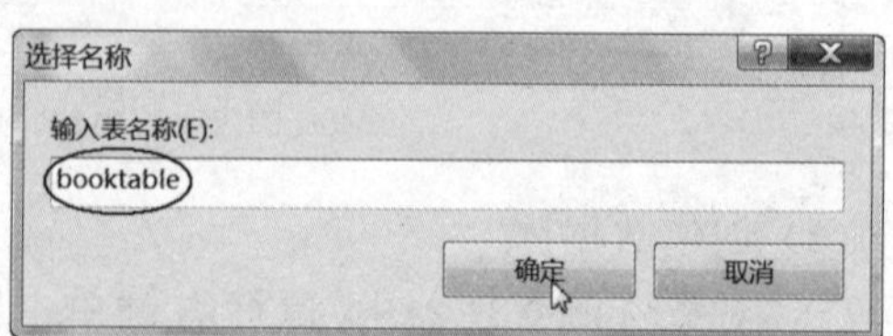

图 9-7 输入表名

(5) 同理制作其他 6 张表,参见第 3 章。

9.1.3 SQL 语句

SQL(Structured Query Language,结构化查询语言)是关系数据库的标准语言,是目前数据库的主流语言。SQL 语言语法完善、功能丰富、综合性强、简洁易学,因而备受欢迎。SQL 具有自含式和嵌入式两种语言形式。自含式 SQL 能够独立进行联机交互,在终端键盘上直接输入命令就可以执行 SQL 语句,对数据库进行操作;嵌入式 SQL 能够嵌入到其他编程语言(如 C、Visual C++、Visual Basic、Delphi 和 PowerBuilder 等)及脚本语言(如 VBScript 和 JavaScript 等)中实现对数据库的操作。

依据 SQL 命令的功能,可分为数据定义语言(Data Definition Language,DDL)、数据操纵语言(Data Manipulation Language,DML)和数据控制语言(Data Control Language,DCL)。SQL 由命令、子句和运算符等元素构成。这些元素组成语句,用于创建、更新和操作数据库。

1. 数据定义语言

SQL 的数据定义功能通过数据定义语言实现,用来定义数据库的模式、内模式和外模式,以实现对基本表、视图及索引文件的定义。其主要命令有 CREATE、DROP 和 ALTER。

(1) 创建数据表 CREATE

使用 CREATE TABLE 语句在数据库中创建新的数据表,同时建立相关字段及其数据类型,使用格式如下:

```
CREATE TABLE [库名] 表名(列名 数据类型 [(字符串长度)]… [,…n])
```

其中“[]”是可选项,[,…n]表示可以重复前面的内容,定义多个字段。例如,如下命令行

```
CREATE TABLE booktable(bookid varchar(15), bookname varchar(50))
```

创建了名为“booktable”的图书表。表有两个字段“bookid”和“bookname”,“bookid”字段的数据类型为 15 个字节的变长字符串。

(2) 删除数据表 DROP

使用 DROP 命令删除数据表和表中的所有记录。例如,如下命令行

```
DROP TABLE booktable
```

将“booktable”数据表和其中数据全部删除。

(3) 修改数据表 ALTER

通过 ALTER 命令添加或删除数据表中的字段。

例如,如下命令行在“booktable”表中添加“author”字段,其数据类型为 15 个字节的变长字符串。

```
ALTER TABLE booktable ADD author varchar(15)
```

如下命令行删除“booktable”表中的“author”字段。

```
ALTER TABLE booktable DROP author
```

2. 数据操纵语言

SQL 的数据操纵功能通过数据操纵语言实现，数据操纵命令包括数据查询和数据更新操作。数据查询是指对数据库中的数据查询、统计、分组、排序、检索等功能，数据更新是指数据的插入、删除和修改等数据的维护操作。

(1) 数据查询语句 SELECT

数据查询语句从数据库中读取所需数据，将满足一定约束条件的一个或多个表中的字段从数据库中挑选出来，并按一定的分组和排序方法显示。数据查询语句包括 SELECT、FROM、WHERE、GROUP BY 和 ORDER BY 子句，其中 SELECT 和 FROM 是必选子句。使用格式如下：

```
SELECT 字段 1[,字段 2,…]
    FROM 表名;WHERE 条件表达式]
    [GROUP BY 分列组[HAVING 分组条件…]
    [GROUP BY 字段 1[ASC/DESC][,字段 2[ASC/DESC][,…]
```

数据查询语句的各子句功能如下。

① SELECT 子句：说明要做查询操作。

② FROM 子句：指明信息来源，后面列出要操作的数据表名。

③ WHERE 子句：指定查询记录时要满足的条件。

④ GROUP BY：将选择的记录分组。

HAVING：指定分组的条件。

⑤ ORDER BY：对结果集进行排序，选择 ASK 数据按升序排列，选择 DESC 数据按降序排列。

SELECT 语句中使用运算符和计算函数。运算符分为两类：逻辑运算符和比较运算符。逻辑运算符(AND、OR 和 NOT)用于连接两个表达式，通常在 WHERE 子句中使用。比较运算符(<、<=、>、>=、=、<>、BETWEEN、LIKE 和 IN)用于比较两个表达式的值。数据查询语句中使用计算函数做一些数学计算。例如，用 AVG 函数计算平均值，用 COUNT 函数计算返回记录数等。

(2) SELECT 语句使用举例

① 在 booktable 表中查询所有图书信息，SQL 语句如下。

```
SELECT * FROM booktable
```

该语句的功能是：从 booktable 表中查询所有数据，结果集是 booktable 表中的全部图书信息。

② 在 booktable 表中查询书名信息，SQL 语句如下。

```
SELECT bookname FROM booktable
```

结果集是 booktable 数据表中 bookname 字段的数据，是数据表中的所有图书的书名。

③ 在 booktable 表中查询书号等于 ISBN 7-302-08599-4 图书的书名，SQL 语句如下。

```
SELECT  bookname FROM booktable WHERE bookid= ISBN 7-302-08599-4
```

结果集是书号等于 ISBN 7-302-08599-4 的图书名。

④ 范围查询，在 booktable 表中查询 2013 年上半年出版图书的书名，SQL 语句如下。

```
SELECT bookname FROM booktable WHERE pubdate Between '2013-1-1'and '2013-6-30'
```

结果集是 2013 年上半年出版的图书名。

⑤ 在选择语句中增加 ORDER BY 子句，可以使结果集按序排列。例如将图书按出版日期进行排序。SELECT 语句格式：

```
SELECT * FROM booktable ORDER BY pubdate
```

默认值是升序。如果需要按降序排列，在要排序的字段后加关键字 DESC，格式如下：

```
SELECT * FROM booktable ORDER BY pubdate DESC
```

⑥ 模糊查询，在 WHERE 子句中使用 LIKE 运算符，可以只选择与用户规定格式相同的记录。通配符"_"匹配任意一个字符，通配符"%"可以代替任何字符串。例如，在 booktable 数据表中查询所有 C++ 的图书，可用以下语句：

```
SELECT * FROM booktable WHERE bookname LIKE '%C++%'
```

(3) 插入语句 INSERT

使用插入语句在数据库中插入新的记录，使用格式如下。

```
INSERT INTO 表名(字段 1[,字段 2,…字段 n]) VALUES(值 1[,值 2,…值 n])
```

例如，在 booktable 表中插入一条新书记录，书号：ISBN 978-7-115-27553-0，书名：计算机网络教程，作者：谢希仁，出版社：人民邮电出版社，出版日期：2012-8-1，定价：32 元，类别：计算机，数量：100。插入语句如下：

```
INSERT INTO booktable(bookid, bookname, author, publisher, pubdate, price, type,
quantity) VALUES(' ISBN 978-7-115-27553-0', '计算机网络教程', '谢希仁', '人民邮电
出版社', '2012-8-1', 32, '计算机', 100)
```

(4) 更新语句 UPDATE

更新语句按某个条件来更新表中某字段的值。更新语句使用格式如下。

```
UPDATE 表名 SET 字段名 1=新值 1[,字段名 2=新值 2,…][WHERE 条件表达式]
```

例如，在 booktable 表中把书号为 ISBN 7-302-12927-4 的图书价格改为 36 元，语句如下。

```
UPDATE booktable SET price= 36 WHERE bookid= 'ISBN 7-302-12927-4'
```

(5) 删除语句 DELETE

DELETE 语句删除由 FROM 子句列出、满足 WHERE 子句条件的一个或多个表中的记录。使用格式如下：

```
DELETE FROM 表名 [WHERE 条件表达式]
```

例如，在 booktable 数据表中删除刚才插入的书号为 ISBN 978-7-115-27553-0 的记录，语句如下：

```
DELETE FROM booktable WHERE bookid=' ISBN 978-7-115-27553-0'
```

又如，下条 SQL 语句的功能将删除 booktable 数据表中所有的记录，使用时要特别当心。

```
DELETE FROM booktable
```

3. 数据控制语言

数据控制语句通过对数据库用户使用权限的限制来保证数据的安全性。

- GRANT：为数据库用户授予某种权限。
- REVOVE：收回数据库用户的某种权限。
- DENY：拒绝用户访问数据库的某一对象。

9.2 JDBC 接口技术

9.2.1 JDBC 概述

1. 什么是 JDBC

JDBC(Java Database Connectivity)接口技术实际上是一种通过 Java 语言访问数据库的应用程序接口(API)。许多数据库系统带有 JDBC 驱动程序，Java 程序通过 JDBC 驱动程序与数据库连接，执行查询、插入、更改和删除等操作。为能够访问由 ODBC 驱动程序接口的数据库，厂商开发了 JDBC-ODBC Bridge。应用这项技术，Java 程序就能够访问由 ODBC 驱动的数据库。由于大多数数据库系统都带有 ODBC 驱动程序，所以使用 JDBC-ODBC Bridge 技术，Java 程序可以访问大多数数据库，如 MS SQL Server、Oracle、Sybase、Informix 和 MS Access 等。

2. JDBC 的功能

JDBC 的主要功能如下：

- 与一个数据库建立连接(connection)。
- 向数据库发送 SQL 语句(statement)。
- 处理数据库返回的结果(resultset)。

连接过程见图 9-8。

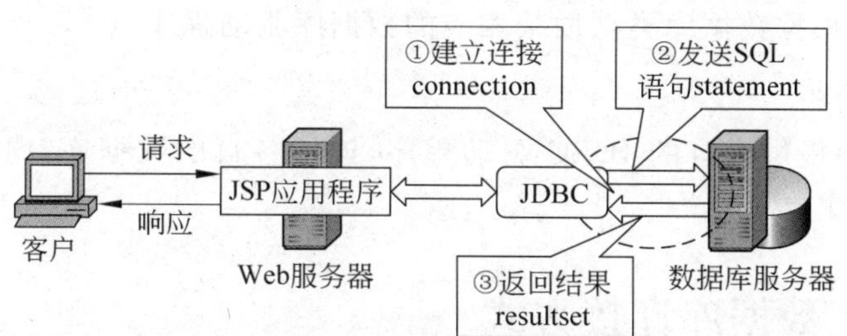

图 9-8　JDBC 连接数据库的过程

9.2.2　JDBC 工作原理

JDBC 是连接数据库的程序模块，由 JSP 应用程序、JDBC API、JDBC DriverManager（JDBC 驱动管理器）、JDBC 驱动程序和数据库几部分组成，其工作原理见图 9-9。Java 应用程序通过 JDBC API 访问 JDBC 驱动管理器，JDBC 驱动管理器载入相应的 JDBC 驱动程序，然后执行相应的数据库操作。

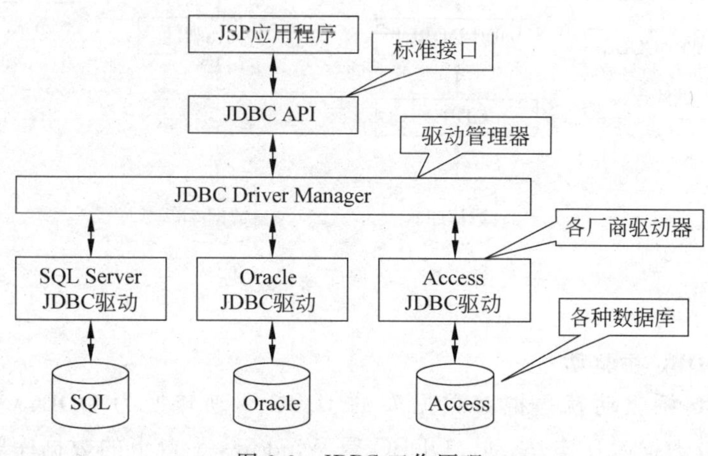

图 9-9　JDBC 工作原理

1. JSP 应用程序

在 JSP 应用程序中嵌入 Java 程序段，java 程序执行发出数据库访问请求，请求建立连接，发送 SQL 语句，接受并处理数据库访问结果集，关闭连接等工作。

2. JDBC API

JDBC API 提供了 Java 应用程序和各种不同数据库交互的标准接口，使用这些接口对各种不同数据库进行操作。JDBC API 提供的类和接口在 java. sql 包中定义，主要有 Connection、Statement、PreparedStatement 和 ResultSet 等接口。

3. JDBC DriverManager

JDBC 驱动管理器 java. sql. DriverManager 类动态管理和维护各种不同的 JDBC 驱动。JSP 应用程序通过 JDBC API 访问 JDBC 驱动管理器，说明要访问数据库的类型。

JDBC 驱动管理器根据数据库类型加载相应的数据库驱动程序。

4. JDBC 驱动

各数据库厂商提供各自的 JDBC 驱动程序，连接各自的数据库，向数据库发送 SQL 请求，并获得结果集。

9.2.3 JDBC 数据库连接方式

JSP 应用程序与数据库建立连接后，才能访问数据库中的数据。JDBC 常用的数据库连接方式有两种：JDBC-ODBC 桥驱动和纯 Java 数据库驱动程序，如图 9-10 所示。

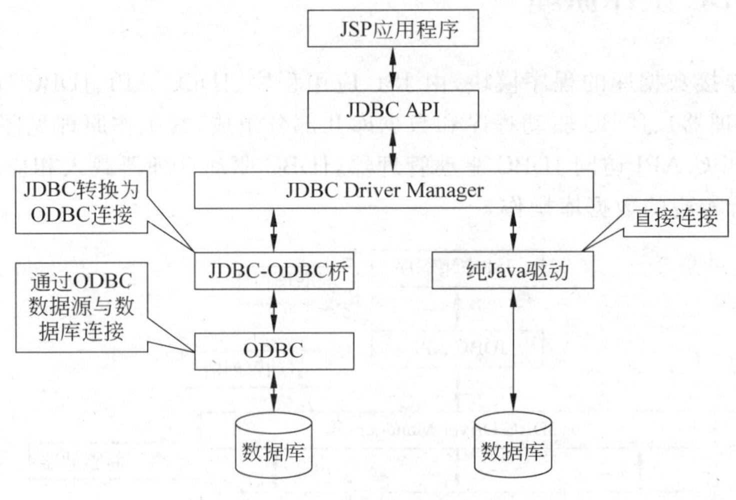

图 9-10 数据库连接方式

1. JDBC-ODBC 桥驱动

JDBC-ODBC 桥驱动就是把对数据库的 JDBC 驱动转换为 ODBC(Open Database Connection，开放数据库互连)驱动。ODBC 是 Windows 平台下的数据库驱动程序，使用 JDBC-ODBC 桥驱动(JDBC-ODBC bridge driver)可以访问装有 ODBC 驱动的任何数据库。使用 JDBC-ODBC 桥驱动访问数据库，需要为被访问的数据库建立一个 ODBC 数据源，然后通过 JDBC 访问该 ODBC 数据源，对数据库进行操作。

2. 纯 Java 数据库驱动程序

用一段纯 Java 代码编写数据库驱动程序，JDBC 调用 Java 驱动程序与数据库建立连接。纯 Java 程序驱动数据库连接具有跨平台特性，使用比较广泛，但是连接不同的数据库，需要编写不同的 java 代码。

9.2.4 创建 ODBC 数据源

使用 JDBC-ODBC 桥连接访问数据库，先要建立数据源(Data Source Name，DSN)，

这个数据源对应一个数据库。为了连接到数据库，需要建立一个 JDBC-ODBC 桥接器，也就是加载 JDBC-ODBC 桥驱动程序。

以网上书店的 bookshop 数据库为例，说明如何利用 JDBC-ODBC 桥建立数据库连接。

一个数据源就是对数据库的一个命名连接。数据源有 3 种：用户数据源、系统数据源和文件数据源。用户数据源只有用户可以看见，只能用于当前机器中。系统数据源是任何具有权限的用户都可以访问的数据源。文件数据源把信息存储在后缀为.dsn 的文本文件中。如果把该文件放在网络共享目录中，则可被网络中任何一台工作站访问到。Web 应用程序访问数据库时，通常是建立系统数据源。

以下为建立数据源的操作步骤，访问的数据库类型为 SQL Server，连接的数据库名是 bookshop，数据源名是 boolshoplk，用户名为 sa，无密码。操作步骤如下：

(1) 打开"控制面板"→"系统和安全"→"管理工具"→"数据源(ODBC)"，打开"ODBC 数据源管理器"对话框，选择"系统 DSN"选项卡，如图 9-11 所示。

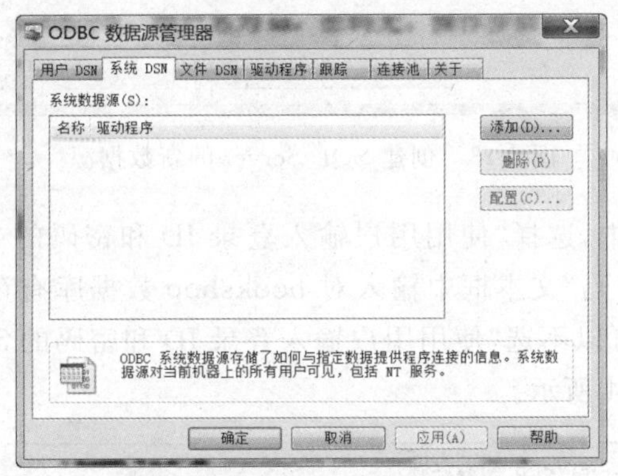

图 9-11　ODBC 数据源管理器

(2) 单击"添加"按钮，弹出"创建新数据源"对话框，见图 9-12。

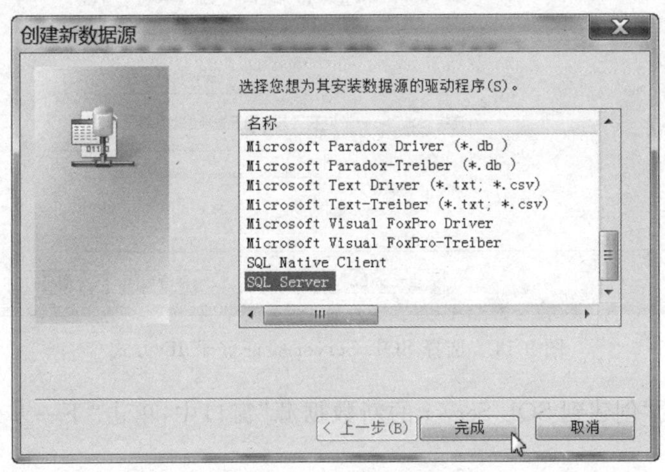

图 9-12　创建数据源

(3) 选择 SQL Server，单击“完成”按钮。

(4) 弹出“创建 SQL Server 的新数据源”窗口，在名称文本框输入数据源名称。在网上书店中，为数据源起名为 bookshoplk。在服务器文本框输入“LENOVO-PC\SQL2005”，单击“下一步”按钮，如图 9-13 所示。

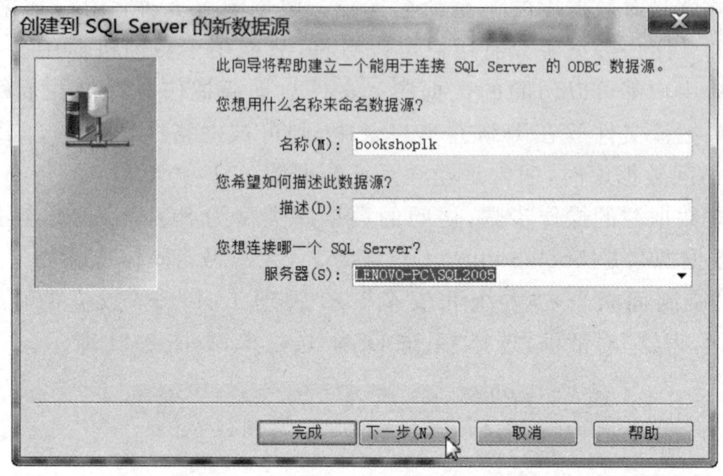

图 9-13 创建 SQL Server 的新数据源

(5) 在弹出的窗口中，选择“使用用户输入登录 ID 和密码的 SQL Server 验证”单选按钮，在“登录 ID”和“密码”文本框中输入对 bookshop 数据库有存取权限的 SQL Server 账号和密码。(用户也可以不选“使用用户输入登录 ID 和密码的 SQL Server 验证”)单击“下一步”按钮，如图 9-14 所示。

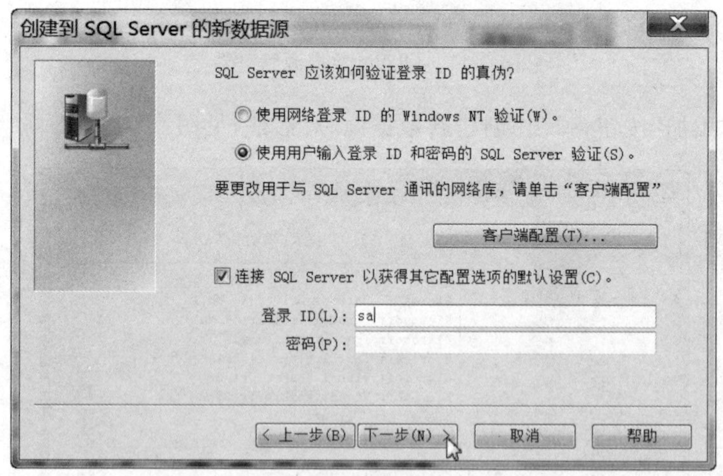

图 9-14 选择 SQL Server 验证登录 ID 方式

(6) 在弹出的“创建到 SQL Server 的新数据源”窗口中，单击“下一步”按钮，如图 9-15 所示。

(7) 在弹出的窗口单击“完成”按钮。

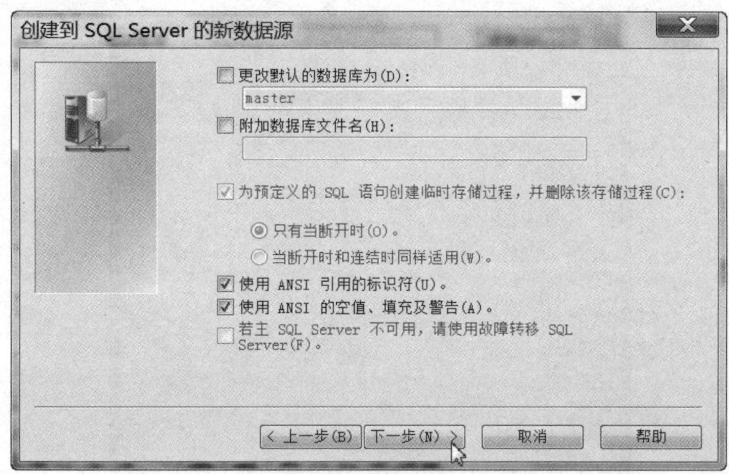

图 9-15　创建新数据源

(8) 在弹出的“ODBC Microsoft SQL Server 安装”窗口单击“测试数据源(T)”按钮，如图 9-16 所示。

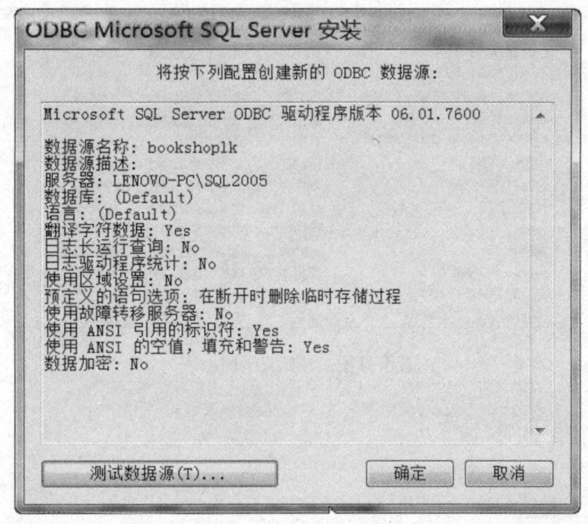

图 9-16　“ODBC Microsoft SQL Server 安装”窗口

(9) 弹出“SQL Server ODBC 测试数据源”窗口。如果对话框提示测试成功，则表示 DSN 设置正确，单击“确定”按钮，完成系统 DSN 的建立，如图 9-17 所示。

9.2.5　JDBC 建立数据库连接示例

使用 JDBC 建立数据库连接的过程比较繁杂。本书先举例说明连接是如何进行的，然后总结出它的几个工作过程，最后详细讲解各个过程的工作原理和细节。

本书使用 JDBC-ODBC 桥驱动程序建立与数据库的连接。

例 9.1　使用 JSP 技术查询 booktable 表(见图 9-18)中书号是 ISBN 7-04-012301-0

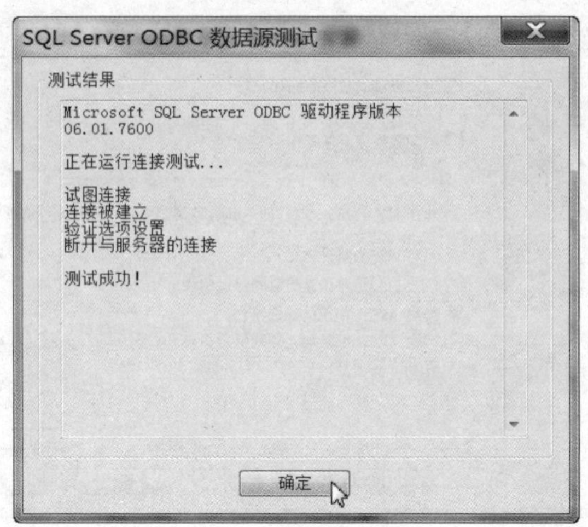

图 9-17　测试成功

的图书。本例使用上文生成的 bookshoplk 数据源,通过 JDBC-ODBC 桥访问数据库。

表 - dbo.booktable　摘要

bookid	bookname	author	publisher	pubdate	price	type	quantity
ISBN 7-04-012301-0	C++程序设计	吴乃陵	高等教育出版社	2003-8-1	29.5	计算机	100
ISBN 7-111-08318-0	C++程序设计教程	郑莉	机械工业出版社	2003-2-1	28	计算机	100
ISBN 7-302-08599-4	C++程序设计	谭浩强	清华大学出版社	2004-6-1	36	计算机	100
ISBN 7-5053-9856-3	ASP&ASP.NET应用编程150例	王兴东	电子工业出版社	2004-5-1	35	计算机	200
ISBN 7-5640-0139-9	CPA会计	武玉荣	电子工业出版社	2003-3-1	30	经济	100
ISBN 7-5640-0165-8	现代汽车动力传动装置的控制技术	林学东	清华大学出版社	2004-7-27	30	机械	150
ISBN 7-5640-0244-1	火星的故事	[英]帕特...	人民邮电出版社	2004-5-1	15	小说	100
ISBN 978-7-04-021459-8	计算机应用基础	刘艳丽	高等教育出版社	2007-6-1	29.5	计算机	100
ISBN 978-7-121-05285	计算机网络工程与实训教程	徐武	电子工业出版社	2008-1-1	28	计算机	100
ISBN 978-7-302-12927-4	Web程序设计	(美)Rob...	清华大学出版社	2006-8-1	58	计算机	100
ISBN 978-7-302-15261-3	Web技术	Jeffrey ...	清华大学出版社	2007-6-1	59	计算机	100
ISBN 978-7-302-18840-7	Web技术应用基础	樊月华	清华大学出版社	2013-1-1	29	计算机	100
ISBN 978-7-5635-3092-2	Java面向对象程序设计	张桂珠	北京邮电大学出...	2012-7-27	23	计算机	150
ISBN 978-7-900222-91-6	计算机网络	谢希仁	电子工业出版社	2008-2-1	29	计算机	200

图 9-18　booktable 表

代码 ex9-01.jsp 清单如下：

```
<%@page contentType="text/html; charset=GB2312" %>
<%@page import="java.sql.* " %>
<html><head><title>JDBC 建立数据库连接</title></head>
<body><center>
<font size=5 color=blue>数 据 查 询</font><hr>
<%
  //加载驱动程序
  Class.forName("sun.jdbc.odbc.JdbcOdbcDriver");
  //建立连接
  Connection conn=DriverManager.getConnection("jdbc:odbc:bookshoplk","sa","");
  //发送 SQL 语句
  Statement stmt=conn.createStatement();
  try{
  //建立 ResultSet(结果集)对象
```

```
  ResultSet rs;
  //执行 SQL 语句
  rs=stmt.executeQuery("SELECT * FROM booktable where bookid='ISBN 7-04-012301
  -0'");
%>
<table border=3>
  <tr bgcolor=silver><b>
    <td>bookid</td><td>bookname</td><td>author</td><td>publisher</td>
    <td>pubdate</td><td>price</td><td>type</td><td>quantity</td></b>
  </tr>
<%
    //利用 while 循环将数据表中的记录列出
  while (rs.next()){
%>
  <tr>
     <td><%=rs.getString("bookid") %></td>
     <td><%=rs.getString("bookname") %></td>
     <td><%=rs.getString("author") %></td>
     <td><%=rs.getString("publisher") %></td>
     <td><%=rs.getString("pubdate") %></td>
     <td><%=rs.getString("price") %></td>
     <td><%=rs.getString("type") %></td>
     <td><%=rs.getString("quantity") %></td>
  </tr>
<%
  }
  rs.close();                              //关闭 ResultSet 对象
  }
  catch(Exception e){
  out.println(e.getMessage());
  }
  stmt.close();                            //关闭 Statement 对象
  conn.close();                            //关闭 Connection 对象
%>
</table></center>
</body></html>
```

代码 ex9-01.jsp 的运行结果如图 9-19 所示。

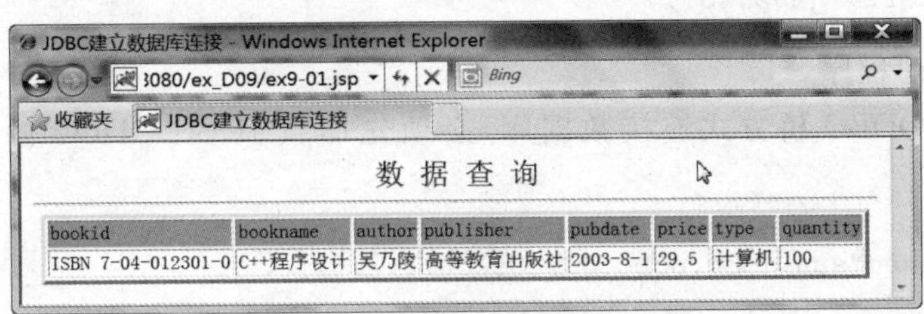

图 9-19 JDBC 建立数据库连接

9.2.6 JDBC 建立数据库连接方法详解

1. JDBC 建立数据库连接步骤

通过例 9.1 可以得出,JDBC 建立数据库连接需要经过以下几个步骤:

(1) 加入命令行

```
<%@page import="java.sql.*" %>
```

(2) 加载驱动程序

```
Class.forName("sun.jdbc.odbc.JdbcOdbcDriver");
```

(3) 建立连接

```
Connection conn=DriverManager.getConnection("jdbc:odbc:bookshoplk","sa","");
```

(4) 发送 SQL 语句

```
Statement stmt=conn.createStatement();
```

(5) 建立 ResultSet(结果集)对象

```
ResultSet rs;
```

(6) 执行 SQL 语句

```
rs=stmt.executeQuery("SELECT * FROM booktable where bookid='ISBN 7-04-012301-0
'");
```

(7) 关闭对象

```
rs.close();                         //关闭 ResultSet 对象
stmt.close();                       //关闭 Statement 对象
conn.close();                       //关闭 Connection 对象
```

2. JDBC 数据库连接步骤详解

(1) 加入命令行

所有与数据库有关的对象和方法都在 java.sql 包中,所以在使用 JSP 访问数据库的程序中必须加入命令行:

```
<%@page import="java.sql.*" %>
```

(2) 加载驱动程序

使用 JDBC-ODBC 桥方式连接数据库,必须先加载 JDBC-ODBC 桥驱动程序,语句如下:

```
Class.forName("sun.jdbc.odbc.JdbcOdbcDriver");
```

Class 是包 java.lang 中的一个类,该类通过调用静态方法 forName 建立 JDBC-

ODBC 桥接器，即加载驱动程序。

由于加载驱动程序时可能产生异常，所以需要异常处理程序段。

```
try{ …
    }
catch(Exception e){
    …

}
```

(3) 建立连接

要连接一个数据库，必须创建 Connection 类的一个实例，语法规则如下：

```
Connection conn=DriverManager.getConnection("jdbc:odbc:数据源名",
"Loginname","Password");
```

调用 DriverManager.getConnection 方法建立与数据库的连接，该方法指定了数据库的位置、用户名和用户口令。DriverManager 类位于 JDBC 的管理层，作用在用户和驱动程序之间。它跟踪可用的驱动程序，并在数据库和相应的驱动程序之间建立连接。数据源名是在"控制面板"→"系统和安全"→"管理工具"→"数据源(ODBC)"中设置的数据源名。"Loginname"是用户名，"Password"是用户口令。如果在数据源中没有设置用户名和用户口令，则连接形式如下：

```
Connection conn=DriverManager.getConnection("jdbc:odbc:数据源名","","");
```

一旦 DriverManager.getConnection 方法找到了建立连接的驱动程序和数据源，则通过用户名和口令开始与 DBMS 建立连接。如果连接通过，则连接建立完成。

(4) 发送 SQL 语句

JDBC 提供了 3 个类向数据库发送 SQL 语句：Statement、PrepareStatement 和 CallableStatement。

① Statement 类的对象由 Connection 的 createStatement 方法创建，用于发送不带参数的简单 SQL 语句，对数据库进行具体操作，如查询、修改等。在执行一个 SQL 查询语句前，必须用 createStatement 方法建立一个 Statement 类的对象。例如：

```
Connection conn=DriverManager.getConnection("jdbc:odbc:bookshoplk","sa","");
Statement stmt=conn.createStatement();
```

② PrepareStatement 类的对象由 Connection 的 PrepareStatement 方法创建，它用来执行带或不带 IN 参数的预编译 SQL 语句。Statement 对象在每次执行 SQL 语句时都将该语句发送给数据库，所以执行效率比较低。而 PrepareStatement 对象预编译过，所以执行速度比 Statement 快。因而多次执行的 SQL 语句常被创建成 PrepareStatement 对象。例如：

```
Connection conn=DriverManager.getConnection("jdbc:odbc:bookshoplk","sa","");
PrepareStatement pstmt=conn. PrepareStatement("SELECT * FROM booktable");
```

③ CallableStatement 类的对象由 Connection 的 PrepareCall 方法创建，它用来执行数据库已存储过程的调用。例如：

```
Connection conn=DriverManager.getConnection("jdbc:odbc:bookshoplk","sa","");
CallableStatement cstmt=conn.PrepareCall ("{call getData(?,?)}");
```

其中，getData 是存储过的过程名，“?”表示：IN、OUT 或 INOUT。

（5）创建结果集对象

一旦连接到数据库，就可以查询数据表名、列名和有关的信息，并且可以运行 SQL 语句对数据库中的数据进行查询、添加、更新和删除等操作。JDBC 提供了 ResultSet、DatabaseMetaData 和 ResultSetMetaData 类获取数据库中的信息。

ResultSet 类存放查询结果，并通过一套方法提供对数据的访问。它是 JDBC 中很重要的对象。ResultSet 包含任意数量的命名列，可以按名字访问这些列；它也包含一或多个行，可以按顺序自上而下地逐一访问。例如：

```
Statement stmt=con.createStatement();
ResultSet rs;
rs=stmt.executeQuery("SELECT * FROM booktable where bookid='ISBN 7-04-012301-0
'");
```

当建立一个 ResultSet 类对象时，它指向第一行之前的位置。ResultSet 对象常用方法如下。

- getInt(int)：将序号为 int 的列的内容作为整数返回。
- getInt(String)：将名称为 String 的列的内容作为整数返回。
- getFloat(int)：将序号为 int 的列的内容作为一个 float 型数返回。
- getFloat (String)：将名称为 String 的列的内容作为 float 型数返回。
- getData(int)：将序号为 int 的列的内容作为日期返回。
- getData(String)：将名称为 String 的列的内容作为日期返回。
- next()：把行指针移到下一行，如果没有剩余行，则返回 false。
- close()：关闭结果集。
- getMetaData()：返回 ResultSetMetaData 对象。

ResultSetMetaData 类实例提供 ResultSet 中列的名称、数目和类型信息。例如：

```
ResultSetMetaData rsmd;
rsmd=Results.getMetaData();
NumCols=rsmd.getColumnCount();
```

ResultSetMetaData 对象常用方法如下。

- getColumnCount()：返回 ResultSet 中的列数。
- getColumnName(int)：返回序号为 int 的列名。
- getColumnLabel(int)：返回序号为 int 列暗含的标签。
- isCurrency(int)：如果此列包含有货币单位的一个数字，则返回 true。
- isReadOnly(int)：如果此列是只读，则返回 true。

• isAutoIncrement(int)：如果此列自动递增，则返回 true。

DatabaseMetaData 类实例提供整个数据库的信息，如表名、表的索引、数据库产品名和版本、数据库支持的操作等。

例 9.2 代码 ex9-02.jsp 输出 booktable 表中各列的名称。代码创建了 ResultSetMetaData 对象 rsmd，并使用 getColumnCount()和 getColumnName()方法取得 booktable 表中的列数和列名。代码清单如下：

```
<%@page contentType="text/html; charset=GB2312" %>
<%@page import="java.sql.*" %>
<html><head><title>输出 booktable 表各列的名称 </title></head>
<body><center>
<font size=4 color=blue>输出 booktable 表各列的名称</font><hr><br>
<%
  Class.forName("sun.jdbc.odbc.JdbcOdbcDriver");
  //建立连接
  Connection conn=DriverManager.getConnection("jdbc:odbc:bookshoplk","sa","");
  //发送 SQL 语句
  Statement stmt=conn.createStatement();
  ResultSet rs=stmt.executeQuery("SELECT * FROM booktable");
  //建立 ResultSet 对象，并执行 SQL 语句
  ResultSetMetaData rsmd=rs.getMetaData();      //创建 ResultSetMetaData 对象
%><p>
记录集中共有 <font size=4 color=red>
<%=rsmd.getColumnCount() %></font>列，各列的名称是：<br>
<font size=4 color=red>
<%
for(int i=1; i <=rsmd.getColumnCount(); i++){
  if( i==1 )
     out.print(rsmd.getColumnName(i));
  else
     out.print(", "+rsmd.getColumnName(i));
}
rs.close();                                      //关闭 ResultSet 对象
stmt.close();                                    //关闭 Statement 对象
conn.close();                                    //关闭数据库连接对象
%></font>
</body></html>
```

代码 ex9-02.jsp 的运行结果如图 9-20 所示。

(6) 执行 SQL 语句

Statement 对象提供了 3 种执行 SQL 语句的方法：executeQuery、executeUpdate 和 execute。

• executeQuery：用于产生单个结果集的语句，例如 select 语句：

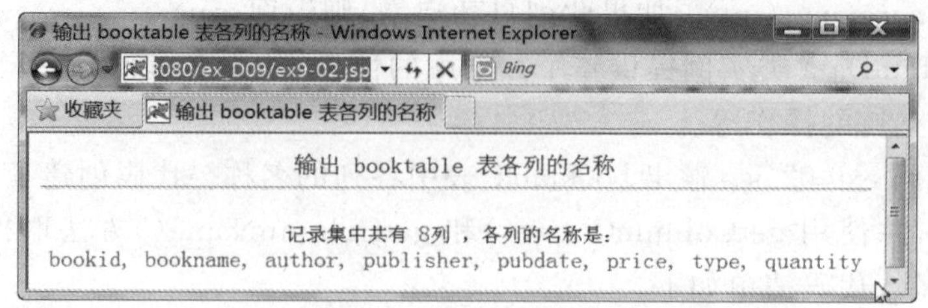

图 9-20 输出 booktable 表各列的名称

```
rs=stmt.executeQuery("SELECT * FROM booktable");
```

- executeUpdate：用来执行 insert、update、delete 以及 sqlddl(数据定义语句)。
- execute：用来返回多个结果集、多个更新计数或两者组合的语句。

本章以下几节，仍然以 booktable 数据表为例，学习对数据库信息的选择、插入、删除和更新操作。

9.3 查询记录

与数据库建立连接后，就可以对数据库数据进行各种操作，如查询、插入、更新和删除等。查询操作需先向数据库发送查询语句，然后再处理查询结果。

9.3.1 顺序查询

使用 Resultset(结果集)的 next()方法顺序输出一个表里的所有记录。

例 9-3 顺序输出数据表“booktable”中的所有记录和所有字段。使用代码：" Select * From booktable" 从 booktable 数据表中选择所有的记录，放置在 rs 结果集中，然后使用 rs.next()方法将结果集中的数据顺序显示出来。

ex9-03.jsp 代码清单如下：

```
<%@page contentType="text/html; charset=GB2312" %>
<%@page import="java.sql.* " %>
<html><head><title>顺序查询</title></head>
<body><center>
<font size=4 color=blue>顺序输出数据表" booktable"中包含所有字段的所有记录</font
><hr>
<%
  Class.forName("sun.jdbc.odbc.JdbcOdbcDriver");
  Connection conn=DriverManager.getConnection("jdbc:odbc:bookshoplk","sa","");
  Statement stmt=conn.createStatement();
  try{
  ResultSet rs;                                  //建立 ResultSet(结果集)对象
```

```
  rs=stmt.executeQuery("SELECT * FROM booktable"); //执行 SQL 语句
%>
<table border=3>
  <tr bgcolor=silver><b>
    <td>bookid</td><td>bookname</td><td>author</td><td>publisher</td>
    <td>pubdate</td><td>price</td><td> type</td><td>quantity</td>
  </tr>
<%
    //利用 while 循环将数据表中的记录列出
  while (rs.next()){
%>
    <tr>
     <td><%=rs.getString("bookid") %></td>
     <td><%=rs.getString("bookname") %></td>
     <td><%=rs.getString("author") %></td>
     <td><%=rs.getString("publisher") %></td>
     <td><%=rs.getString("pubdate") %></td>
     <td><%=rs.getString("price") %></td>
     <td><%=rs.getString("type") %></td>
     <td><%=rs.getString("quantity") %></td>
   </tr>
<%
  }
  rs.close();                                       //关闭 ResultSet 对象
}
  catch(Exception e){
  out.println(e.getMessage());
  }
  stmt.close();                                     //关闭 Statement 对象
  conn.close();                                     //关闭 Connection 对象
%>
</table></center>
</body></html>
```

代码 ex9-03.jsp 在浏览器中的显示结果如图 9-21 所示,顺序输出了"booktanble"表中的所有记录和字段。

9.3.2 条件查询

数据筛选是指按条件从数据库中选出符合条件的所有记录,由 where 子句指定选择记录时要满足的条件。

例 9-4

(1) 任务要求:在 ex9-04.html 界面输入查询条件(见图 9-22),如出版社的名称。输

bookid	bookname	author	publisher	pubdate	price	type	quantity
ISBN 7-04-012301-0	C++程序设计	吴乃陵	高等教育出版社	2003-8-1	29.5	计算机	100
ISBN 7-111-08318-0	C++程序设计教程	郑莉	机械工业出版社	2003-2-1	28	计算机	100
ISBN 7-302-08599-4	C++程序设计	谭浩强	清华大学出版社	2004-6-1	36	计算机	100
ISBN 7-5053-9856-3	ASP&ASP.NET应用编程150例	王兴东	电子工业出版社	2004-5-1	35	计算机	200
ISBN 7-5640-0139-9	CPA会计	武玉荣	电子工业出版社	2003-3-1	30	经济	100
ISBN 7-5640-0165-8	现代汽车动力传动装置的控制技术	林学东	清华大学出版社	2004-7-27	30	机械	150
ISBN 7-5640-0244-1	火星的故事	[英]帕特里克.摩尔	人民邮电出版社	2004-5-1	15	小说	100
ISBN 978-7-04-021459-8	计算机应用基础	刘艳丽	高等教育出版社	2007-6-1	29.5	计算机	100
ISBN 978-7-121-05285	计算机网络工程与实训教程	徐武	电子工业出版社	2008-1-1	28	计算机	100
ISBN 978-7-302-12927-4	Web程序设计	(美)Robert W.Sebesta	清华大学出版社	2006-8-1	58	计算机	100
ISBN 978-7-302-15261-3	Web技术	Jeffrey C.Jackson	清华大学出版社	2007-6-1	59	计算机	100
ISBN 978-7-302-18840-7	Web技术应用基础	樊月华	清华大学大学出版社	2013-1-1	29	计算机	100
ISBN 978-7-5635-3092-2	Java面向对象程序设计	张桂珠	北京邮电大学出版社	2012-7-27	23	计算机	150
ISBN 978-7-900222-91-6	计算机网络	谢希仁	电子工业出版社	2008-2-1	29	计算机	200

图 9-21　顺序输出了“booktanble”表中的所有记录和字段

入的名称提交给 ex9-04.jsp 处理，输出数据表“booktable”中符合查询条件的图书。其关键查询语句为：

```
"Select * From booktable where publisher='"
+publishername+"'"
```

图 9-22　参数查询界面

(2) ex9-04.html 代码清单如下：

```
<html><head><title>参数查询应用案例</title></head>
<body><center>
<font size=4 color=blue>图 书 查 询</font></center><hr>
<form method="post" action="ex9-04.jsp"><font color=green>
  请输入出版社名称：<input type=text name="pubname" size=20  maxlength=20><p>
  <input type=submit value=" 提 交 ">
  <input type=reset value=" 清 除 ">
</form></font>
</body></html>
```

(3) ex9-04.jsp 代码清单如下：

```
<%@page contentType="text/html; charset=GB2312" %>
<%@page import="java.sql.* " %>
<html><head><title>选择查询</title></head>
<body><center>
<%request.setCharacterEncoding("GB2312");
   String  publishername=request.getParameter("pubname");
   if(publishername==null){
     publishername="";
   }
%>
```

```
<font size=4 color=blue>输出数据表 booktable 中<%=publishername%>的记录</font>
<hr>
<%
  Class.forName("sun.jdbc.odbc.JdbcOdbcDriver");
  Connection conn=DriverManager.getConnection("jdbc:odbc:bookshoplk",
  "sa","");
  Statement stmt=conn.createStatement();
  try{
  ResultSet rs;                                    //建立 ResultSet(结果集)对象
  rs=stmt.executeQuery("Select * From booktable where publisher='"+
  publishername+"'");
  //执行 SQL 语句
%>
<table border=3>
  <tr bgcolor=silver><b>
    <td>bookid</td><td>bookname</td><td>author</td><td>publisher</td>
    <td>pubdate</td><td>price</td><td> type</td><td>quantity</td>
  </tr>
<%
    //利用 while 循环将数据表中的记录列出
  while (rs.next()){
%>
    <tr>
     <td><%=rs.getString("bookid") %></td>
     <td><%=rs.getString("bookname") %></td>
     <td><%=rs.getString("author") %></td>
     <td><%=rs.getString("publisher") %></td>
     <td><%=rs.getString("pubdate") %></td>
     <td><%=rs.getString("price") %></td>
     <td><%=rs.getString("type") %></td>
     <td><%=rs.getString("quantity") %></td>
   </tr>
<%
   }
  rs.close();                                      //关闭 ResultSet 对象
 }
  catch(Exception e){
  out.println(e.getMessage());
  }
  stmt.close();                                    //关闭 Statement 对象
  conn.close();                                    //关闭 Connection 对象
%>
</table></center>
</body></html>
```

(4) 代码 ex9-04.jsp 在浏览器中的显示结果如图 9-23 所示。

输出数据表booktable中清华大学出版社的记录

bookid	bookname	author	publisher	pubdate	price	type	quantity
ISBN 7-302-08599-4	C++程序设计	谭浩强	清华大学出版社	2004-6-1	36	计算机	100
ISBN 7-5640-0165-8	现代汽车动力传动装置的控制技术	林学东	清华大学出版社	2004-7-27	30	机械	150
ISBN 978-7-302-12927-4	Web程序设计	(美)Robert W. Sebesta	清华大学出版社	2006-8-1	58	计算机	100
ISBN 978-7-302-15261-3	Web技术	Jeffrey C. Jackson	清华大学出版社	2007-6-1	59	计算机	100
ISBN 978-7-302-18840-7	Web技术应用基础	樊月华	清华大学出版社	2013-1-1	29	计算机	100

图 9-23　查询某出版社出版的图书

9.3.3　模糊查询

使用 like 语句和通配符进行模糊查询。在模糊查询中使用通配符“%”代表任意多个字符,“_”代表任意一个字符。

例 9-5

(1) 任务要求：在界面(ex9-05.html)中输入书名中的部分词汇,输入的内容提交给 ex9-05.jsp 处理,输出数据表“booktable”中所有包含该词汇图书的书名。其关键查询语句为：

```
"Select * From booktable where bookname like' %"+b_name+"%'"
```

表示查询书名中包含有 b_name 中内容的图书。

(2) 代码 ex9-05.html 清单如下：

```
<html><head><title>模糊查询应用案例</title></head>
<body><center>
<font size=4 color=blue>模 糊 查 询</font></center><hr>
<form method="post" action="ex9-05.jsp"><font color=green>
  书名：<input type=text name="bookname" size=20  maxlength=20><br>
  注:可以输入部分词汇<br>
  <input type=submit value=" 提 交 ">
  <input type=reset value=" 清 除 ">
</form></font>
</body></html>
```

(3) 代码 ex9-05.jsp 清单如下：

```
<%@page contentType="text/html; charset=GB2312" %>
<%@page import="java.sql.* " %>
<html><head><title>模糊查询</title></head>
<body><center>
```

```
<%request.setCharacterEncoding("GB2312");
   String  b_name=request.getParameter("bookname");
   if(b_name==null){
     b_name="";
   }
%>
<font size=4 color=blue>输出与<%=b_name%>有关的图书</font><hr>
<%
  Class.forName("sun.jdbc.odbc.JdbcOdbcDriver");
  Connection conn=DriverManager.getConnection("jdbc:odbc:bookshoplk","sa","");
  Statement stmt=conn.createStatement();
  try{
  ResultSet rs;                                        //建立 ResultSet(结果集)对象
  rs=stmt.executeQuery("Select * From booktable where bookname like '%"+b_name
  +"%'");
  //执行 SQL 语句
%>
<table border=3>
  <tr bgcolor=silver><b>
    <td>bookid</td><td>bookname</td><td>author</td><td>publisher</td>
    <td>pubdate</td><td>price</td><td> type</td><td>quantity</td>
  </tr>
<%
    //利用 while 循环将数据表中的记录列出
  while (rs.next()){
%>
  <tr>
    <td><%=rs.getString("bookid") %></td>
    <td><%=rs.getString("bookname") %></td>
    <td><%=rs.getString("author") %></td>
    <td><%=rs.getString("publisher") %></td>
    <td><%=rs.getString("pubdate") %></td>
    <td><%=rs.getString("price") %></td>
    <td><%=rs.getString("type") %></td>
    <td><%=rs.getString("quantity") %></td>
  </tr>
<%
  }
  rs.close();                                          //关闭 ResultSet 对象
}
  catch(Exception e){
  out.println(e.getMessage());
  }
```

```
    stmt.close();                                    //关闭 Statement 对象
    conn.close();                                    //关闭 Connection 对象
  %>
  </table></center>
  </body></html>
```

(4) 在浏览器中的显示结果如图 9-24 所示。

图 9-24 模糊查询

9.3.4 范围查询

通过范围查询可查找值在数据表中某一范围内的数据。

例 9-6

(1) 任务要求：输出数据表 booktable 中某段时间内出版的图书。在界面(ex9-06.html,见图 9-25)中输入查询的开始日期和截止日期,提交给 ex9-06.jsp 处理,输出数据表 booktable 中该时间段出版的图书。其关键查询语句为：

```
"Select * From booktable where pubdate between '"
+s_pubdate+"' and '"+e_pubdate+"'"
```

其中 s_pubdate 为起始日期,e_pubdate 为截止日期。

图 9-25 范围查询

(2) 代码 ex9-06.html 清单如下：

```
<html><head><title>范围查询应用案例</title></head>
<body><center>
<font size=4 color=blue>根据出版日期查询图书</font></center><hr>
<form method="post" action="ex9-06.jsp"><font color=green>
  查询在<input type=text name="starpubdate" size=10  maxlength=10>
  和<input type=text name="endpubdate" size=10  maxlength=10>之间出版的图书<p>
  <input type=submit value=" 提 交 ">
  <input type=reset value=" 清 除 ">
</form></font>
</body></html>
```

(3) 代码 ex9-06.jsp 清单如下：

```
<%@page contentType="text/html; charset=GB2312" %>
<%@page import="java.sql.* " %>
<html><head><title>范围查询</title></head>
<body><center>
<%request.setCharacterEncoding("GB2312");
   String  s_pubdate=request.getParameter("starpubdate");
   if(s_pubdate==null){
     s_pubdate="";
   }
   String  e_pubdate=request.getParameter("endpubdate");
   if(e_pubdate==null){
     e_pubdate="";
   }
%>
<font size=4 color=blue>在<%=s_pubdate%>和<%=e_pubdate%>之间出版的图书</font
><hr>
<%
  Class.forName("sun.jdbc.odbc.JdbcOdbcDriver");
  Connection conn=DriverManager.getConnection("jdbc:odbc:bookshoplk","sa","");
  Statement stmt=conn.createStatement();
  try{
  ResultSet rs;                                            //建立 ResultSet(结果集)对象
  rs=stmt.executeQuery("Select * From booktable where pubdate
                                    between '"+s_pubdate+"' and '"+e_pubdate+"'");
  //执行 SQL 语句
%>
<table border=3>
  <tr bgcolor=silver><b>
    <td>bookid</td><td>bookname</td><td>author</td><td>publisher</td>
    <td>pubdate</td><td>price</td><td> type</td><td>quantity</td>
  </tr>
<%
    //利用 while 循环将数据表中的记录列出
  while (rs.next()){
%>
  <tr>
    <td><%=rs.getString("bookid") %></td>
    <td><%=rs.getString("bookname") %></td>
    <td><%=rs.getString("author") %></td>
    <td><%=rs.getString("publisher") %></td>
    <td><%=rs.getString("pubdate") %></td>
    <td><%=rs.getString("price") %></td>
```

```
    <td><%=rs.getString("type") %></td>
    <td><%=rs.getString("quantity") %></td>
  </tr>
<%
  }
  rs.close();                                              //关闭 ResultSet 对象
}
  catch(Exception e){
  out.println(e.getMessage());
  }
  stmt.close();                                            //关闭 Statement 对象
  conn.close();                                            //关闭 Connection 对象
%>
</table></center>
</body></html>
```

(4) 代码 ex9-06.jsp 在浏览器中的显示结果如图 9-26 所示。

图 9-26　输出在 2011-6-1 到 2013-6-1 之间出版的图书

9.3.5　复合条件查询

复合条件查询是多个查询条件的查询。

例 9-7

(1) 任务要求：输出数据表 booktable 中某个类别、某时间后出版的图书。在界面(ex9-07.html,见图 9-27)中输入类别和日期,提交给 ex9-07.jsp 处理,输出符合查询条件的图书。其关键查询语句为：

```
"Select * From booktable where type='"+b_
typename+"' and pubdate>='"+e_pubdate+"'"
```

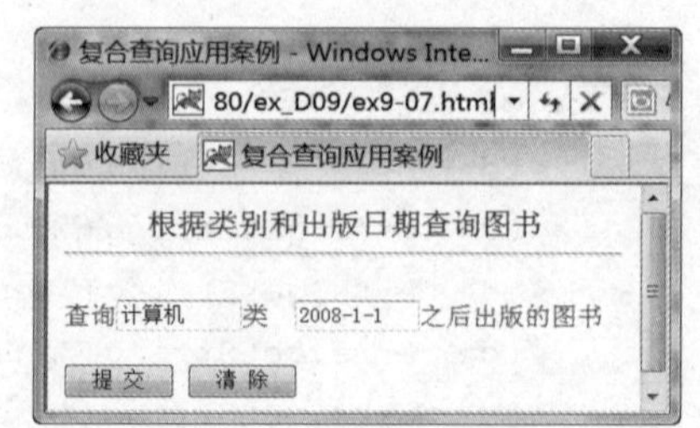

图 9-27　复合条件查询

(2) 代码 ex9-07.html 清单如下：

```
<html><head><title>复合查询应用案例</title
></head>
<body><center>
<font size=4 color=blue>根据类别和出版日期查
```

```
询图书</font></center><hr>
<form method="post" action="ex9-07.jsp"><font color=green>
  查询<input type=text name="typename" size=10  maxlength=10>类
  <input type=text name="endpubdate" size=10  maxlength=10>之后出版的图书<p>
  <input type=submit value=" 提 交 ">
  <input type=reset value=" 清 除 ">
</form></font>
</body></html>
```

(3) 代码 ex9-07.jsp 清单如下:

```
<%@page contentType="text/html; charset=GB2312" %>
<%@page import="java.sql.*" %>
<html><head><title>复合查询</title></head>
<body><center>
<%request.setCharacterEncoding("GB2312");
   String  b_typename=request.getParameter("typename");
   if(b_typename==null){
     b_typename="";
   }
   String  e_pubdate=request.getParameter("endpubdate");
   if(e_pubdate==null){
     e_pubdate="";
   }
%>
<font size=4 color=blue>查询<%=b_typename%>类在<%=e_pubdate%>后出版的图书
</font><hr>
<%
  Class.forName("sun.jdbc.odbc.JdbcOdbcDriver");
  Connection conn=DriverManager.getConnection("jdbc:odbc:bookshoplk","sa","");
  Statement stmt=conn.createStatement();
  try{
  ResultSet rs;                                //建立 ResultSet(结果集)对象
  rs=stmt.executeQuery("Select * From booktable where
type='"+b_typename+"' and pubdate>='"+e_pubdate+"'");
  //执行 SQL 语句
%>
<table border=3>
  <tr bgcolor=silver><b>
    <td>bookid</td><td>bookname</td><td>author</td><td>publisher</td>
    <td>pubdate</td><td>price</td><td> type</td><td>quantity</td>
  </tr>
<%
    //利用 while 循环将数据表中的记录列出
  while (rs.next()){
```

```
%>
  <tr>
    <td><%=rs.getString("bookid") %></td>
    <td><%=rs.getString("bookname") %></td>
    <td><%=rs.getString("author") %></td>
    <td><%=rs.getString("publisher") %></td>
    <td><%=rs.getString("pubdate") %></td>
    <td><%=rs.getString("price") %></td>
    <td><%=rs.getString("type") %></td>
    <td><%-rs.getString("quantity") %></td>
  </tr>
<%
  }
  rs.close();                                    //关闭 ResultSet 对象
}
  catch(Exception e){
  out.println(e.getMessage());
  }
  stmt.close();                                  //关闭 Statement 对象
  conn.close();                                  //关闭 Connection 对象
%>
</table></center>
</body></html>
```

(4) 代码 ex9-07.jsp 在浏览器中的显示结果如图 9-28 所示。

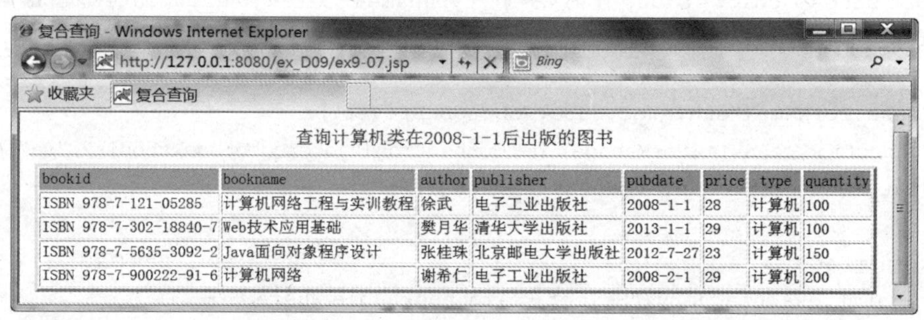

bookid	bookname	author	publisher	pubdate	price	type	quantity
ISBN 978-7-121-05285	计算机网络工程与实训教程	徐武	电子工业出版社	2008-1-1	28	计算机	100
ISBN 978-7-302-18840-7	Web技术应用基础	樊月华	清华大学出版社	2013-1-1	29	计算机	100
ISBN 978-7-5635-3092-2	Java面向对象程序设计	张桂珠	北京邮电大学出版社	2012-7-27	23	计算机	150
ISBN 978-7-900222-91-6	计算机网络	谢希仁	电子工业出版社	2008-2-1	29	计算机	200

图 9-28　输出 2008-1-1 以后出版的计算机类图书

9.3.6　排序查询

在 SQL 语句中应用 Order By 子语句，对查询结果记录进行排序。

例 9-8

(1) 任务要求：在界面(ex9-08.html，见图 9-29)选择排序项目，提交给 ex9-08.jsp 处理，根据用户要求排序输出图书。其关键查询语句为：

```
"Select * From booktable Order By "+s_rname+""
```

表示取出 booktable 表中的所有数据，并按 s_rname 所指明的字段排序。s_rname 是用户选择的排序字段。

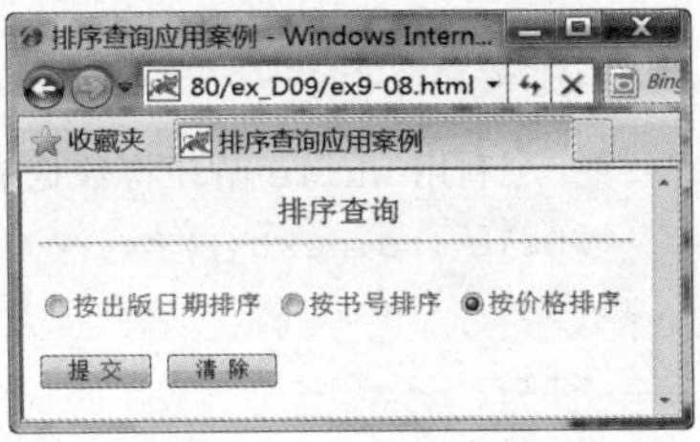

(2) 代码 ex9-08.html 清单如下：

```
<html><head><title>排序查询应用案例</title>
</head>
<body><center>
<font size=4 color=blue>排序查询</font></center><hr>
<form method="post" action="ex9-08.jsp"><font color=green>
  <input type=radio name="rname" value="pubdate" checked>按出版日期排序
  <input type=radio name="rname" value="bookid">按书号排序
  <input type=radio name="rname" value="price">按价格排序<p>
  <input type=submit value=" 提 交 ">
  <input type=reset value=" 清 除 ">
</form></font>
</body></html>
```


图 9-29　选择排序方式

(3) 代码 ex9-08.jsp 清单如下：

```
<%@page contentType="text/html; charset=GB2312" %>
<%@page import="java.sql.* " %>
<html><head><title>排序查询</title></head>
<body><center>
<%request.setCharacterEncoding("GB2312");
   String  s_rname=request.getParameter("rname");
   if(s_rname==null){
     s_rname="";
   }
%>
<font size=4 color=blue>按<%=s_rname%>排序</font><hr>
<%
  Class.forName("sun.jdbc.odbc.JdbcOdbcDriver");
  Connection conn=DriverManager.getConnection("jdbc:odbc:bookshoplk","sa","");
  Statement stmt=conn.createStatement();
  try{
  ResultSet rs;                                      //建立 ResultSet(结果集)对象
  rs=stmt.executeQuery("Select * From booktable Order By "+s_rname+" Desc" );
  //执行 SQL 语句
%>
<table border=3>
  <tr bgcolor=silver><b>
    <td>bookid</td><td>bookname</td><td>author</td><td>publisher</td>
    <td>pubdate</td><td>price</td><td> type</td><td>quantity</td>
```

```
    </tr>
  <%
    //利用 while 循环将数据表中的记录列出
    while (rs.next()){
  %>
    <tr>
      <td><%=rs.getString("bookid") %></td>
      <td><%=rs.getString("bookname") %></td>
      <td><%=rs.getString("author") %></td>
      <td><%=rs.getString("publisher") %></td>
      <td><%=rs.getString("pubdate") %></td>
      <td><%=rs.getString("price") %></td>
      <td><%=rs.getString("type") %></td>
      <td><%=rs.getString("quantity") %></td>
    </tr>
  <%
    }
    rs.close();                                            //关闭 ResultSet 对象
  }
    catch(Exception e){
    out.println(e.getMessage());
    }
    stmt.close();                                          //关闭 Statement 对象
    conn.close();                                          //关闭 Connection 对象
  %>
  </table></center>
  </body></html>
```

(4) 代码 ex9-08.jsp 在浏览器中的显示结果如图 9-30 所示,图书按用户要求的“出版日期”降序排序。

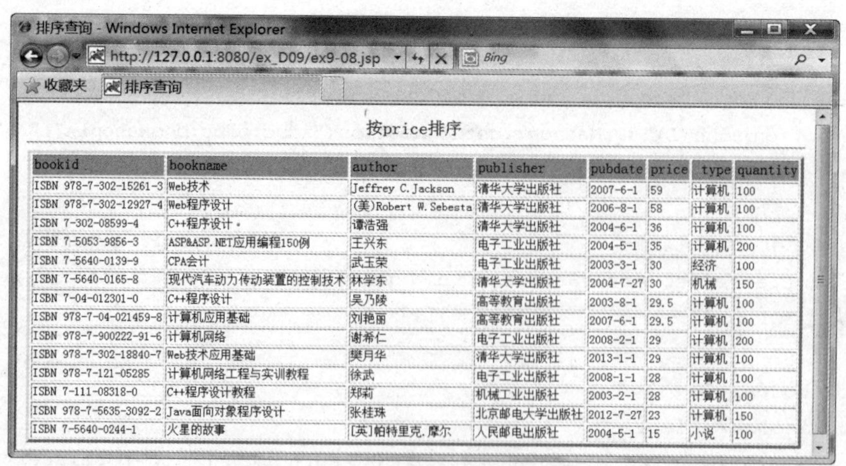

bookid	bookname	author	publisher	pubdate	price	type	quantity
ISBN 978-7-302-15261-3	Web技术	Jeffrey C.Jackson	清华大学出版社	2007-6-1	59	计算机	100
ISBN 978-7-302-12927-4	Web程序设计	(美)Robert W.Sebesta	清华大学出版社	2006-8-1	58	计算机	100
ISBN 7-302-08599-4	C++程序设计	谭浩强	清华大学出版社	2004-6-1	36	计算机	100
ISBN 7-5053-9856-3	ASP&ASP.NET应用编程150例	王兴东	电子工业出版社	2004-5-1	35	计算机	200
ISBN 7-5640-0139-9	CPA会计	武玉荣	电子工业出版社	2003-3-1	30	经济	100
ISBN 7-5640-0165-8	现代汽车动力传动装置的控制技术	林学东	清华大学出版社	2004-7-27	30	机械	150
ISBN 7-04-012301-0	C++程序设计	吴乃陵	高等教育出版社	2003-8-1	29.5	计算机	100
ISBN 978-7-04-021459-8	计算机应用基础	刘艳丽	高等教育出版社	2007-6-1	29.5	计算机	100
ISBN 978-7-900222-91-6	计算机网络	谢希仁	电子工业出版社	2008-2-1	29	计算机	200
ISBN 978-7-302-18840-7	Web技术应用基础	樊月华	清华大学出版社	2013-1-1	29	计算机	100
ISBN 978-7-121-05285	计算机网络工程与实训教程	徐武	电子工业出版社	2008-1-1	28	计算机	100
ISBN 7-111-08318-0	C++程序设计教程	郑莉	机械工业出版社	2003-2-1	28	计算机	100
ISBN 978-7-5635-3092-2	Java面向对象程序设计	张桂珠	北京邮电大学出版社	2012-7-27	23	计算机	150
ISBN 7-5640-0244-1	火星的故事	[英]帕特里克.摩尔	人民邮电出版社	2004-5-1	15	小说	100

图 9-30　按价格排序输出图书记录

9.4 添加记录

1. 使用 SQL 语句添加新记录

使用 SQL 语句在数据库表中添加新纪录。

例 9.9 管理员在界面(ex9-09.html,见图 9-31)输入需要添加到数据库中的新书数据,并把这些数据提交给 ex9-09.jsp 处理。在 ex9-09.jsp 用 SQL 的 Insert 命令向 booktable 数据表插入一条新的图书记录,并显示新添加的记录。其关键语句为:

```
Insert Into booktable (bookid, bookname, author, publisher, pubdate, price, type,
quantity)
Values('"+s_bkid+"','"+s_bkname+"','"+s_authorname+"','"+s_bkpublisher+"','
     "+s_bkpubdate+"','"+s_bkprice+"','"+s_bktype+"',"+s_bkquantity+")";
```

该语句将在 booktable 表中插入一条记录,其中 boolid 字段的值为 s_bkid 项的值,bookname 的值为 s_bkname 项的值,以此类推。

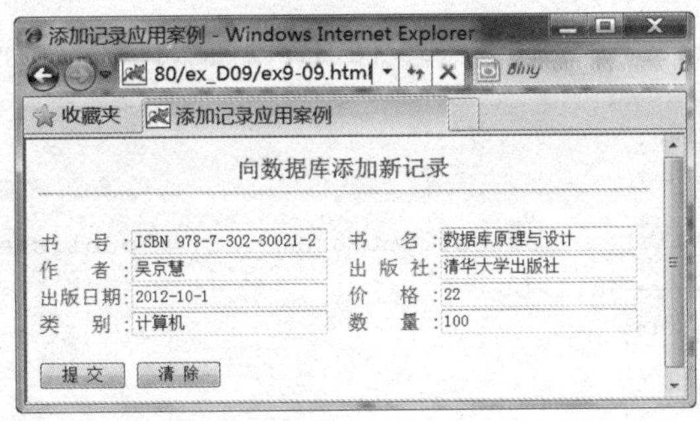

图 9-31 添加新记录

2. 代码 ex9-09.html 清单

```
<html><head><title>添加记录应用案例</title></head>
<body><center>
<font size=4 color=blue>向数据库添加新记录</font></center><hr>
<form method="post" action="ex9-09.jsp"><font color=green>
  书号:<input type=text name="bkid" size=22>
  书名:<input type=text name="bkname" size=22><br>
  作者:<input type=text name="authorname" size=22>
  出版社:<input type=text name="bkpublisher" size=22><br>
  出版日期:<input type=text name="bkpubdate" size=22>
  价格:<input type=text name="bkprice" size=22><br>
  类别:<input type=text name="bktype" size=22>
  数量:<input type=text name="bkquantity" size=22><p>
  <input type=submit value=" 提 交 ">
```

```
  <input type=reset value=" 清 除 ">
</form></font>
</body></html>
```

3. ex9-09.jsp 代码清单

```
<%@page contentType="text/html; charset=GB2312" %>
<%@page import="java.sql.*" %>
<html><head><title>添加记录</title></head>
<body><center>
<%request.setCharacterEncoding("GB2312");
   String  s_bkid=request.getParameter("bkid");
   if(s_bkid==null){
     s_bkid="";
   }
   String  s_bkname=request.getParameter("bkname");
   if(s_bkname==null){
     s_bkname="";
   }
   String  s_authorname=request.getParameter("authorname");
   if(s_authorname==null){
     s_authorname="";
   }
   String  s_bkpublisher=request.getParameter("bkpublisher");
   if(s_bkpublisher==null){
     s_bkpublisher="";
   }
   String  s_bkpubdate=request.getParameter("bkpubdate");
   if(s_bkpubdate==null){
     s_bkpubdate="";
   }
   String  s_bkprice=request.getParameter("bkprice");
   if(s_bkprice==null){
     s_bkprice="";
   }
   String  s_bktype=request.getParameter("bktype");
   if(s_bktype==null){
     s_bktype="";
   }
   String  s_bkquantity=request.getParameter("bkquantity");
   if(s_bkquantity==null){
     s_bkquantity="";
   }
%>
<font size=4 color=blue>新添加的记录</font><hr>
```

```
<%
  String sql;
  Class.forName("sun.jdbc.odbc.JdbcOdbcDriver");
  Connection conn=DriverManager.getConnection("jdbc:odbc:bookshoplk","sa","");
  Statement stmt=conn.createStatement();
  try{
  sql="Insert Into booktable(bookid,bookname,author,publisher,pubdate,price,
  type,quantity)
      Values('"+s_bkid+"','"+s_bkname+"','"+s_authorname+"','"+s_bkpublisher
             +"','"+s_bkpubdate+"','
             "+s_bkprice+"','"+s_bktype+"',"+s_bkquantity+")";
  stmt.executeUpdate(sql);
  ResultSet rs;                                    //建立 ResultSet(结果集)对象
  rs=stmt.executeQuery("Select * From booktable where bookid='"+s_bkid+"'");
  //执行 SQL 语句
%>
<table border=3>
  <tr bgcolor=silver><b>
    <td>bookid</td><td>bookname</td><td>author</td><td>publisher</td>
    <td>pubdate</td><td>price</td><td>type</td><td>quantity</td>
  </tr>
<%
    //利用 while 循环将数据表中的记录列出
  while (rs.next()){
%>
   <tr>
     <td><%=rs.getString("bookid") %></td>
     <td><%=rs.getString("bookname") %></td>
     <td><%=rs.getString("author") %></td>
     <td><%=rs.getString("publisher") %></td>
     <td><%=rs.getString("pubdate") %></td>
     <td><%=rs.getString("price") %></td>
     <td><%=rs.getString("type") %></td>
     <td><%=rs.getString("quantity") %></td>
    </tr>
<%
   }
  rs.close();                                       //关闭 ResultSet 对象
 }
  catch(Exception e){
  out.println(e.getMessage());
  }
  stmt.close();                                     //关闭 Statement 对象
  conn.close();                                     //关闭 Connection 对象
```

```
%>
</table></center>
</body></html>
```

4. 运行结果

代码 ex9-09.jsp 在浏览器中的显示结果如图 9-32 所示。

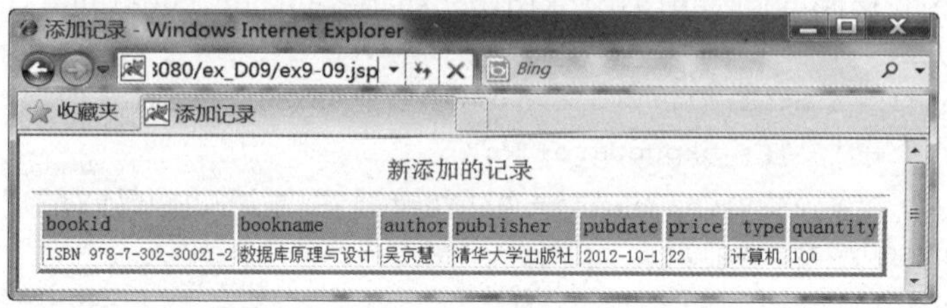

图 9-32 添加并显示新记录

9.5 更新记录

1. 使用 SQL 语句更新记录

使用 SQL 语句更新数据库中的记录，通过 where 子句限定要进行更新的纪录。

例 9.10 管理员在界面(ex9-10.html，见图 9-33)输入需要更新数据的图书书号，并把更新的数据提交给 ex9-10.jsp 处理。在 ex9-10.jsp 用 SQL 的 Update 语句更新记录，并输出更新后的记录。其关键语句为：

```
"update booktable Set quantity='"+s_bkquantity+"' where bookid='"+s_bkid+"'";
```

表示更新 booktable 中的记录，条件是该书的 bookid 等于用户输入的图书号，该书的数量等于用户输入的数量。

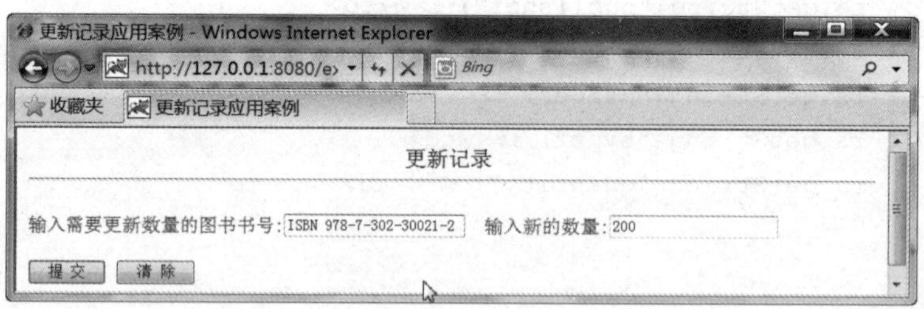

图 9-33 更新记录

2. ex9-10.html 代码清单

```
<html><head><title>更新记录应用案例</title></head>
<body><center>
<font size=4 color=blue>更新记录</font></center><hr>
```

```
<form method="post" action="ex9-10.jsp"><font color=green>
  输入需要更新数量的图书书号:<input type=text name="bkid" size=20> 
  输入新的数量:<input type=text name="bkquantity" size=22><p>
  <input type=submit value=" 提 交 ">
  <input type=reset value=" 清 除 ">
</form></font>
</body></html>
```

3. ex9-10.jsp 代码清单

```
<%@page contentType="text/html; charset=GB2312" %>
<%@page import="java.sql.*" %>
<html><head><title>更新记录</title></head>
<body><center>
<%request.setCharacterEncoding("GB2312");
   String  s_bkid=request.getParameter("bkid");
   if(s_bkid==null){
     s_bkid="";
   }
   String  s_bkquantity=request.getParameter("bkquantity");
   if(s_bkquantity==null){
     s_bkquantity="";
   }
%>
<font size=4 color=blue>更新记录</font><hr>
<%
  String sql;
  Class.forName("sun.jdbc.odbc.JdbcOdbcDriver");
  Connection conn=DriverManager.getConnection("jdbc:odbc:bookshoplk","sa","");
  Statement stmt=conn.createStatement();
  try{
  sql="update booktable Set quantity='"+s_bkquantity+"' where bookid='"+s_bkid
  +"'";
  stmt.executeUpdate(sql);
  ResultSet rs;                                    //建立 ResultSet(结果集)对象
  rs=stmt.executeQuery("Select * From booktable where bookid='"+s_bkid+"'");
  //执行 SQL 语句
%>
<table border=3>
  <tr bgcolor=silver><b>
    <td>bookid</td><td>bookname</td><td>author</td><td>publisher</td>
    <td>pubdate</td><td>price</td><td>type</td><td>quantity</td>
  </tr>
<%
    //利用 while 循环将数据表中的记录列出
  while (rs.next()){
```

```
%>
  <tr>
    <td><%=rs.getString("bookid") %></td>
    <td><%=rs.getString("bookname") %></td>
    <td><%=rs.getString("author") %></td>
    <td><%=rs.getString("publisher") %></td>
    <td><%=rs.getString("pubdate") %></td>
    <td><%=rs.getString("price") %></td>
    <td><%=rs.getString("type") %></td>
    <td><%=rs.getString("quantity") %></td>
  </tr>
<%
  }
  rs.close();                                          //关闭 ResultSet 对象
}
  catch(Exception e){
  out.println(e.getMessage());
  }
  stmt.close();                                        //关闭 Statement 对象
  conn.close();                                        //关闭 Connection 对象
%>
</table></center>
</body></html>
```

4. 更新结果

代码 ex9-10.jsp 在浏览器中的显示结果如图 9-34 所示，书号为 ISBN 978-7-302-30021-2 的图书已经更新为 200 册。

图 9-34　更新后的结果

9.6　删除记录

1. 使用 SQL 语句删除记录

例 9.11　管理员在界面(ex9-11.html，见图 9-35)输入需要删除图书的书号，并把要删除的书号数据提交给 ex9-11.jsp 处理。在 ex9-11.jsp 中，用 SQL 的 Delete 语句将该记录删除，并显示删除后的 booktable 数据表。其关键语句为：

```
"Delete From booktable Where bookid='"+s_bkid
+"'";
```

表示删除 booktable 表中的 bookid 为用户输入书号(s_bkid)的图书。

本例删除刚才添加的书号为 ISBN 978-7-302-30021-2 的图书。

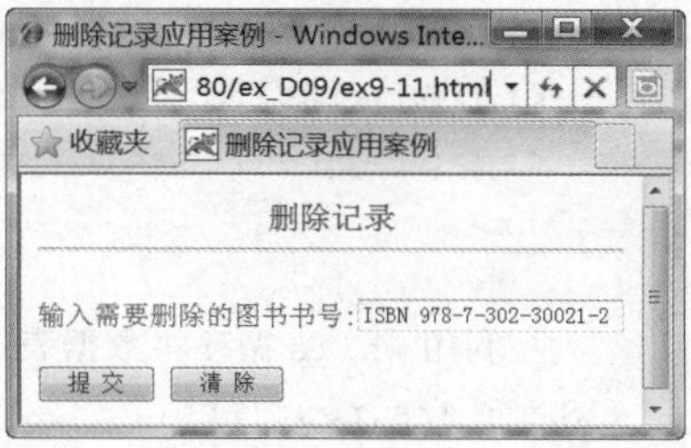

图 9-35 删除记录

2. 代码 ex9-11.html 清单

```
<html><head><title>删除记录应用案例</title></head>
<body><center>
<font size=4 color=blue>删除记录</font></center><hr>
<form method="post" action="ex9-11.jsp"><font color=green>
  输入需要删除的图书书号:<input type=text name="bkid" size=20><p>
  <input type=submit value=" 提 交 ">
  <input type=reset value=" 清 除 ">
</form></font>
</body></html>
```

3. 代码 ex9-11.jsp 清单

```
<%@page contentType="text/html; charset=GB2312" %>
<%@page import="java.sql.* " %>
<html><head><title>删除记录</title></head>
<body><center>
<%request.setCharacterEncoding("GB2312");
   String  s_bkid=request.getParameter("bkid");
   if(s_bkid==null){
     s_bkid="";
   }
%>
<font size=4 color=blue>删除后的记录</font><hr>
<%
  String sql;
  Class.forName("sun.jdbc.odbc.JdbcOdbcDriver");
  Connection conn=DriverManager.getConnection("jdbc:odbc:bookshoplk","sa","");
  Statement stmt=conn.createStatement();
  try{
  sql="Delete From booktable Where bookid='"+s_bkid+"'";
  stmt.executeUpdate(sql);
  ResultSet rs;                                    //建立 ResultSet(结果集)对象
  rs=stmt.executeQuery("Select * From booktable");
  //执行 SQL 语句
%>
<table border=3>
```

```
  <tr bgcolor=silver><b>
    <td>bookid</td><td>bookname</td><td>author</td><td>publisher</td>
    <td>pubdate</td><td>price</td><td>type</td><td>quantity</td>
  </tr>
<%
    //利用 while 循环将数据表中的记录列出
  while (rs.next()){
%>
  <tr>
    <td><%=rs.getString("bookid") %></td>
    <td><%=rs.getString("bookname") %></td>
    <td><%=rs.getString("author") %></td>
    <td><%=rs.getString("publisher") %></td>
    <td><%=rs.getString("pubdate") %></td>
    <td><%=rs.getString("price") %></td>
    <td><%=rs.getString("type") %></td>
    <td><%=rs.getString("quantity") %></td>
  </tr>
<%
  }
  rs.close();                                          //关闭 ResultSet 对象
}
  catch(Exception e){
  out.println(e.getMessage());
  }
  stmt.close();                                        //关闭 Statement 对象
  conn.close();                                        //关闭 Connection 对象
%>
</table></center>
</body></html>
```

4. 删除后的 booktable 数据表

由于删除的是在例 9.9 中添加的记录，所以删除该记录后得数据表仍然如图 9-21 所示。

小　　结

使用 JDBC 连接数据库，完成的主要工作有：

- 与数据库建立连接。
- 发送 SQL 语句。
- 处理结果集。

JDBC 常用的数据库连接方式有 JDBC-ODBC 桥驱动和纯 Java 数据库驱动程序。若使用 JDBC-ODBC 桥连接数据库，把 JDBC API 驱动转换为 ODBC API 驱动，需要先创建数据源对应需要连接的数据库。JDBC 连接数据库的主要步骤有：

(1) 引入 java.sql 包。

(2) 把 JDBC 驱动类载入 java 虚拟机。

(3) 建立连接。

(4) 发送 SQL 语句。

(5) 接收并处理结果集。

(6) 执行 SQL 语句。

(7) 关闭对象释放资源。

与数据库建立连接后，就可以对数据库数据进行各种操作，如查询、插入、更新和删除等。

习题、上机练习与实训 9

一、选择题

1. 与数据库建立连接需要创建(　　)类对象。

A. Statement　　B. resultset

C. Connection　　D. PrepareStatement

2. 与数据库建立连接并操作数据库数据的主要步骤的顺序为(　　)。

①发送 SQL 语句　②与数据库建立连接.　③关闭连接

④载入数据库驱动程序　⑤接受并处理结果集

A. ①②③④⑤　　B. ④②①⑤③　　C. ②④③⑤①　　D. ①②③④⑤

3. 要查询 booktable 表中所有数据，应使用(　　)语句。

A. "Select * From booktable";

B. "Select * From booktable where bookname like '%"+bName+"%'";

C. "Select * From booktable where pubdate between '"+s_pubdate+"' and '"+e_pubdate+"'";

D. "update booktable Set price='"+s_bkprice+"'where bookid='"+s_bkid+"'";

二、简答题

1. 名词解释：数据库、数据库管理系统、数据表、记录、字段。
2. JDBC 的全称和英文名称是什么？
3. JDBC 的功能是什么？
4. 简述 JDBC 的工作原理。
5. 简述 JDBC 数据库连接方式。
6. 简要列出 JDBC 建立数据库的连接步骤。
7. 请写出包含 java.sql 的 Page 指令语句。
8. 请写出加载 JDBC-ODBC 桥驱动程序的语句。

9. 如果数据库 bookshop 的数据源名是 bookshopdsn，用户名是 sa，用户口令是 12345678，请写出与该数据库建立连接的语句。

10. 用 Statement 类的对象向上题的 bookshop 数据库发送 SQL 语句。

三、上机练习

1. 设计一个网上商店（商品种类可以自选），系统功能参考图 9-36，选择其中一个模块，例如商品展示模块。为该模块设计数据库和数据表，例如商品数据表名为 goodsinfo，创建数据库和数据表。

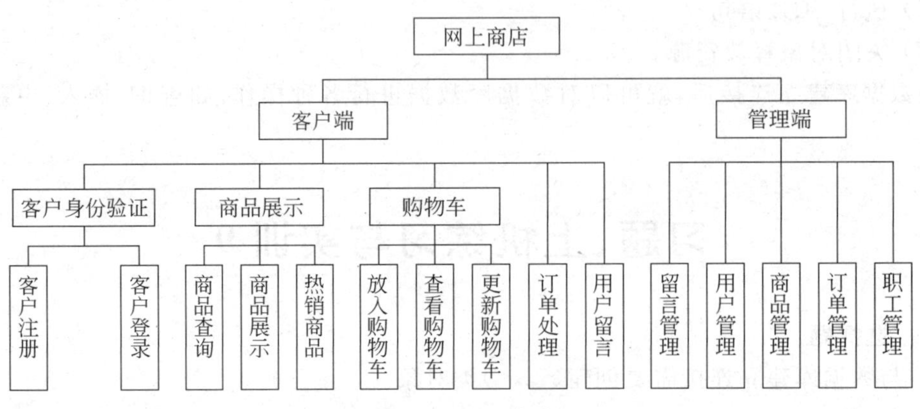

图 9-36　网上商店

2. 使用 JDBC-ODBC 桥与数据库建立连接。
3. 输出网上商店数据库中某张表的表头。
4. 输出网上商店数据库中某张表的第 2 条记录。
5. 输出网上商店数据库中某张表的所有记录。
6. 输出网上商店数据库中某张表中的指定记录。
7. 对网上商店数据库中的记录进行模糊查询。
8. 对网上商店数据库中的记录进行范围查询
9. 把网上商店数据库中某张表的数据逆序输出。
10. 对网上商店数据库中某张表进行插入、删除和更新操作。

四、实训

1. 使用 JSP 技术建立一个班级网站，要求：

（1）建立一个班级数据库，数据库中应有班级的基本信息，如通讯录、成绩单等。

（2）制作一个动态网页。该网页能够接收用户信息，并根据用户要求把后台数据库信息发布到前端的浏览器。

（3）在网页中提供各种查询功能，例如，查询某位同学的学习成绩，计算班级的及格率或优秀率等。

2. 为校园网完成学籍管理软件中学生成绩管理模块的设计与制作，包括学生成绩的浏览、录入、添加、删除、查询和更新等功能。

3. 在本章上机练习的基础上完成网上商店的应用开发，要求有商品浏览和购物车功能。

第10章 Servlet 基础

Servlet 是运行在服务器端的 Java 程序。它是使用 JSP＋Servlet 或 JSP＋Servlet＋JavaBean 开发的 Web 应用系统，跨平台特性非常好，所以 Servlet 技术的应用日益广泛。本章将主要介绍 Servlet 的基本概念、Servlet 代码的编写方法，以及 Servlet 文件目录结构的部署。

学习要点：

(1) 理解 Servlet 的类结构、Servlet 的生命周期和工作过程。

(2) 会在 web. xml 文件中编写 Servlet 路径映射代码。

(3) 熟练部署 Servlet 的文件目录结构。

(4) 掌握编写 Servlet 代码的技术。

(5) 熟练使用 JSP＋Servlet 开发 Web 应用。

(6) 能够使用 JSP＋Servlet＋JavaBean 开发 Web 应用。

第 10 章的 Web 服务目录是 ex_D10，本章所有案例存放在 D:\Tomcat7. 0\webapps\ex_D10 目录下，Servlet 的 class 文件存放在 D:\Tomcat7. 0\webapps\ex_D10\WEB-INF\classes 目录下，部署文件 web. xml 存放在 D:\Tomcat7. 0\webapps\ex_D10\WEB-INF 目录下。

10. 1 Servlet 概述

Servlet 是运行在服务器上的可以处理客户端请求的 Java 程序。

10. 1. 1 Servlet 与 JSP

1. Servlet

Servlet 是运行在服务器端的 Java 程序，本质上是一个特定的 Java 类，除遵循一般 Java 类的规则外，Servlet 还可以接受并响应 HTTP 请求。Servlet 是 javax. servlet. http 包中的 HttpServlet 类的子类，HttpServlet 类实现了 Servlet 接口，执行服务器对客户的响应。

2. JSP

JSP 技术是以 Java Servlet 为基础的，是 Servlet 的一个应用。当客户请求一个 JSP 页面时，JSP 引擎按如下过程执行(参见第 7 章图 7-2)。

(1) 把 JSP 代码转译成 java 源文件，也就是 Servlet 文件。

(2) 编译 java 文件生成字节码文件(.class 文件)。

(3) 字节码文件加载到内存。

(4) 字节码文件在服务器端创建一个 Servlet 对象。

(5) 该 Servlet 对象访问方法，响应客户请求。在多个客户请求同一个 JSP 页面时，服务器启动多个线程响应客户请求。

3. Servlet 与 JSP 的区别

通过对比可见，JSP 技术屏蔽了 Servlet 对象的创建过程。在执行的第一步就转译为 Servlet(Java 程序)，由 JSP 引擎自动完成客户与服务器的响应过程。而 Servlet 是直接编写 Java 程序，由 Java 程序完成客户与服务器的响应过程。

JSP 只能处理浏览器请求，而 Servlet 可以处理客户端应用程序的请求。Servlet 加强了 Web 服务器的功能。

在 Web 应用中，如果页面显示效果比较复杂可首选 JSP 技术，而业务逻辑处理首选 Servlet。使用 JSP+Servlet 技术可以把页面表示交 JSP，业务逻辑由 Servlet 处理，从而可快速、从而可高效、合理地开发 Web 应用。

10.1.2 Servlet 使用示例

例 10.1 按以下步骤制作一个在浏览器中显示“你好！第一个 Servlet。”文字的 Servlet。通过本例读者将掌握 Servlet 的制作过程和调用方法。

1. 编辑 Servlet 源文件

```
Hello.java
package MyServlet;
import java.io.*;
import javax.servlet.*;          //Servlet 需要导入 javax.servlet 包
import javax.servlet.http.*;     //Servlet 需要导入 javax.servlet.http 包
public class Hello extends HttpServlet
                              //Servlet 必须自 javax.servlet.http.HttpServlet 类继承
{
  public Hello() {               //构造函数
    super();
  }
  public void destroy(){         //调用 destroy()方法销毁 Servlet 对象
    super.destroy();
  }
```

```
public void doGet(HttpServletRequest request,HttpServletResponse response)
                                    //doGet()方法响应客户请求
throws ServletException,IOException
{ doPost(request,response);  //确保客户使用何种方式提交,都能正确响应
}
public void doPost(HttpServletRequest request,HttpServletResponse response)
                                    throws ServletException,IOException
{ response.setContentType("text/html;charset=GBK");
                                    //设置响应输出格式,防止输出中文乱码
  PrintWriter out=response.getWriter();
                                    //获得向客户发送数据的输出流
  out.println("<html><head><title>第一个 Servlet</title></head><body>");
  out.println("<h3>你好!第一个 Servlet。</h3><br>");
  out.println("</body></html>");
  out.close();
}
public void init() throws ServletException{
                                    //调用 init()方法初始化 Servlet 对象
 }
}
```

注意：Servlet 必须从 javax. servlet. http. HttpServlet 类继承。

2. 把 Hello. java 编译生成 Hello. class 文件

3. 编辑部署文件 web. xml 实现路径映射

Web 服务目录下的 web. xml 文件管理在同一 Web 服务目录中的 Servlet 对象，通知服务器如何运行 Servlet 和 JSP 文件。可以在文本编辑器中编辑 web. xml 文件，也可以把 Tomcat 的 web. xml 文件复制过来修改。

```
web.xml
  <?xml version="1.0" encoding="ISO-8859-1"?>  //xml 声明
    <web-app                                   //根标记
    xmlns="http://java.sun.com/xml/ns/j2ee" xmlns:xsi="http://www.w3.org/
    2001/XMLSchema-instance"
     xsi:schemaLocation="http://java.sun.com/xml/ns/j2ee http://java.sun.
     com/xml/ns/j2ee/web-app_2_4.xsd"
    version="2.4">
    <servlet>
    <servlet-name>Hello</servlet-name>         //Hello 为 Servlet 对象名字
    <servlet-class>MyServlet.Hello</servlet-class>
                                    //Servlet.Hello 为 Servlet 对象完整类名
    </servlet>
    <servlet-mapping>
        <servlet-name>Hello</servlet-name>
```

```
      <url-pattern>/FirstHello</url-pattern>
                                      ///FirstHello 是客户访问的 Servlet 的 URL
   </servlet-mapping>
 </web-app>
```

4. 部署 Servlet 文件目录结构

部署 Servlet 文件的目录结构，可参见第 2 章的图 2-17。本章的 Web 服务目录设为 ex_D10，在 Web 服务目录的 classes 目录下建立名为 MyServlet 的包文件夹，在 MyServlet 包下存放 Servlet 的 class 文件（读者也可以创建其他 Web 服务目录，建立其他名字的包文件夹），包文件夹的名字要与 java 程序中的包名字一致，如图 10-1 所示。把 web. xml 文件和生成的 Hello. class 文件按图 10-1 的结构存放。

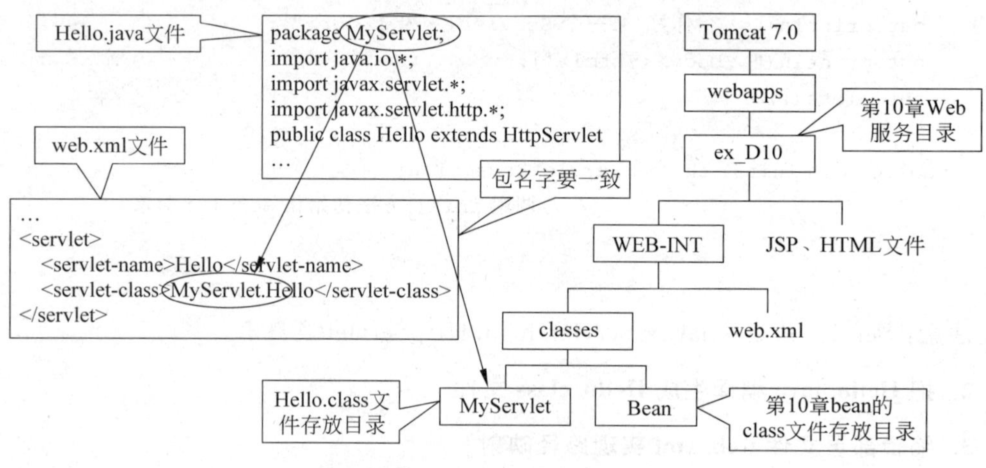

图 10-1　MyServlet 目录结构

注意：一定要按 Tomcat 的要求正确部署 Servlet 目录结构，以免服务器找不到所需文件而无法正确运行。

5. 运行 Servlet

在浏览器地址栏目输入 http://localhost:8080/ex_D10/FirstHello，发出 Servlet 请求，服务器的响应效果如图 10-2 所示。

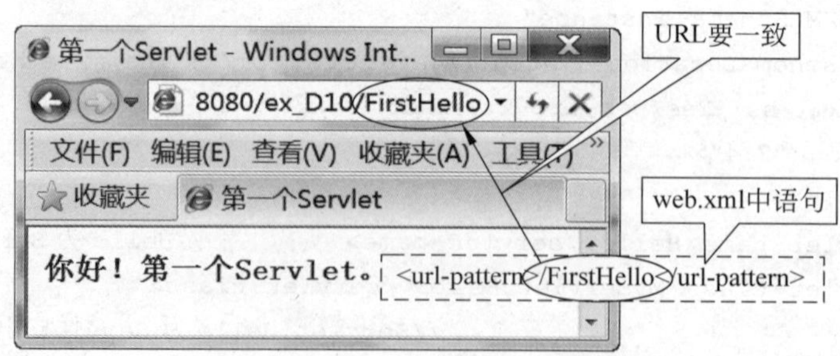

图 10-2　Hello. java 的运行效果

10.2 Servlet 工作机制

Servlet 在服务器端运行，是 javax. servle 包的子类，由 Tomcat 服务器完成 Servlet 的创建和初始化。

10.2.1 Servlet 类结构

Java Servlet API 为 Servlet 提供了 javax. servlet 和 javax. servlet. http 两个扩展包，用来开发 Servlet，它们的作用如下。

(1) javax. servlet 包：控制 Servlet 的生命周期所必需的 Servlet 接口。

(2) javax. servlet. http 包：从 Servlet 接口派生，处理 HTTP 请求的抽象类和一般的工具类。

从例 10.1 中可见 Servlet 是继承 javax. servlet. http. HttpServlet 的 Java 类，继承关系见图 10-3。

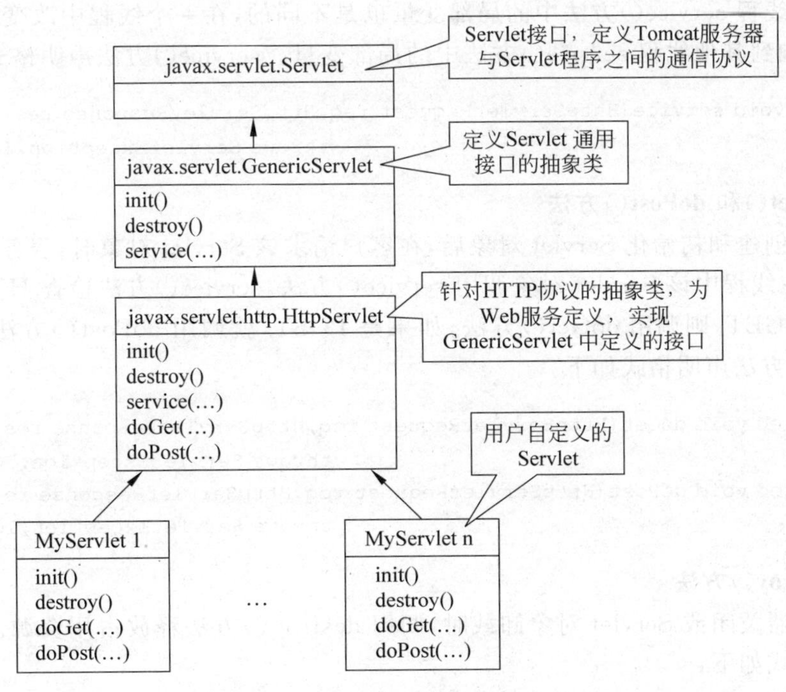

图 10-3 Servlet 接口和类的继承关系

10.2.2 Servlet 成员方法

HttpServlet 类中常用成员方法如下。

1. init()方法

init()方法完成 Servlet 对象的初始化工作。在第一次请求加载某个 Servlet 时,服务器创建一个 Servlet 对象,同时该对象调用 init()方法完成必要的初始化工作,init()方法在 Servlet 的生存期被调用且只被调用一次。服务器在执行 init()方法时,把一个 ServletConfig 类型的对象传递给 init()方法,并将该 ServletConfig 类型的对象保存在 Servlet 对象中,该 ServletConfig 类型对象向服务器传递服务设置信息。如果传递失败,则引发 ServletException 类型异常,Servlet 就不能正常工作。当 Servlet 对象销毁时,该 ServletConfig 类型的对象也被释放。init()方法声明格式如下:

```
public void init(ServletConfig config) throws ServletException;
```

2. service()方法

在服务器成功创建和初始化 Servlet 对象后,该对象就可以调用 service()方法处理客户请求并返回响应。当客户请求 Servlet 对象时,调用该对象的 service()方法,把两个参数传递给 service()方法。其中一个参数是 HttpServletRequest(请求)类型对象,封装了与请求相关的信息;另一个参数是 HttpServletResponse(响应)类型对象,封装了响应信息。服务器为每个调用 Servlet 对象的客户启动一个线程,调用过程在不同线程中各自运行。不同线程 service()方法中的局部变量也是不同的,在一个线程中改变局部变量的值,不会影响到其他线程 service()方法中的局部变量。service()方法声明格式如下:

```
public void service(HttpServletRequest req,HttpServletResponse res)
                                        throws ServletException,IOException;
```

3. doGet()和 doPost()方法

服务器创建和初始化 Servlet 对象后,在客户请求该 Servlet 对象时,服务器会启动一个新线程,在线程中该 Servlet 对象调用 service()方法,service()方法检查 HTTP 请求类型。如果是 GET,则调用 doGet()方法;如果是 POST,就调用 doPost()方法。doGet()和 doPost()方法声明格式如下。

```
protected void doGet(HttpServletRequest req,HttpServletResponse res)
                                        throws ServletException,IOException;
protected void doPost(HttpServletRequest req,HttpServletResponse res)
                                        throws ServletException,IOException;
```

4. destroy()方法

在服务器关闭或 Servlet 对象卸载时,调用 destroy()方法释放占用资源。destroy()方法声明格式如下:

```
public destroy();
```

10.2.3 Servlet 生命周期

Servlet 从创建到销毁过程就是 Servlet 的生命周期,也可以说是 Servlet 的工作过程，见图 10-4。Servlet 经历以下生命过程。

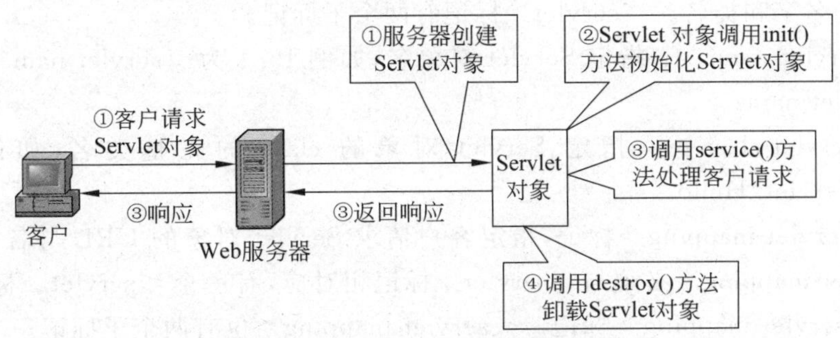

图 10-4　Servlet 生命周期

(1) 客户端发出一个 Servlet 请求，服务器查找内存中是否存在该 Servlet 的对象。如果存在，则直接调用该对象响应请求。如果不存在，服务器创建一个 Servlet 对象。

(2) 如果是第一次请求，则服务器创建的 Servlet 对象调用 init()方法，执行对象必要的初始化工作。

(3) 初始化工作结束后，Servlet 对象处于就绪状态，可以随时响应客户请求。当客户发出 Servlet 请求时，服务器把 HttpServletRequest 类型对象和 HttpServletResponse 类型对象转发给 Servlet，并把这两个对象作为参数传递给 service()方法。service()方法获得请求资源，对请求资源进行判断。如果是 GET 方法提交，则调用 doGet()方法处理请求；如果是 POST 方法提交，则调用 doPost()方法处理请求，然后把响应返回给客户。

(4) 服务器关闭或卸载 Servlet 对象，调用 destroy()方法删除 Servlet 对象，释放内存。

10.2.4　web.xml 部署文件的工作过程

web.xml 实现路径映射，通知服务器如何运行 Servlet 文件。web.xml 部署文件是 XML 文件。

1. XML 文件的格式

XML 文件以 XML 的声明开始，它描述了 XML 文档、版本号、编码信息和其他一些信息。XML 声明格式如下：

```
<?xml version="1.0" encoding="ISO-8859-1"?>
```

XML 文件的标记从表面上看与 HTML 文件一样，都是使用标记来表示数据，但是在本质上它们是不同的。HTML 用标记描述数据的显示方式，例如：<b>显示粗体字</b>，标记<b>将文字显示成粗体字。而 XML 用标记说明数据的含义，例如：<姓名>李明</姓名>，标记<姓名>说明文字“李明”是姓名。XML 文档必须有且只能有一个根标记，位于文件的最外层。web.xml 文件中主要使用的标记如下：

(1) 根标记<web-app>…</web-app>，包含了 web.xml 的所有标记。

(2) <servlet>标记，web.xml 文件可以有多个<servlet>标记，<servlet>标记定义 Servlet 的名字和类名。<servlet>标记有两个子标记。

- <servlet-name>：指定 Servlet 对象名，如例 10.1 为<servlet-name>Hello</servlet-name>。
- <servlet-class>：指定 Servlet 对象的 class 的完整类名，如例 10.1 为 MyServlet.Hello。

(3) <servlet-mapping>标记，指定客户请求 Servlet 对象的 URL 与名字的对应关系。<servlet-mapping>必须与<servlet>标记相对应，有一个<servlet>标记，就有一个对应的<servlet-mapping>标记。<servlet-mapping>也有两个子标记。

- <servlet-name>：指定 Servlet 对象的名字，同一个 Servlet 的名字必须与<servlet>标记中的子标记<servlet-name>的名字相同，通过对象名把 URL 与 class 文件绑定。
- <url-pattern>：指定客户访问 Servlet 的 URL。如果在 web.xml 文件中使用了<url-pattern>/Hello</url-pattern>，则在浏览器地址栏目需要输入 http://localhost:8080/ex_D10/Hello 来执行 Servlet。也可以在<url-pattern>内为 Servlet 起一个别名，例如，如果使用如下语句：

```
<servlet-name>Hello</servlet-name>
<url-pattern>/FirstHello</url-pattern>
```

那么就需要在浏览器地址栏目输入 http://localhost:8080/ex_D10/FirstHello 来执行 Servlet。

如果需要增加 Servlet，只要在 web.xml 文件中增加<servlet>标记和<servlet-mapping>标记就可以了。

2. web.xml 文件的部署过程

web.xml 文件的部署过程如下，见图 10-5。

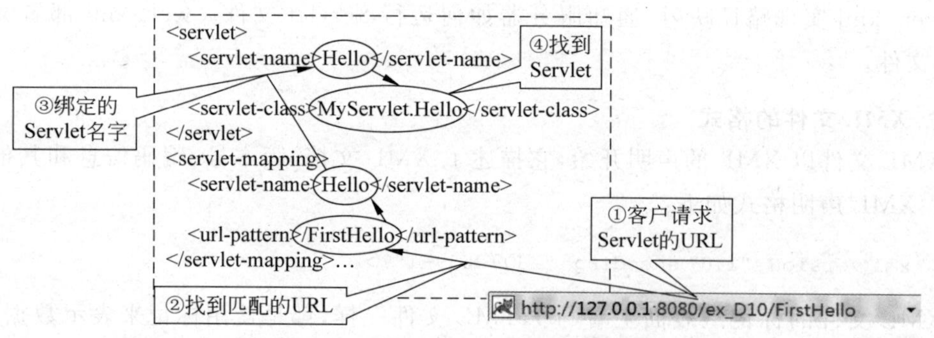

图 10-5　web.xml 文件的部署过程

(1) 客户在浏览器地址栏目发出一个请求 Servlet 的 URL。

(2) 服务器在<servlet-mapping>的子标记<url-pattern>中查找与之匹配的 URL。

(3) 根据<servlet-mapping>的子标记<servlet-name>值，在<servlet>的子标记<servlet-name>中查找与之对应的值。

(4) 在该<servlet>的子标记<servlet-class>中的 class 文件即为要执行的 Servlet。

10.2.5 调用 Servlet 的方法

创建一个 Servlet 后，可以有多种方法来调用它。

(1) 在浏览器地址栏目直接调用，如例 10.1。

(2) 使用表单或超链接调用 Servlet。

(3) 在 JSP 页面中调用 Servlet。

10.3 浏览器地址栏目 URL 调用 Servlet

例 10.2 制作一个 Servlet，输出客户请求信息，采用在浏览器地址栏目输入 URL 的方式调用 Servlet。Servlet 的文件名为 ex10_02.java。

1. ex10_02.java 代码清单

```
ex10_02.java
package MyServlet;
import java.io.*;
import javax.servlet.*;
import javax.servlet.http.*;
public class ex10_02 extends HttpServlet
{
  public void doGet(HttpServletRequest request,HttpServletResponse response)
                                        throws ServletException,IOException
  { ServletConfig Config=getServletConfig();
    response.setContentType("text/html;charset=GBK");
    PrintWriter out=response.getWriter();
    out.println("<html><head><title>浏览器地址栏目 URL 调用 Servlet</title>
    </head><body>");
    out.println("输出 request 信息<hr>");
    out.println("客户提交信息方式:"+request.getMethod()+"<br>");
    out.println("请求 URL:"+request.getRequestURL()+"<br>");
    out.println("客户端协议名和版本号:"+request.getProtocol()+"<br>");
    out.println("客户机的 IP 地址:"+request.getRemoteAddr()+"<br>");
    out.println("服务器端口号:"+request.getServerPort()+"<br>");
    out.println("Servlet 名字:"+Config.getServletName()+"<br>");
    out.println("</body></html>");
    out.close();
```

```
    }
}
```

编译 ex10_02.java 生成 class 文件，并把 class 文件保存在 D:\Tomcat 7.0\webapps\ex_D10\ WEB-INF\classes\MyServlet 目录下。

2. 在 web.xml 文件中添加代码

```
web.xml
...
<servlet>
    <servlet-name>ex10_02</servlet-name>
    <servlet-class>MyServlet.ex10_02</servlet-class>
  </servlet>
  <servlet-mapping>
    <servlet-name>ex10_02</servlet-name>
    <url-pattern>/ex10_02</url-pattern>
  </servlet-mapping>
...
```

3. 运行 Servlet

在浏览器地址栏目输入 http://localhost:8080/ex_D10/ex10_02，运行效果如图 10-6 所示。

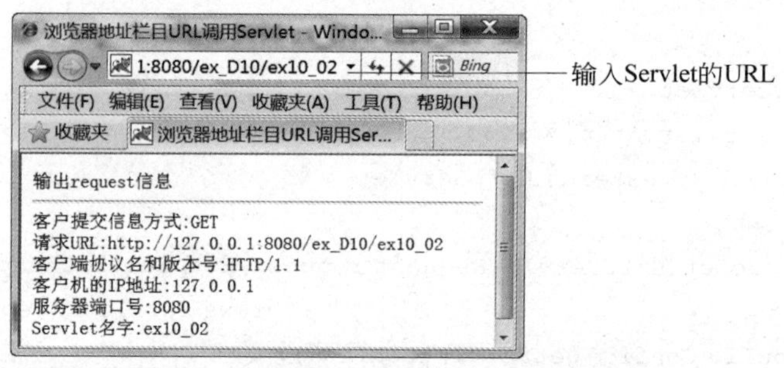

图 10-6 浏览器地址栏目 URL 调用 Servlet

10.4 使用表单或超链接调用 Servlet

在 HTML 页面中调用 Servlet，由 HTML 页面负责数据显示，Servlet 负责业务逻辑处理。

10.4.1 调用 Servlet 接受表单提交数据

例 10.3 制作一个 Servlet，接受表单提交的数据。页面文件名 ex10-03.html，Servlet 的文件名为 ex10_03.java。

1. ex10-03.html 代码清单

```
<%@page contentType="text/html; charset=GB2312" %>
<html><head><title>HTML 文件中调用 Servlet</title></head>
<body><center>
<form method="post" action="ex10_03">      //表单数据提交给名为 ex10_03 的 Servlet
  <font size=4 color=blue>HTML 文件中调用 Servlet</center><hr>
  请输入姓名：<input type=text name="userName" size=15 maxlength=15><p>
  <input type=submit value=" 提 交 ">
  <input type=reset value=" 清 除 "></font>
</form>
</body></html>
```

2. ex10_03.java 代码清单

```
package MyServlet;
import java.io.*;
import javax.servlet.*;
import javax.servlet.http.*;
public class ex10_03 extends HttpServlet
{
  public void doPost(HttpServletRequest request,HttpServletResponse response)
                                       throws ServletException,IOException
  {
    response.setContentType("text/html;charset=GBK");
                              //设置响应输出编码格式,防止输出中文乱码
    request.setCharacterEncoding("GBK");
                              //设置读取表单数据的编码格式,防止数据读入中文乱码
    PrintWriter out=response.getWriter();
    String userName;                          获得表单userName文本框数据
    userName=request.getParameter("userName");
    out.println("<html><head><title>HTML 文件中调用 Servlet</title></head>
    <body>");
    out.println("<h3>HTML 文件中调用 Servlet</h3><hr>");
    out.println(userName+":你好!<br>");
    out.println("</body></html>");
    out.close();
  }
}
```

编译 ex10_03.java 生成 class 文件，并把 ex10_03.class 文件保存在 D:\Tomcat 7.0\webapps\ ex_D10\WEB-INF\classes\MyServlet 目录下。

3. 在 web.xml 文件中添加代码

```
…
<servlet>
    <servlet-name>ex10_03</servlet-name>
    <servlet-class>MyServlet.ex10_03</servlet-class>
  </servlet>
  <servlet-mapping>
    <servlet-name>ex10_03</servlet-name>
    <url-pattern>/ex10_03</url-pattern>
  </servlet-mapping>
…
```

4. 在 HTML 页面中调用 Servlet

运行 ex10-03.html，在文本框中输入姓名，见图 10-7(a)。单击“提交”按钮运行 Servlet，运行效果如图 10-7(b)所示。

(a) 输入姓名

(b) 运行效果

图 10-7 Servlet 处理表单信息

10.4.2 使用超链接调用 Servlet

例 10.4 使用超链接调用 Servlet。HTML 的文件名为 ex10-04.html，页面中的超链接调用例 10.1 中的 Servelet 别名为 FirstHello，程序名为 Hello.java。ex10-04.html 代码清单如下。

```
<%@page contentType="text/html; charset=GB2312" %>
<html><head><title>HTML 页面中使用超链接调用 Servlet</title></head>
<body>
  <h3>使用超链接调用 Servlet<hr>
  <a href="FirstHello">调用 Serflet(FirstHello)</a></h3>
</body></html>
```

调用Servlet

由于 FirstHello 的 URL 已经在 web.xml 文件中配置好，class 文件也已生成，并存储在 ex_D10\WEB-INF\classes\MyServlet 目录下，所以直接运行 ex10-04.html，单击页面中超链接调用 Servlet，运行效果如图 10-8 所示。

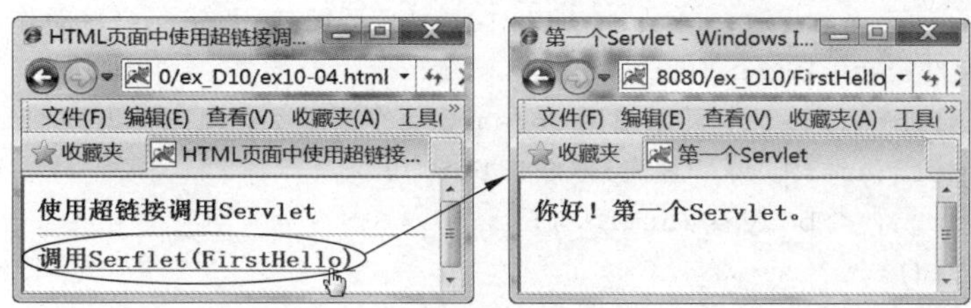

图 10-8　使用超链接访问 Servlet

10.5　JSP 页面中调用 Servlet

在 JSP 页面使用 forward 动作调用 Servlet。

例 10.5　在 ex10-05.jsp 页面中使用 forward 动作调用 Servlet，把参数 userName 的值传递给 Servlet 显示，Servlet 文件名为 ex10_5.java。

1. ex10-05.jsp 代码清单

```
<%@page contentType="text/html; charset=GBK" %>
<%request.setCharacterEncoding("GB2312");%>
<html><head><title>JSP 页面中使用 forward 动作调用 Servlet</title></head>
<body>
<jsp:forward page="/ex10_05">              使用forward动作调用Servlet
  <jsp:param name="userName" value="张三"/>
</jsp:forward>                              向Servlet传递参数值
</body></html>
```

2. ex10_05.java 代码清单

```
package MyServlet;
import java.io.*;
import javax.servlet.*;
import javax.servlet.http.*;
public class ex10_05 extends HttpServlet
{
  public void doGet(HttpServletRequest request,HttpServletResponse response)
                                        throws ServletException,IOException
  {
    response.setContentType("text/html;charset=GBK");
    request.setCharacterEncoding("GBK");
    PrintWriter out=response.getWriter();        获得JSP页面传递来的参数值
    String userName;
    userName=request.getParameter("userName");
```

```
    out.println("<html><head><title>JSP 页面使用 forward 动作调用 Servlet</
    title></head><body>");
    out.println("<h3>JSP 页面使用 forward 动作调用 Servlet</h3><hr>");
    out.println(userName+"客户:你好!<br>");
    out.println("</body></html>");
    out.close();
  }
}
```

编译 ex10_05.java 生成 class 文件,并把 ex10_05.class 文件保存在 D:\Tomcat 7.0\webapps\ ex_D10\WEB-INF\classes\MyServlet 目录下。

3. 在 web.xml 文件中添加代码

```
web.xml
<servlet>
  <servlet-name>ex10_05</servlet-name>
  <servlet-class>MyServlet.ex10_05</servlet-class>
</servlet>
<servlet-mapping>
  <servlet-name>ex10_05</servlet-name>
  <url-pattern>/ex10_05</url-pattern>
</servlet-mapping>
```

4. 运行 JSP 页面调用 Servlet

运行 ex10-05.jsp 调用 Servlet,运行效果如图 10-9 所示。

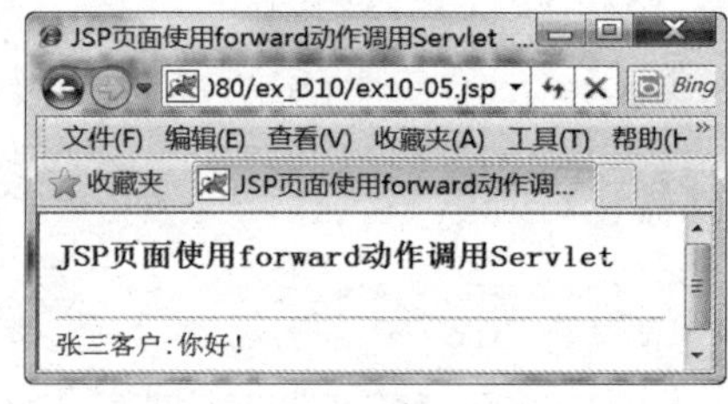

图 10-9 使用 forward 动作调用 Servlet

10.6 JSP 开发的两种模式

常用的 JSP 开发模式有两种,模式 1:JSP+JavaBean 和模式 2:JSP+Servlet+JavaBean。模式 2 也称 MVC(Model-View-Controller)模式。

10.6.1 JSP+JavaBean 模式

在 JSP+JavaBean 模式中,JSP 页面为控制中心,负责接受请求、返回响应,调用 bean 等工作;JavaBean 负责数据和业务逻辑处理。JSP+JavaBean 模式的工作过程如图 10-10 所示。具体步骤如下:

(1) 客户端浏览器发出请求。

(2) JSP 页面接受请求访问 JavaBean。

(3) JavaBean 进行业务逻辑处理。如果需要访问数据库,由 JavaBean 连接数据库,访问数据库，并将访问结果返回给 JSP 页面。

(4) JSP 页面将响应返回给客户端的浏览器。

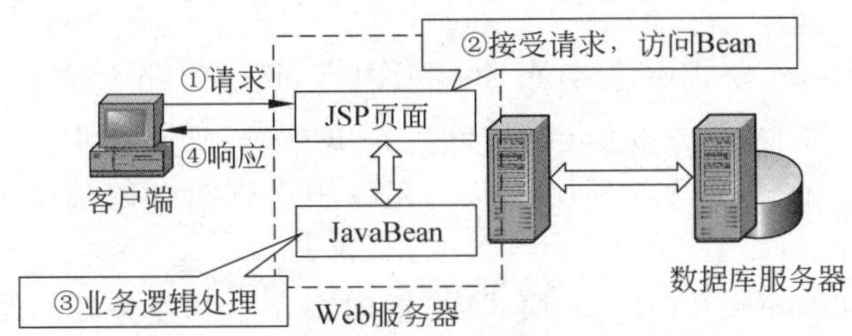

图 10-10　JSP＋JavaBean 模式的工作过程

10.6.2　JSP＋Servlet＋JavaBean 模式

MVC 模式具有模型、视图和控制器三部分。

- 模型(model)：一个或多个 JavaBean，定义数据模型和相关操作。
- 视图(View)：一个或多个 JSP 页面，使用 HTML 标记和调入 JavaBean 的标记，主要提供数据显示，处理图形界面。
- 控制器(Controller)：一个或多个 Servlet，负责协调模型和视图的工作关系，根据视图提交请求进行数据处理操作，并把相关结果存储到 JavaBean 中。

在 JSP＋Servlet＋JavaBean 模式中，Servlet 为控制中心，协调客户请求、JavaBean、JSP 和响应等工作。Servlet 负责接受请求，根据请求调用 bean；JavaBean 负责数据和业务逻辑处理。JSP＋Servlet＋JavaBean 模式工作过程如图 10-11 所示。具体步骤如下。

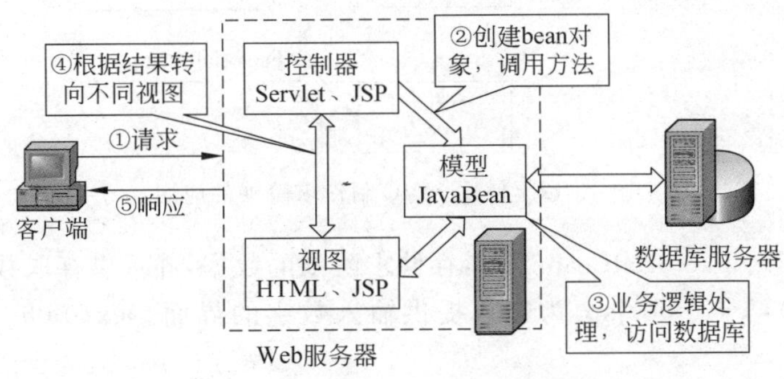

图 10-11　JSP＋Servlet＋JavaBean 模式的工作过程

(1) 客户端浏览器发出请求。

(2) Servlet 接受请求，根据请求创建 JavaBean 对象，调用 bean 中的方法。

(3) JavaBean 封装数据表示和业务逻辑处理。如果需要访问数据库，则由 JavaBean 连接数据库，访问数据库。

(4) Servlet 根据结果转向不同的 JSP 或 HTML 页面。

(5) JSP 页面将响应返回给客户端的浏览器。

10.6.3 两种模式的比较

(1) JSP+JavaBean 模式中,JSP 页面显示内容,JavaBean 负责数据封装和业务逻辑处理,开发过程比较简单,部署方便;但是分工不够细致,使得 JSP 页面中可能含有 Java 代码,维护比较困难,程序执行效率比较低。在应用不很复杂的情况下,可以选用 JSP+JavaBean 模式。

(2) 在 JSP+Servlet+JavaBean 模式中,把内容显示和业务处理逻辑完全分开。JSP 页面负责页面内容生成,不包含任何处理逻辑;Servlet 负责创建 JavaBean 并调用相关方法,以及请求结果的转向;JavaBean 负责数据封装。模式 2 的三个模块分工清晰,易于划分开发角色,更新维护方便。在大型复杂应用情况下可选用模式 2 结构,但是其开发过程相对复杂,需要专门配置路径,部署有一定的难度。

在实际应用中模式 1 与模式 2 都很实用,开发者可以根据需要选用。

10.6.4 MVC 模式应用案例

例 10.6 使用 MVC 模式制作一个求阶乘的应用,结构见图 10-12。客户在 ex10-06.jsp 页面输入一个整数,单击"提交"按钮,由 ex10_06.java 接收数字,求阶乘,调用 JavaBean(程序名:FactorialBean.java)把数据存储在 JavaBean 中,并将页面转发到 ex10-06_1.jsp 页面显示结果。

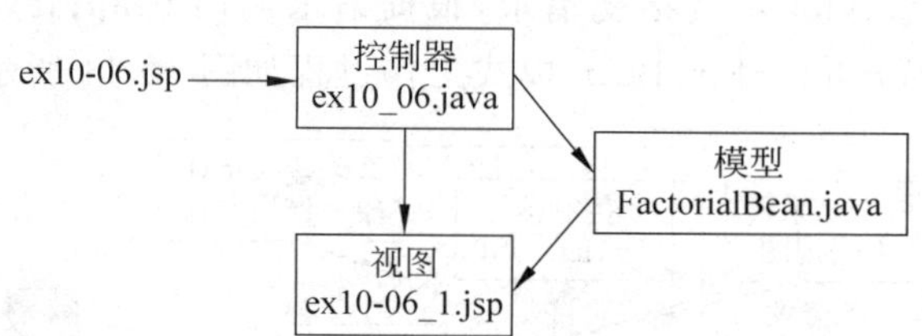

图 10-12 使用 MVC 制作求阶乘的应用

模型(Model):FactorialBean.java,存储求阶乘的数据,并提供存取数据的方法。

视图(View):ex10-06.jsp,为客户提供输入数字的界面。ex10-06_1.jsp 显示阶乘结果。

控制器(Controller):ex10_06.jsp,接收视图提交数字,求出阶乘,把数据存入 JavaBean,并将页面转发到 ex10-06_1.jsp 页面显示结果。

1. 文件存放路径

编译 FactorialBean.java 和 ex10_06.java 生成 class 文件。然后把 FactorialBean.class 文件存放在 Tomcat7.0\webapps\ex_D10\WEB-INF\ classes\bean 目录下,把 ex10_06.class 文件存放在 Tomcat7.0\webapps\ex_D10\WEB-INF\ classes\MyServlet 目录下。

2. 模型(JavaBean)

```
FactorialBean.java
package bean;
public class FactorialBean{
  int mult,fact;
  public void setMult(int m){
    mult=m;
  }
  public int getMult(){
    return mult;
  }
  public void setFact(int f){
    fact=f;
  }
  public int getFact(){
    return fact;
  }
}
```

3. 视图(JSP 页面)

```
ex10-06.jsp
<%@page contentType="text/html; charset=GBK" %>
<html><head><title>JSP+Servlet+JavaBean 求阶乘</title></head>
<body><center>
<form method=post action="ex10_06">
  <font size=4 color=blue>JSP+Servlet+JavaBean 求阶乘</center><hr>
  请输入数字：<input type="text" name="number" size=15 maxlength=15><p>
  <input type=submit value=" 提 交 ">
  <input type=reset value=" 清 除 "></font>
</form>
</body></html>
ex10-06_1.jsp
<%@page contentType="text/html; charset=GB2312" %>
<%@page import="bean.FactorialBean"%>
<jsp:useBean id="myFact" type="bean.FactorialBean" scope="request"/>
<html><head><title>JSP+Servlet+JavaBean 求阶乘</title></head>
<body>输出阶乘
  <jsp:getProperty name="myFact" property="mult"/>!=
  <jsp:getProperty name="myFact" property="fact"/>
</body></html>
```

4. 控制器(Servlet)

```
ex10_06.java
package MyServlet;
import bean.FactorialBean;
import java.io.*;
import javax.servlet.*;
import javax.servlet.http.*;
public class ex10_06 extends HttpServlet
{
  public void doPost(HttpServletRequest request,HttpServletResponse response)
                                              throws ServletException,IOException
  {
    int m,f=1;
    FactorialBean fac=new FactorialBean();
    request.setAttribute("myFact",fac);
    m=Integer.parseInt(request.getParameter("number"));
    fac.setMult(m);
    for(int i=1;i<=m;i++)
      f=f*i;
    fac.setFact(f);
    RequestDispatcher dispatcher=request.getRequestDispatcher("/ex10-06_1.jsp");
    dispatcher.forward(request,response);
  }
  public void doGet(HttpServletRequest request,HttpServletResponse response)
                                              throws ServletException,IOException
  { doPost(request,response); }
}
```

5. 在 web.xml 文件中添加代码

```
web.xml
<servlet>
    <servlet-name>ex10_06</servlet-name>
    <servlet-class>MyServlet.ex10_06</servlet-class>
  </servlet>
  <servlet-mapping>
    <servlet-name>ex10_06</servlet-name>
    <url-pattern>/ex10_06</url-pattern>
</servlet-mapping>
```

6. 运行

运行例 10-6 显示结果如图 10-13 所示。

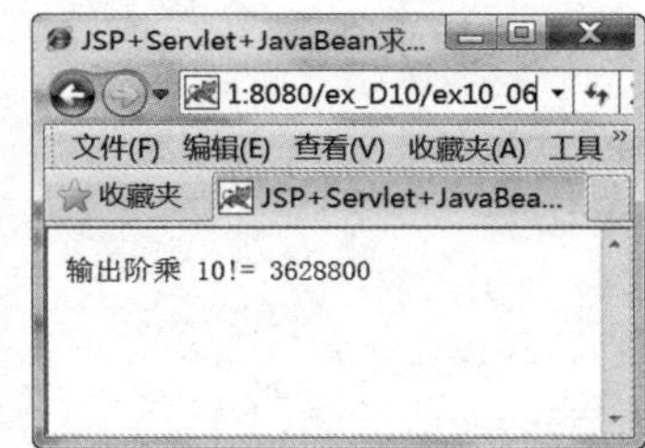

图 10-13 MVC 案例运行结果

10.7 Servlet 应用——客户信息验证

例 10.7 制作一个由 Servlet 验证客户输入姓名和密码的应用。ex10-07.jsp 页面上的表单接受客户姓名和密码，表单信息提交给名为 ex10_07.java 的 Servlet 验证其正确性。如果信息正确则转到名为 ex10_07_1.java 的 Servlet，显示客户登录成功信息。如果输入信息不正确，则转向 ex10-07_2.java 页面，要求客户重新输入。运行结果如图 10-14 所示。

图 10-14 Servlet 验证客户信息

1. ex10-07.jsp 代码清单

```
<%@page contentType="text/html; charset=GBK" %>
  <html><head><title>调用 Servlet 验证客户信息</title></head>
  <body><center>
  <form method=post action="ex10_07">              //调用 ex10_07
    <font size=4 color=blue>调用 Servlet 验证客户信息</center><hr>
    请输入姓名：<input type=text name="userName" size=15 maxlength=15><p>
    请输入密码：<input type="password" name="userPass" size=15 maxlength=15><p>
    <input type=submit value=" 提 交 ">
    <input type=reset value=" 清 除 "></font>
</form>
</body></html>
```

2. ex10_07.java 代码清单

```
ex10_07.java
package MyServlet;
import java.io.*;
import javax.servlet.*;
import javax.servlet.http.*;
public class ex10_07 extends HttpServlet
{
  public void doPost(HttpServletRequest request,HttpServletResponse response)
                                                   throws ServletException,IOException
  {
    response.setContentType("text/html;charset=GBK");
    request.setCharacterEncoding("GBK");
    PrintWriter out=response.getWriter();
    String userName,userPass;
    userName=request.getParameter("userName");
    userPass=request.getParameter("userPass");
    if(userName.equals("张三")&&userPass.equals("123456")){
      //如果输入正确转发到 ex10_07_1 显示登录成功信息
      RequestDispatcher dispatcher=request.getRequestDispatcher("ex10_07_1");
      dispatcher.forward(request,response);
    }
    else                    //如果输入不正确重新定向到 ex10-07_2.jsp 页面,要求重新输入
      response.sendRedirect("ex10-07_2.jsp");
    out.println("<html><body>");
    out.println("</body></html>");
    out.close();
  }
}
```

注意：转发与重新定向的区别。

(1) 在 JSP 和 Servlet 中的页面重新定向调用 response 对象的 sendRedirect("URL")方法,需要通过网络往返请求与响应。Servlet 响应客户请求、处理数据后,浏览器可能调用 sendRedirect("URL")方法,发出一个新的请求,把客户重新定向到新的 Servlet 或 JSP 页面,同时浏览器地址栏目也将显示新资源的地址,新页面可以独立访问。重新定向不能把 HttpServletResponse 和 HttpServletRequest 对象传递给新资源。

(2) 转发是在服务器端进行的,不涉及任何网络数据流。RequestDispatcher 对象可以把客户当前 JSP 页面或 Servlet 请求转发给另一个 JSP 页面或 Servlet,并将当前 JSP 页面或 Servlet 的 HttpServletResponse 和 HttpServletRequest 对象传递给新资源。例如,调用 forward()方法从 ex10_07 转发到 ex10_07_1,浏览器地址栏目还是原地址 ex10_07,并把客户输入数据“张三”从 ex10_07 传递到 ex10_07_1 中显示。

3. ex10_07_1.java 代码清单

```
ex10_07_1.java
package MyServlet;
import java.io.*;
import javax.servlet.*;
import javax.servlet.http.*;
public class ex10_07_1 extends HttpServlet
{
  public void doPost(HttpServletRequest request,HttpServletResponse response)
                                            throws ServletException,IOException
  {
    response.setContentType("text/html;charset=GBK");
    request.setCharacterEncoding("GBK");
    PrintWriter out=response.getWriter();
    String userName;
    userName=request.getParameter("userName");
    out.println("<html><head><title>调用 Servlet 页面重新定向</title></head>
    <body>");
    out.println(userName+"你好!祝贺登录成功!");
    out.println("</body></html>");
    out.close();
  }
}
```

编译 ex10_07.java 和 ex10_07_1.java 生成 class 文件,并把 class 文件保存在 D:\Tomcat 7.0\webapps\ ex_D10\WEB-INF\classes\MyServlet 目录下。

4. ex10-07_2.jsp 代码清单

```
ex10-07_2.jsp
<%@page contentType="text/html; charset=GBK" %>
<html><head><title>调用 Servlet 验证客户信息</title></head>
<body><center>
<form method=post action="ex10_07">
  <font size=4 color=blue>输入不正确,请重新输入</center><hr>
  请输入姓名:<input type=text name="userName" size=15 maxlength=15><p>
  请输入密码:<input type="password" name="userPass" size=15 maxlength=15><p>
  <input type=submit value=" 提 交 ">
  <input type=reset value=" 清 除 "></font>
</form>
</body></html>
```

5. 在 web.xml 文件中添加代码

```
web.xml
```

```
<servlet>
  <servlet-name>ex10_07</servlet-name>
  <servlet-class>MyServlet.ex10_07</servlet-class>
</servlet>
<servlet-mapping>
  <servlet-name>ex10_07</servlet-name>
  <url-pattern>/ex10_07</url-pattern>
</servlet-mapping>
<servlet>
  <servlet-name>ex10_07_1</servlet-name>
  <servlet-class>MyServlet.ex10_07_1</servlet-class>
</servlet>
<servlet-mapping>
  <servlet-name>ex10_07_1</servlet-name>
  <url-pattern>/ex10_07_1</url-pattern>
</servlet-mapping>
```

6. 运行 ex10-07.jsp

运行结果显示如图 10-14 所示。

小　　结

Servlet 是运行在服务器端的特定的 Java 类，Servlet 必须自 javax. servlet. http. HttpServlet 继承。Servlet 制作过程如下：

(1) 编写 Servlet 代码，以下代码行一般可以照搬。

```
package yyy;          用户自定义包名
import java.io.*;
import javax.servlet.*;
import javax.servlet.http.*;
public class xxx extends HttpServlet
{                     用户自定义Servlet名
  public void doPost(HttpServletRequest request,HttpServletResponse response)
                                    throws ServletException,IOException
  {                   根据HTTP方式选择doPost()或doGet()方法
    response.setContentType("text/html;charset=GBK");
                          //设置响应输出编码格式,防止输出中文乱码
    request.setCharacterEncoding("GBK");
                          //设置读取表单数据的编码格式,防止数据读入中文乱码
    PrintWriter out=response.getWriter();
  …
```

(2) 在 web.xml 文件中为每个 Servlet 添加路径映射代码。

```
<servlet>
  <servlet-name>xxx</servlet-name>
  <servlet-class>yyy.xxx</servlet-class>
</servlet>
<servlet-mapping>
  <servlet-name>xxx</sexrvlet-name>
  <url-pattern>/zzz</url-pattern>
</servlet-mapping>
```

自定义Servlet名

Servlet完整类名

用户访问Servlet的URL

(3) 部署 Servlet 文件目录结构。

一般可用以下几种方法调用 Servlet：

(1) 在浏览器地址栏目直接调用。

(2) 使用表单或超链接调用 Servlet。

(3) 在 JSP 页面中调用 Servlet。

习题、上机练习与实训 10

一、选择题

1. Servlet 是从(　　)类继承的。

A. java.io　　B. HttpServletResponse

C. HttpServlet　　D. HttpServletRequest

2. 服务器创建 Servlet 对象时，调用(　　)方法初始化 Servlet 对象。

A. service()　　B. doPost()　　C. destroy()　　D. init()

3. 如果一个 Servlet 的程序名为 FirstServlet.java，class 文件存放在"\WEB-INF\classes\star"目录下，在 web.xml 文件中的相关语句是：＜url-pattern＞/MyFirstServlet＜/url-pattern＞，那么客户在浏览器地址栏目输入()调用该 Servlet。

A. http://localhost:8080/star/MyFirstServlet

B. http://localhost:8080/star/FirstServlet

C. http://localhost:8080/star/FirstServlet.java

D. http://localhost:8080/star/MyFirstServlet.class

4. JSP 页面中有语句：＜form method="post" action="MyServlet"＞，在 MyServlet 中的 service()方法调用()方法响应 HTTP 请求。

A. doGet()　　B. getWriter()　　C. doPost()　　D. destroy()

二、简答题

1. 简述 Servlet 与 JSP 的关系。

2. 简述 Servlet 类的结构。

3. Servlet的生命周期主要有哪几个过程？

4. 简述web.xml在Servlet中的作用。

5. HTML标记与XML标记有何区别？

6. 为部署Servlet的路径，在web.xml文件中必须使用哪些标记？

7. 重新定向和转发的区别是什么？

8. 图示运行Servlet文件的目录结构。

三、上机练习

1. 制作一个Servlet，显示一段文字，在浏览器地址栏目调用该Servlet。

2. 制作一个Servlet计算阶乘n!，客户在表单中输入要计算的数字，Servlet计算后向客户显示结果。

3. 使用超链接调用求阶乘n!的Servlet。

4. 制作一个处理客户请求的Servlet，页面上提供不同的旅游线路，Servlet根据客户的选择转发到不同的Servlet，针对不同要求进行处理。

四、实训课题

1. 使用Servlet制作一个留言板。

2. 使用Servlet制作一个购物车。

第11章 网上书店的实现

网上书店的系统分析与设计已在第3章完成，部分环节的实现也在其他章节进行了介绍，本章将介绍该系统主要功能的实现。网上书店由客户端业务处理和管理端业务处理两个部分组成，其功能结构见第3章的图3-3。

客户端业务处理主要包括用户身份验证、图书展示、购书车等模块。管理端业务处理主要包括图书管理、用户管理、订单管理、留言管理、出版社管理和职工管理等模块。

网上书店的安装见第3章的3.6节。程序清单见清华大学出版社的网上资源（详见附录A）。

学习要点：

(1) 了解网上书店的实现过程。

(2) 精通某一模块（例如购书车）的实现。

(3) 独立完成类似功能模块的开发。

11.1 主界面实现

11.1.1 客户端处理主界面

1. 页面布局

客户端业务处理主界面见第3章的图3-5。它的页面布局如图11-1所示。

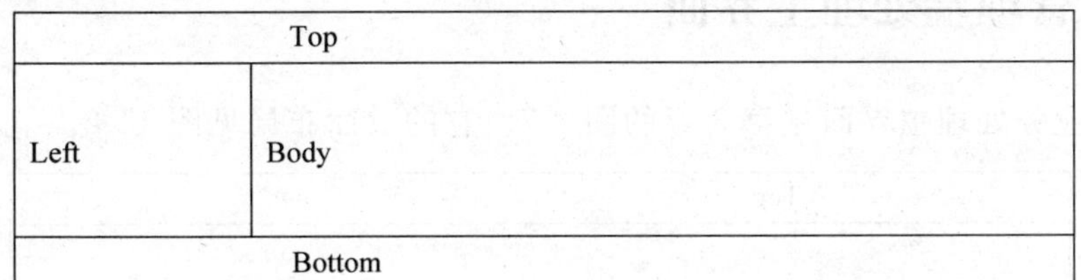

图11-1 客户端业务处理主界面的页面布局

各部分的功能与相关代码如下。

(1) Top

客户端业务处理的 Top 部分的文件名是 top. jsp，使用＜％@include file＝"top. jsp"％＞语句把它嵌入客户端业务处理各个页面的顶部，使得系统具有统一的风格。Top 部分用来显示 logo 图片、日期和客户端各功能模块的入口。各功能模块和它们对应的程序如下：

- 首页——index. jsp。
- 精品图书——excellent. jsp。
- 新书架——newbook. jsp。
- 书目查找——booksearch. jsp。
- 我的订单——myorder. jsp。
- 购书车——shoppingcart. jsp。
- 读者留言——leaveword. jsp。

(2) Left

Left 用来显示公告栏、用户登录和图书检索等信息。各功能模块和它们对应的程序如下：

- 公告栏——declare. jsp。
- 用户登录——login. jsp。
- 图书检索——search. jsp。

(3) Body

Body 为当前页面的主要内容显示区域。

(4) Bottom

Bottom 部分的文件名是 bottom. jsp，使用＜％@include file＝" bottom. jsp" ％＞语句嵌入网上书店的各个页面的底部，使得系统具有统一的风格。Bottom 部分主要用来显示版权信息，联系信息等。

2. 主界面 index. jsp 代码清单

主界面代码清单见 bookshop 目录下的 index. jsp 文件，它的框架结构代码清单见第 4 章的 4. 9 节。

11. 1. 2 管理端处理主界面

管理端业务处理主界面见第 3 章的图 3-7。它的页面布局见图 11-2。

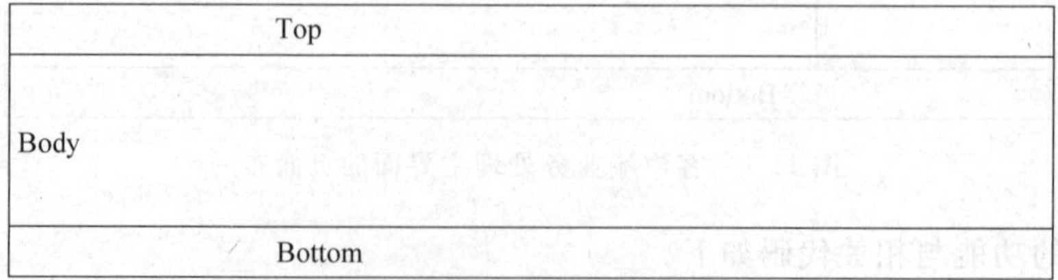

图 11-2 管理端业务处理主界面的页面布局

管理端业务处理程序位于 bookshop\admin 目录下，各部分的功能与相关代码如下。

1. Top

管理端业务处理主界面 Top 部分的文件名也是 top. jsp，位于 bookshop\admin 目录下。应用＜%@include file="top. jsp" %＞语句，把它嵌入管理端业务处理主界面各个页面的顶部，使得系统具有统一的风格。Top 部分用来显示 logo 图片、日期和管理端各功能模块的入口。各功能模块和它们对应的程序如下：

- 图书管理——booklist. jsp。
- 用户管理——userinfolist. jsp。
- 订单管理——orderlist. jsp。
- 留言管理——noteslist. jsp。
- 职工管理——employeelist. jsp。
- 出版社管理——publisherlist. jsp。

2. Body

Body 是当前页面的主要内容显示区域。

3. Bottom

Bottom 部分的文件名是 bottom. jsp，与客户端业务处理的 bottom. jsp 是同一个文件。使用＜%@include file="../bottom. jsp" %＞语句嵌入管理端业务处理各个页面的底部，使得系统具有统一的风格。Bottom 部分主要用来显示版权信息、联系信息等。

11.2 用户登录功能实现

用户登录在客户端处理主界面的左侧，用户注册的信息存入 bookshop 数据库的 userinfo 表中。注册功能代码：login. jsp，由＜%@include file="login. jsp" %＞语句嵌入客户端主界面的 index. jsp 文件。

1. 老用户登录

用户登录界面见图 11-3(a)。如果是老用户，在文本框中输入用户名和密码，系统将把输入的用户名和密码，与 bookshop 数据库中用户表 userinfo 中信息进行比较验证。如果输入不正确，系统将提示用户并要求用户重新输入。若输入正确，则出现登录成功界面如图 11-3(b)所示。

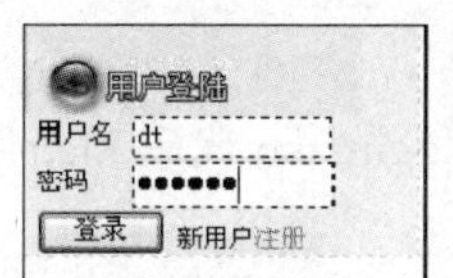

(a) 用户登录界面

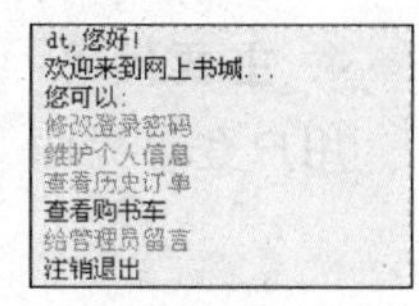

(b) 登录成功界面

图 11-3 用户登录界面

2. 登录成功

用户登录成功后，可以在网上进行一系列操作，它们的功能和完成这些功能的文件名如下：

- 修改登录密码——passwordedit. jsp

- 维护个人信息——userinfoedit.jsp
- 查看历史订单——myorder.jsp
- 查看购书车——shoppingcart.jsp
- 给管理员留言——leaveword.jsp
- 注销退出——<a href="index.jsp? op=exit">注销退出</a>

3. 新用户注册

如果是新用户，在注册界面单击“新用户注册”超链接，页面将转跳到 register.jsp 页面，需要用户输入个人信息，如图 11-4 所示。

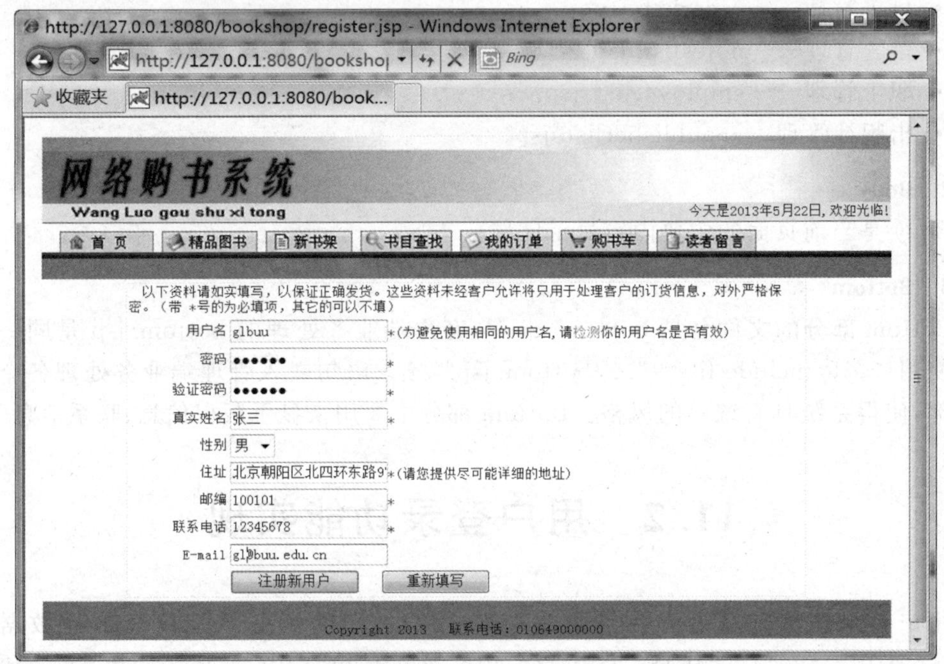

图 11-4 新用户注册界面

把信息输入表单，单击“注册新用户”按钮，信息写入 bookshop 数据库的 userinfo 表中，并出现注册成功界面。返回主界面，即可以老用户身份登录。

4. 主要代码

用户登录界面 login.jsp 代码和新用户注册 register.jsp 代码见网上资源(详见附录 A)。

11.3 图书展示功能实现

图书展示功能在网上书店客户端处理的主界面上，图书信息存在 bookshop 数据库的 book 表中。图书展示功能代码：search.jsp，由<%@include file="search.jsp" %>语句嵌入客户端主界面的 index.jsp 文件。

1. 图书检索

图书检索界面见图 11-5。用户在文本框中输入需要检索的图书信息，单击“查找”按钮，页面将转到 booklist.jsp 页面，从数据库的 book 表中查询所需信息。如果没有找到需要查找的信息，系统将提示用户重新搜索；如果找到了，系统将显示检索到的图书信息，见图 11-6。

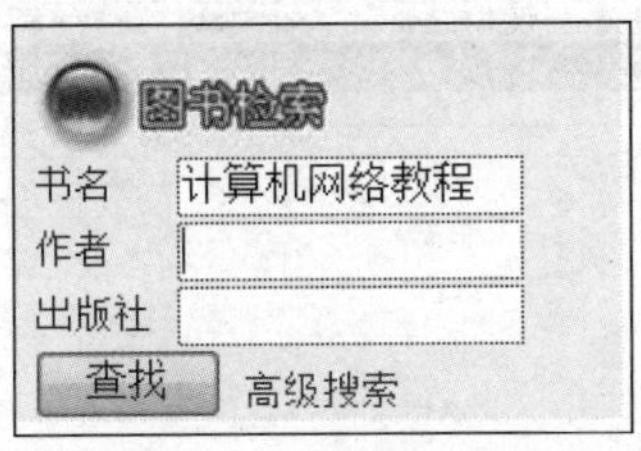

图 11-5　图书检索界面

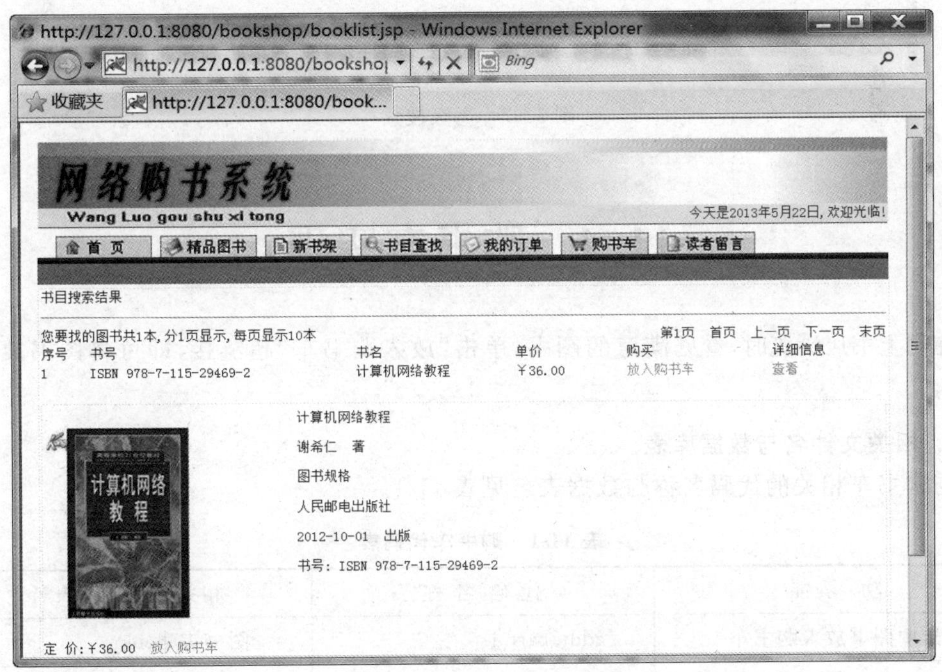

图 11-6　书目搜索结果

2. 高级检索

在图 11-5 的界面上单击“高级搜索”超链接，页面将转至 booksearch.jsp，见图 11-7。在该界面中输入需要检索的信息，单击“搜索”按钮，将转至 booklist.jsp 页面。

3. 主要代码

图书检索 search.jsp 和高级检索 booksearch.jsp 代码见网上资源(详见附录 A)。

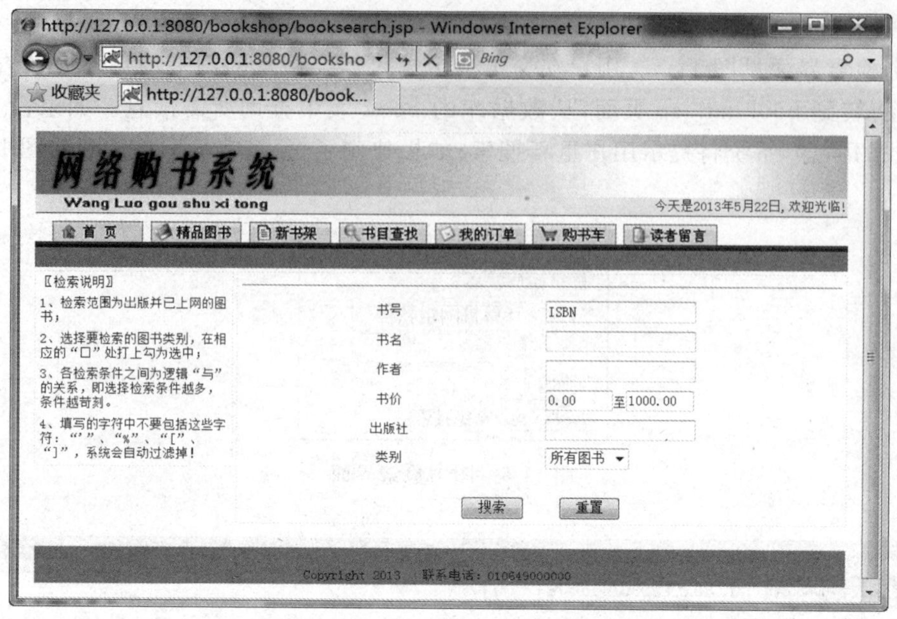

图 11-7 高级搜索

11.4 购书车实现

在网上书店浏览时，看见满意的图书，单击“放入购书车”超链接，即可将图书放入购书车。

1. 相关文件名与数据库表

与购书车相关的代码名称与数据表名见表 11-1。

表 11-1 购书车代码表

功 能	代 码 名 称	相关的数据库表名
将选中图书放入购书车	addtocart. jsp	图书表 book
显示购书车	shoppingcart. jsp	
购书数量加 1	increaseCart. jsp	
购书数量减 1	decreaseCart. jsp	
从购书车中取消某书目	delfromcart. jsp	
去收银台	order1. jsp	用户表 userinfo
下订单	order2. jsp	订单主表 orderform 订单子表 orderdetail
清空购物车	clearcart. jsp	

2. 购书车数据结构

购书车的数据结构，应用 CartBean.java 代码。代码清单如下：

```
package bean;
public class cartBean {
  public String bookid="";
  public String bookname="";
  public String publish="";
  public int ordernum=0;
  public double unitprice=0.0;
  public double subtotal=0.0;
}
```

变量含义：

```
bookid:    书号
bookname:  书名
publish:   出版社
ordernum:  订购数量
unitprice: 单价
subtotal:  合价
```

3. 显示购书车

在网上选中图书后，单击“放入购书车”超链接，调用 addtocart.jsp 代码，将选中的图书放入购书车，再转至 shoppingcart.jsp，显示购书车的内容，见图 11-8。

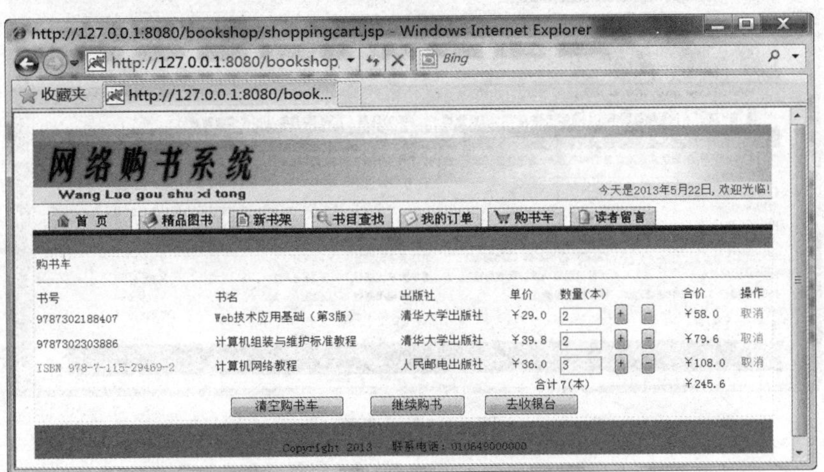

图 11-8　显示购书车

在该界面可以完成以下操作：

(1) 单击“取消”超链接，调用 delfromcart.jsp 代码，将该书目从购书车中删除。

(2) 单击“清空购书车”按钮，调用 clearcart.jsp 代码，把购书车清空。

(3) 单击“继续购书”按钮，返回客户端处理主界面 index.jsp 代码，继续购书。

(4) 单击“+”或“−”按钮，调用 increaseCart. jsp 或 decreaseCart. jsp 代码，更改数量。

(5) 单击“去收银台”按钮，调用 order1. jsp 代码，转至图 11-9 的下订单界面。

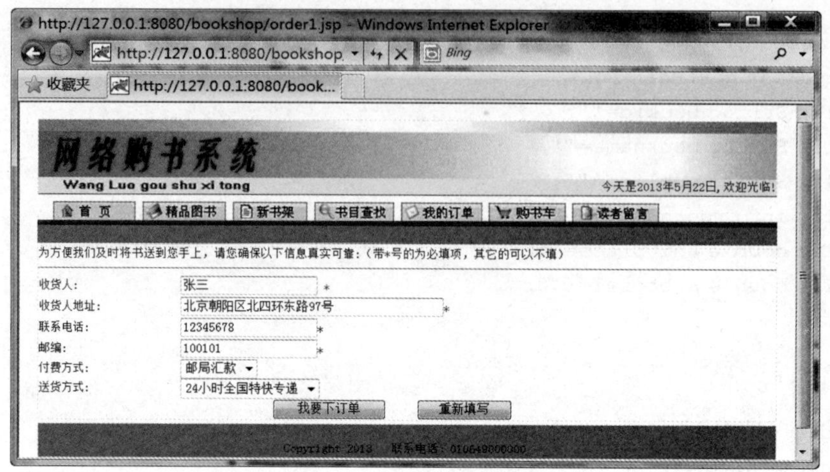

图 11-9　下订单界面

4. 下订单

在图 11-9 的下订单界面中单击“我要下订单”按钮，页面转到 order2. jsp。显示订单信息，见图 11-10。

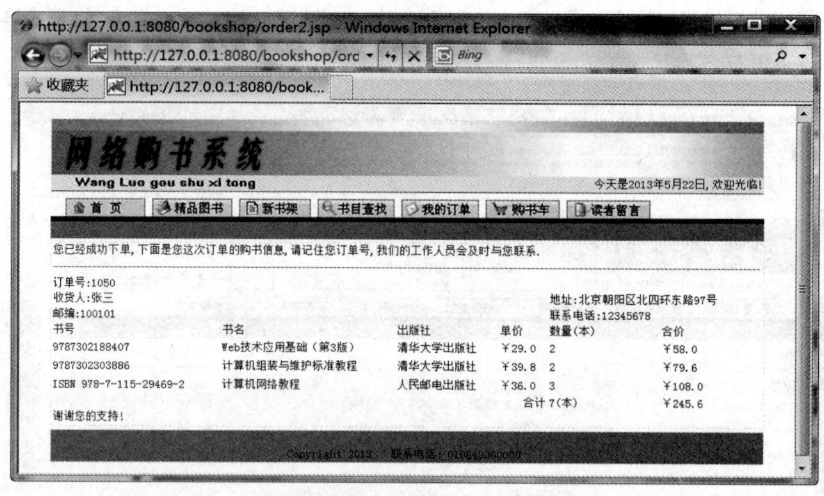

图 11-10　订单

5. 我的订单

在网上书店的客户端处理界面上方单击“我的订单”按钮，调用 myorder. jsp 页面，显示该读者的全部订单信息，如图 11-11 所示。

6. 主要代码

图书检索 search. jsp、高级检索 booksearch. jsp 代码、放入购书车 addtocart. jsp 代码

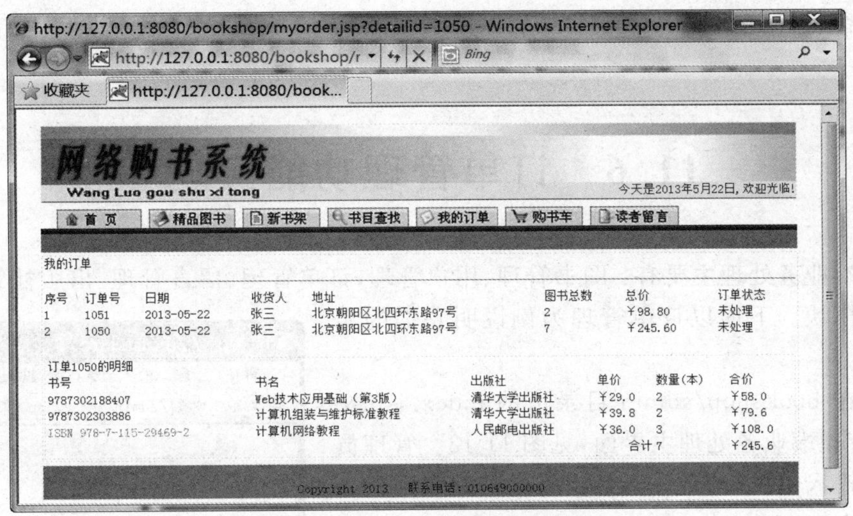

图 11-11　我的订单

和显示购书车 shoppingcart.jsp 代码见网上资源(详见附录 A)。

11.5　读者留言功能实现

读者成功登录网上书店后,单击页面左方"给管理员留言"超链接,进入 leaveword.jsp 留言界面,显示读者留言,见图 11-12。读者留言后,单击"留言"按钮,调用 leaveword2.jsp 代码,将留言写入 nodes 表,并返回 leaveword.jsp 显示留言。

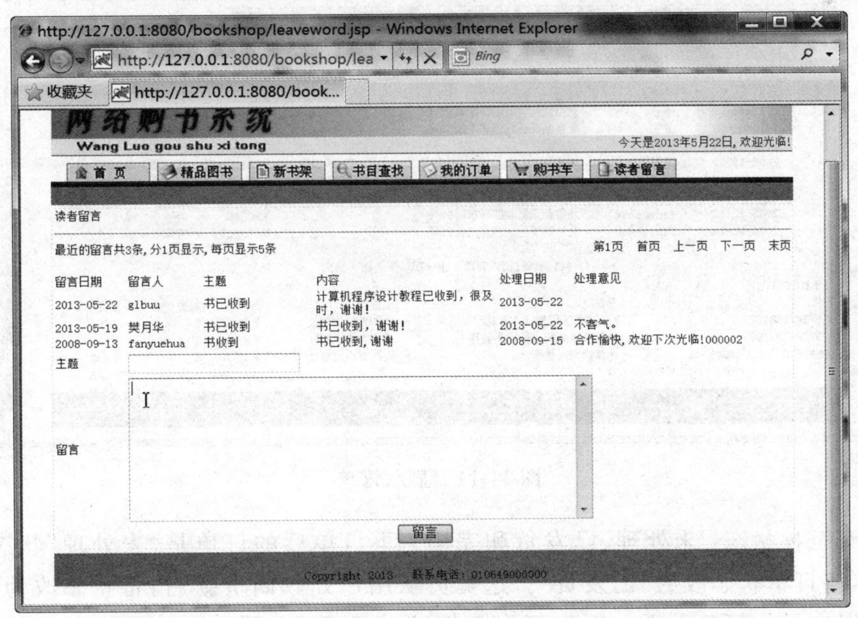

图 11-12　读者留言

读者留言 leaveword.jsp 和将留言写入数据库 leaveword2.jsp 代码见网上资源(详见附录 A)。

11.6 订单管理功能实现

管理端业务处理主要有:图书管理、用户管理、订单管理、留言管理、出版社管理和职工管理等模块。下面以订单管理为例说明它们的实现方法。

发布在 bookshop/admin 目录下的 index.jsp 文件,打开管理端业务处理主界面,见图 11-13。管理员在界面中输入用户名和密码,系统将此密码和用户名与数据库中职工表 employee 中的信息对照,如果输入不正确,系统将提示管理员重新输入;若输入正确,将转至管理员界面。管理员单击“订单管理”按钮,调用 orderlist.jsp 显示数据库订单表 orderform 中的数据,见图 11-14。

图 11-13 管理员身份验证

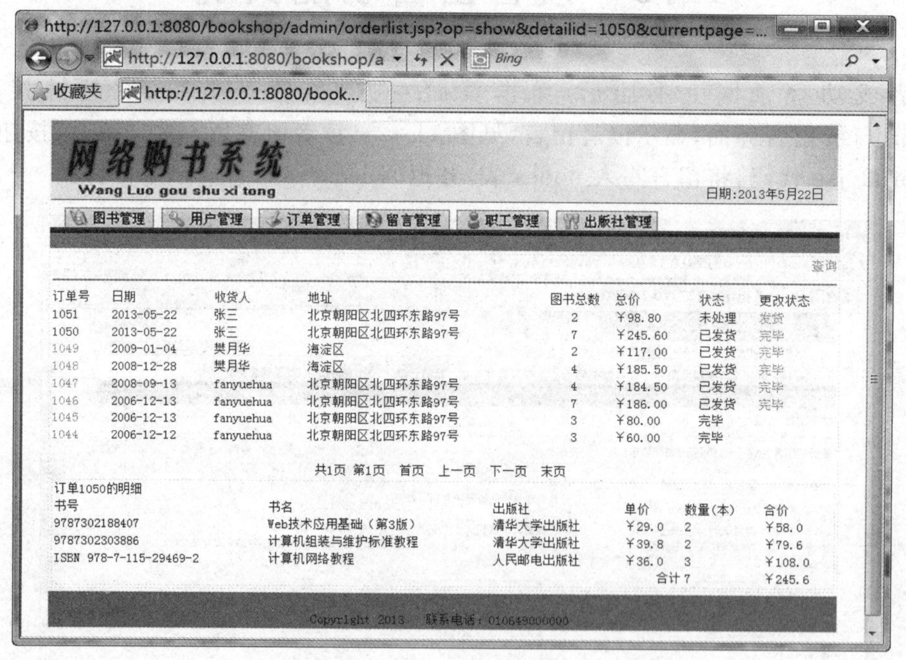

图 11-14 显示订单

订单有三种状态:未处理、已发货和完毕。下订单后的订单是“未处理”状态。管理员发货后,将订单状态改为“已发货”。送货员从用户处收回货款后,将状态改为“完毕”。管理员可以在显示订单页面上更改订单状态,单击页面上“更改状态”栏目的超链接,调用

orderedit.jsp 代码改变订单的状态。管理员也可以单击页面右上角“查询”超链接，弹出订单查询界面 ordersearch.jsp，查找某一订单，并把它显示出来，见图 11-15。

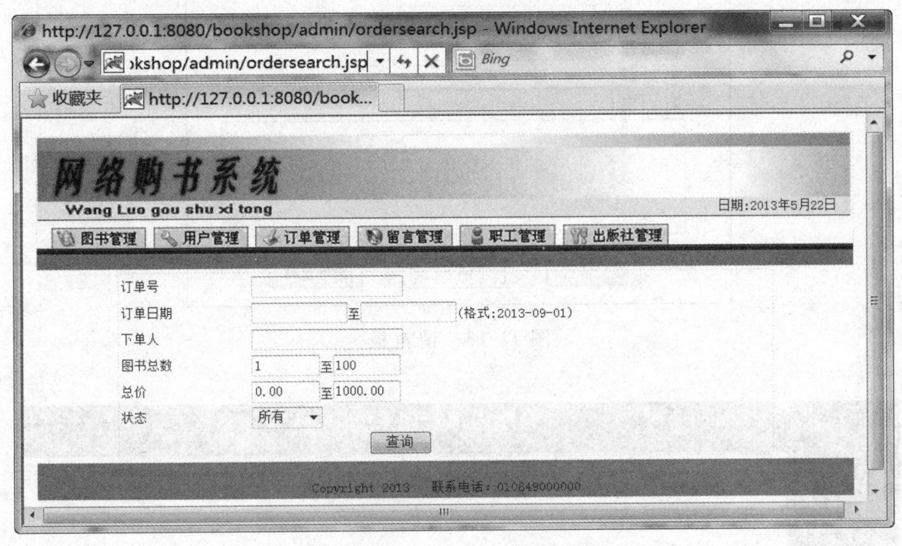

图 11-15 订单查询

管理员输入查询条件后，单击“查询”按钮，调用 orderlist.jsp 显示需要查询的订单。

管理员身份验证 bookshop/admin/index.jsp 和订单处理 orderedit.js 代码见网上资源(详见附录 A)。

小 结

本章简单说明了“网上书店”的实现过程，说明了主要功能的实现，并给出了部分代码。通过本书的学习，和“网上书店”案例的提示，读者可以尝试开发其他的网上应用系统。

上机练习与实训 11

一、上机练习

1. 完成留言板的制作，界面如图 11-16 所示。
2. 完成一个网上聊天室的制作。

二、实训

1. 完成仓库内部管理系统的分析、设计与实现。主界面如图 11-17 所示。要求具有：显示商品、添加商品、商品入库、商品出库、查找商品和清除商品等功能。

2. 完成 BBS 论坛的制作，包含有以下功能：

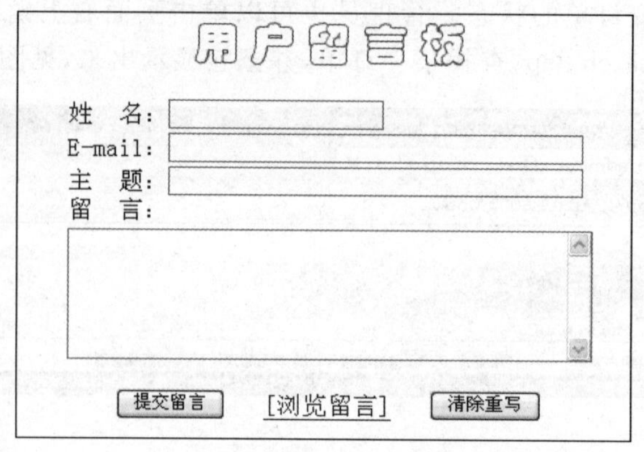

图 11-16 留言板

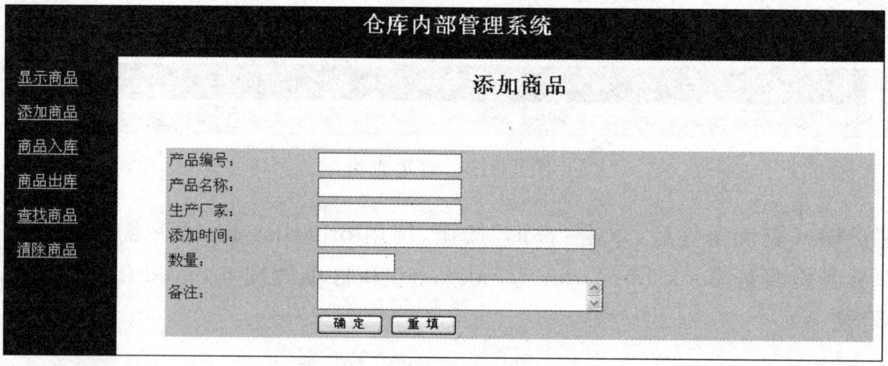

图 11-17 仓库内部管理系统

(1) 会员管理子系统：实现会员的在线注册、登录时身份验证、个人信息修改。

(2) 文章管理子系统：显示文章主题、阅读文章、发表文章和跟帖文章。

(3) 留言管理：提交留言、浏览留言和回复留言。

3. 完成图书馆管理信息系统的制作，系统功能见图 11-18。

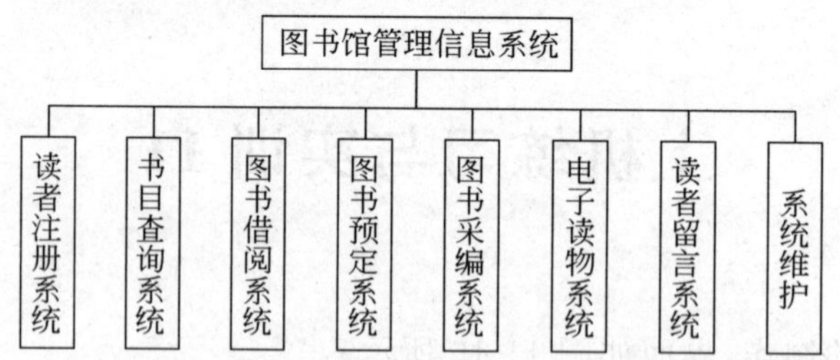

图 11-18 图书馆管理信息系统功能

4. 完成网上考试系统的制作，系统功能如下：

(1) 身份验证子系统

只有被授权的用户才可以登录考试系统。本系统把登录系统的身份定为三种，不同的身份具有不同的权限：

- 高级管理员：具有整个系统的应用权限。
- 管理员：可以使用题库制作子系统和成绩管理子系统。
- 考生：参加考试。

(2) 系统管理子系统。

(3) 考生管理子系统。

(4) 题库管理子系统。

(5) 监控中心子系统。

附录A 网上资源使用说明

本书各章的例题全部调试通过，按章节存放在清华大学出版社网站上本书的相应信息中。本书所有案例在“Windows 7＋Tomcat＋SQL Server 2005 企业版”和“Windows XP＋Tomcat＋SQL Server 个人版”环境上调试通过，使用方法如下。

1. 第 2 章案例的使用

例 2.1ex2-01.jsp，把 ex_D02 目录下的 ex2-01.jsp 文件存放在\Tomcat7.0\webapps\ex_D02 目录下。

2. 第 2 篇案例的使用

第 2 篇的案例存放在 ex_D04、ex_D05 和 ex_D06 目录下，双击文件名即可执行。

3. 第 3 篇案例的使用

服务器端的应用程序应放在 Web 的发布目录下或其虚拟路径下。本书第 3 篇的案例应存放在\tomcat7.0\webapps 下。

第 7 章、第 8 章、第 9 章和第 10 章的所有案例存放在 ex_D07、ex_D08、ex_D09 和 ex_D10 目录下，直接把 ex_D07、ex_D08、ex_D09 和 ex_D10 文件夹拖到\tomcat7.0\webapps\ 目录下，例如\tomcat7.0\webapps\ ex_D07，即可发布运行。

4. 网上书店的安装及使用

为使读者在学习过程中易于理解并参考使用，将系统进行了适当剪裁。读者将网上 bookshop 中的内容复制到 Tomcat 的发布目录下即可运行。

安装步骤如下：

(1) 安装 jdk1.7.0。

(2) 安装 tomcat7.0。

(3) 安装 MS SQL Server 2005。

(4) 附加数据库 bookshop，把 bookshop 目录下的数据库文件 bookshop_Data.MDF 和 bookshop_Log.LDF 导入到数据库中。

① 在桌面上选择“开始”→“所有程序”→“Microsoft SQL Server 2005”→“SQL Server Management Studio”，打开 SQL Server 2005 界面。

② 在“对象资源管理器”窗口中右击“数据库”，选择“附加”。

③ 弹出“附加数据库”窗口，在窗口中单击“添加”按钮，找到 bookshop_Data.MDF 文件，单击“确定”按钮。

④ 回到“附加数据库”窗口，单击“确定”按钮 。完成数据库 bookshop 的附加。

(5) 创建数据源，选择“控制面板”→“管理工具”→“数据源”建立与该数据库对应的数据源，数据源取名为 bookshoplk。注意：将 bookshop 设为默认数据库。

(6) 将 bookshop 整个文件夹复制到 tomcat 发布目录 webapps 下。

(7) 以上步骤完成后，重启 Tomcat，在浏览器地址栏目中输入下述内容。

客户端(初始账号和密码：pds/pass)网址：

```
http://localhost:8080/bookshop/index.jsp
```

管理端(初始账号和密码：admin/pass)网址：

```
http://localhost:8080/bookshop/admin.jsp
```

进入网上书店。